高等院校计算机教育系列教材

大数据处理技术
(微课版)

王宏亮 主编

清华大学出版社
北 京

内 容 简 介

大数据处理技术是大数据技术的核心，主要以 Hadoop 生态系统为依托，实现数据收集、数据存储、数据处理、统计分析、数据挖掘、模型预测、结果呈现等完整的应用过程。本书首先通过一个大数据分析案例展示大数据工程全貌，理顺大数据处理技术体系，其次分析 Hadoop 生态系统中各个组件技术与应用的衔接，最后再以一个完整案例综合印证相关知识、方法和工具。

本书面向大学三年级以上学生群体和研究生阶段学生，也可作为从事大数据分析与挖掘、人工智能工程人员的参考书。它对于大数据相关研究和应用的掌握具有科学性和实用性的指导意义。

图书在版编目(CIP)数据

大数据处理技术概论：微课版 / 王宏亮主编.
北京：清华大学出版社，2024. 7. -- (高等院校计算机教育系列教材). -- ISBN 978-7-302-66428-4

Ⅰ. TP274

中国国家版本馆 CIP 数据核字第 202491H75K 号

责任编辑：陈冬梅
装帧设计：李　坤
责任校对：吕春苗
责任印制：杨　艳
出版发行：清华大学出版社

网　　址：https://www.tup.com.cn, https://www.wqxuetang.com
地　　址：北京清华大学学研大厦 A 座　　**邮　　编**：100084
社 总 机：010-83470000　　**邮　　购**：010-62786544
投稿与读者服务：010-62776969, c-service@tup.tsinghua.edu.cn
质量反馈：010-62772015, zhiliang@tup.tsinghua.edu.cn
课件下载：https://www.tup.com.cn, 010-62791865

印 装 者：北京嘉实印刷有限公司
经　　销：全国新华书店
开　　本：185mm×260mm　　**印　张**：16.75　　**字　数**：405 千字
版　　次：2024 年 7 月第 1 版　　**印　次**：2024 年 7 月第 1 次印刷
定　　价：49.80 元

产品编号：105081-01

前　　言

写作背景

自 2014 年大数据首次写入政府工作报告起，我国不断出台大数据相关政策，《2022 年提升全民数字素养与技能工作要点》更是提出了大数据产业发展的宏伟愿景。

大数据价值创造的关键在于其应用，大数据技术正快速发展成为新一代信息技术，并形成了一种新的服务业态。大数据技术与应用的研究方向是将大数据分析、挖掘、处理、移动开发与架构、软件开发、云计算等前沿技术相结合的“互联网+”前沿科技。

然而，大数据涉及的知识面广泛，生态环境发展迅速。首先需要培养大数据思维，才能有效运用大数据技术服务于各种应用场景。这就需要学习者能够从宏观上构建对大数据生态环境的认知，掌握大数据处理的流程及相关方法和技术。在明确的应用思路引导下，融会贯通这些知识，才能进一步结合大数据应用场景展开研究、应用和探索。

写作思路

针对以上问题，本书立足于“知其然，更要知其所以然”的理念，从大数据典型案例出发，理解大数据应用的目标、过程和技术。本书突出大数据处理的完整过程，强调从大数据应用原理出发，掌握大数据生态环境组件间的依赖关系。首先构建大数据应用工程的宏观视角，继而以大数据核心技术 Hadoop 贯穿大数据项目的主体实施过程，理顺大数据处理的流程和技术支持，最终拓展 Google 大数据生态的构建和应用，完成大数据工程实践的指引。特别是单独引入一个大数据分析/挖掘应用案例，验证大数据知识体系的使用，综合培养读者的大数据工程职业技能。同时，提供案例源码，支持学习实践，完成知识与能力的闭环提升。本书力争淡化理论概念，突出实用理解，达到学以致用的目的。

本书内容

本书共分为 11 章，第 1 章至第 4 章构建了一个鲜明的面向问题的大数据工程过程，第 5 章至第 10 章详细解析了工程过程中所涉及的大数据生态组件，第 11 章再次通过一个具体的完整案例，印证大数据处理的相关技术和方法。

第 1 章“大数据处理技术概述”，从啤酒与尿布案例出发，宏观构建大数据应用场景，本章对大数据处理内容、处理过程、研究方法、处理技术进行宏观刻画和知识体系重构，重点厘清大数据的概念、大数据的主要来源、工作环境、大数据的特点、大数据的四层堆栈式技术架构。这有助于促进对大数据处理流程、大数据分析典型工具、大数据未来发展趋势的理解和掌握，为学习本书的后续内容指明脉络。

第 2 章“大数据采集及预处理”，详细解析大数据采集的基本概念、技术方法、预处理方法和常用工具。本章沿大数据应用构建的宏观脉络、展开数据采集、HDFS 分布式文件系统存储、数据预处理的学习，以特征工程为核心完成数据的准备。

第 3 章“大数据分析概论”，详细解析大数据分析技术的概念、方法、处理流程、统计分析应用，以及大数据典型分析处理系统的简介，在准备的数据基础上展开数据分析。

第 4 章“大数据可视化”，详细解析大数据可视化的概念、过程、工具特性，并介绍典型可视化工具 Tableau、ECharts 的使用。

第 5 章“Hadoop 概论”，深入学习大数据核心技术 Hadoop，详细解析 Hadoop 优势及应用现状、Hadoop 的组成与结构，让读者理解其主要核心模块 HDFS 和 MapReduce 工作概况、Hadoop 的工作原理和实现方法、Yarn 资源管理器与 Hadoop 文件系统。

第 6 章“Common 与 Hadoop 项目源码结构”，指导 Hadoop 实践应用，详细解析 Common 的功能和主要工具包、Hadoop 源码项目结构，示例实现 Hadoop 环境的创建，并介绍了 Hadoop 的开源工具。

第 7 章“MapReduce 执行框架与项目源码结构”。深入学习 Hadoop 核心数据处理流程，详细解析 MapReduce 工作流程、执行框架、Map 与 Reduce 的原理和任务、源码结构。

第 8 章“Hadoop 数据库访问”，深入实践 Hadoop 与数据源的访问，详细解析 Hadoop 分布式数据库集群的由来、NoSQL 的产生、特点和基本知识，包括一致性策略、分区与放置策略、复制与容错技术、缓存技术等，以及 NoSQL 的四种主要分类和典型工具。

第 9 章“Spark 概论”，深入实践 Google 大数据生态，详细解析 Spark 的发展与开发语言 Scala、Hadoop 的局限、Spark 的优点、生态系统的组成、模块的概念与应用、应用场景和成功案例。

第 10 章“云计算与大数据”，深入实践大数据应用环境，详细解析云计算定义、基本特征、服务模式、虚拟化技术、资源池应用原理、部署模式及相关知识、常用的云服务应用，辨析大数据与云计算的相互关系。

第 11 章“一个离线大数据分析/挖掘案例”，介绍了研发一个以北京某医院的药品销售数据为数据集的大数据分析/挖掘平台的应用案例。案例涵盖了大数据采集、预处理、分析与挖掘、可视化展示、模型预测技术等内容，以项目设计说明书的形式供学习者参考，案例源码见随书所附电子资源。

编者与致谢

本书由辽宁石油化工大学人工智能与软件学院王宏亮主编。辽宁石油化工大学的赵新慧、常东超参与了第 2 章、第 3 章的研究或资料整理，并编写了部分内容；李文超、王福威参与了第 8 章的研究或资料整理以及第 11 章综合案例的论证指导，并编写了部分内容；石元博、敬博与抚顺职业技术学院(抚顺师专)的仲芷含参与了第 4 章、第 10 章的研究或资料整理，并编写了部分内容。

本书的出版得到清华大学出版社的大力支持，在此表示诚挚的感谢。

由于作者的水平有限，书中难免存在疏漏之处，敬请读者批评、指正。

编　者

目　录

第1章　大数据处理技术概述……1

1.1　对大数据的认知……1

1.1.1　从数据分析决策认识大数据——啤酒与尿布案例……1

1.1.2　大数据的概念与发展……5

1.2　大数据技术与大数据处理技术……7

1.2.1　大数据技术架构……7

1.2.2　大数据处理技术……9

1.2.3　大数据处理流程……11

1.2.4　大数据技术生态……12

1.3　大数据处理技术构成……13

1.4　大数据分析的4种典型工具……15

1.5　大数据应用的未来发展趋势……16

课后练习题……16

第2章　大数据采集及预处理……18

2.1　大数据采集……18

2.1.1　大数据采集的概念……18

2.1.2　数据的分类……19

2.1.3　数据的来源……19

2.1.4　大数据采集方法分类……20

2.1.5　大数据采集的技术方法……20

2.2　数据存储——HDFS与CSV……21

2.2.1　分布式文件系统HDFS……21

2.2.2　HDFS文件转换……23

2.2.3　HDFS文件系统读写原理……27

2.2.4　CSV文件……28

2.3　大数据预处理……30

2.4　特征工程……32

2.4.1　特征工程的定义……33

2.4.2　特征工程处理流程……33

2.5　大数据采集及预处理主要工具示例……39

课后练习题……40

第3章　大数据分析概论……41

3.1　大数据分析的概念与方法……41

3.2　大数据分析流程……42

3.2.1　数据理解与提出问题……43

3.2.2　数据统计分析与挖掘……45

3.2.3　数据可视化……47

3.3　大数据分析的主要技术……48

3.3.1　深度学习……48

3.3.2　知识计算……50

3.4　大数据分析系统简介……50

3.4.1　大数据分析系统的构成……50

3.4.2　大数据分析系统应用……51

3.5　大数据分析的应用……51

课后练习题……52

第4章　大数据可视化……54

4.1　大数据可视化内容与过程……54

4.1.1　数据可视化与大数据可视化……55

4.1.2　大数据可视化过程……55

4.2　大数据可视化工具……59

4.2.1　Tableau……59

4.2.2　ECharts……65

课后练习题……68

第5章　Hadoop概论……69

5.1　Hadoop简介……69

5.2　Hadoop的组成与架构……71

5.2.1　Hadoop组件……71

5.2.2　HDFS文件系统……73

5.2.3　HDFS文件系统的局限性与高可用模式保障……80

5.2.4 HDFS 文件系统操作实例——shell 命令 81
5.2.5 MapReduce 84
5.2.6 Hadoop 排序 93
5.2.7 Yarn 工作机制 95
5.2.8 Hadoop 文件系统 96
5.3 Hadoop 应用分析 102
5.3.1 Hadoop 应用场景 102
5.3.2 Hadoop 企业级应用 103
课后练习题 106

第 6 章 Common 与 Hadoop 项目源码结构 109

6.1 Common 概述 110
6.2 Hadoop 项目源码结构 111
6.3 Hadoop 运行环境搭建 113
6.3.1 Hadoop 的用户权限与集群操作常用命令 113
6.3.2 Hadoop 运行环境搭建 115
6.4 Hadoop 开源工具 123
课后练习题 125

第 7 章 MapReduce 执行框架与项目源码结构 126

7.1 MapReduce 工作流程 127
7.1.1 MapReduce 作业执行流程 127
7.1.2 MapReduce 计算过程 130
7.2 MapReduce 执行框架 132
7.3 Map 和 Reduce 任务与工作流程 136
7.4 MapReduce 项目源码结构 139
7.4.1 MapReduce 作业 139
7.4.2 MapReduce 项目源码结构 140
课后练习题 158

第 8 章 Hadoop 数据库访问 159

8.1 数据库基础知识 160
8.1.1 对数据库的认识 160
8.1.2 数据库集群与分布式数据库 161
8.2 NoSQL 技术 162
8.2.1 NoSQL 简介 162
8.2.2 NoSQL 相关技术基础 163
8.2.3 NoSQL 数据库 167
8.3 Hadoop 数据库访问 169
8.4 典型的 NoSQL 工具——HBase 173
8.4.1 HBase 数据库概况 173
8.4.2 HBase 数据库的结构 173
8.4.3 HBase 数据库系统架构与工作机制 177
8.4.4 HBase 数据库与 BigTable 数据库的区别及 HBase 数据库访问接口 183
课后练习题 184

第 9 章 Spark 概论 187

9.1 Spark 平台简介 187
9.2 Spark 系统架构 190
9.2.1 Spark 数据抽取运算模型 190
9.2.2 Spark 生态系统及其处理架构 191
9.3 Spark 开发示例 194
9.4 Spark 的应用 198
9.5 Spark 在国内外的现状以及未来的展望 201
课后练习题 202

第 10 章 云计算与大数据 203

10.1 云计算简介 204
10.2 云计算模型 205
10.3 云计算与大数据的关系 208
10.4 云计算核心技术 209
10.4.1 虚拟化技术 209
10.4.2 资源池化技术 213
10.5 云计算与大数据相关技术 215

课后练习题......218

第 11 章　一个离线大数据分析/挖掘案例......219

11.1　案例综述......220
11.1.1　案例概况......220
11.1.2　案例采用的大数据处理流程......220
11.1.3　案例采用的核心技术与工具......221
11.2　案例需求分析......223
11.2.1　案例背景......223
11.2.2　功能性需求分析......223
11.2.3　非功能性需求分析......228
11.2.4　开发环境分析......228
11.3　案例系统设计......229
11.3.1　系统功能结构设计......229
11.3.2　数据库结构设计......229
11.3.3　系统动态建模......231
11.4　案例系统实现......238
11.4.1　数据处理......238
11.4.2　软件系统实现......246

参考文献......258

第 1 章　大数据处理技术概述

本章学习目标

大数据处理概述与特征工程导学(1)

- 理解大数据的概念，掌握大数据核心技术的内涵。
- 理解大数据处理四层堆栈式技术架构。
- 掌握大数据的处理流程。
- 了解大数据分析的 4 种典型工具。
- 了解大数据的未来发展趋势。

重点难点

大数据处理概述与特征工程导学(2)

- 大数据处理技术架构。
- 大数据处理流程。

引导案例

全球零售业巨头沃尔玛在对消费者购物行为进行分析时发现，男性顾客在购买婴儿尿片时，常常会顺便买几瓶啤酒来犒劳自己，于是尝试推出了将啤酒和尿布摆在一起的促销手段，没想到这个举措居然使尿布和啤酒的销量都大幅增加了。如今，“啤酒＋尿布”的数据分析成果早已成了大数据技术应用的经典案例，被人津津乐道。

其实，这种通过研究用户消费数据将不同商品进行关联，并挖掘二者之间联系的分析方法就叫商品关联分析法，也称为“购物篮分析”，它只是大数据应用的一种场景，如今大数据已经深入我们生活的方方面面。

(资料来源：本书作者整理编写)

1.1　对大数据的认知

1.1.1　从数据分析决策认识大数据——啤酒与尿布案例

1. 案例背景

数据分析里有一个经典的案例——啤酒与尿布，图标见图 1-1。乍一看这是风马牛不相及的两样商品，却蕴含了深邃的数据分析场景和内涵。

故事发生于 20 世纪 90 年代的美国沃尔玛超市中，沃尔玛为提高公司的收益派分析师整理了商场几大区域的超市物品销售量，从销售量中发现周末啤酒和尿布的销售量都会上升，进而对这类购买人群进行分析，发现大多数购买人是有孩子的男人，这些男人在周末采购前都会被妻子嘱咐要采购尿布，而男人在购买尿布的同时也会自发采购自己所喜爱的啤酒。发现这个现象后，沃尔玛公司下达决策将啤酒和尿布这两个本来不相关的物品摆放在一起。这一决策大大提高了商品的销量，沃尔玛的收益也大大提高。

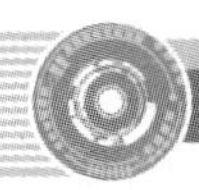

图 1-1　啤酒与尿布

2. 什么是大数据分析

随着大数据的重要性逐渐凸显，越来越多的公司开始收集数据并且进行数据分析，再利用得到的分析结果数据制定相应的决策。

大数据时代已经来临，大数据分析也应运而生，百度百科对“大数据分析”作出的定义是：对规模巨大的数据进行分析。

3. 数据分析决策过程

由于要整理的数据太多，用户需要从数据中获取更多准确的信息来帮助我们作出决策，那么你需要做以下几件事。

- 你需要知道它是不是正确的数据。
- 你需要根据这些数据得出准确的结论。
- 你需要通过这些结论总结出正确的决策。
- ……

简而言之，需要用户更好地进行数据分析来提高数据分析能力并简化决策，其主要步骤如下。

Step1：“构建问题”。分析始于认识一个问题或者一个决策。

沃尔玛的目的是增加商品的销售量，所以用户应构建的问题就是如何提高商品的销售量。

Step2：“回顾”。整理以往相关问题的经验。

通过调取超市的售卖流水清单发现消耗量较大的商品，也就是购买人购买最多的商品。在整理订单过程中，发现出货量最大的商品是啤酒和尿布组合。

Step3：“建模(选择变量)”。简化影响问题的因素，去掉无关紧要的信息，保留最重要的、最有效的、最关键的且会造成影响的因素。

但是，由于种种原因，保留的信息不一定完全精准，分析性的思维是由假设驱动的，后期需要再对数据进行不断的完善与修正。本案例中选择啤酒、尿布两种商品的购买人、购买时间进行建模。

Step4：“收集数据”。收集已确定变量的数值，为最后的数据分析提供支撑。

在沃尔玛销售场景中我们发现，啤酒的购买人以男人为主，尿布的购买人也是以男人为主，购买的时间多是在周末。

Step5：“数据分析”。数据和以往的问题并不能告诉我们明确的信息，需要我们分析它，以便挖掘出它的意义和隐含的关系。

通过分析发现，同时购买两种物品的男人有很多。原因是大多数有孩子的男人，主要承担了周末采购的任务。所以将两种不相关的物品放在一起会大大降低这类人群的购买思索时间，让用户更容易完成购买行为。

Step6：“传达结果并持续分析”。验证后的问题会有一个结果，我们需要将这个结果传达给决策人让其作出决策，并基于事情的发展不断完善推理分析内容。

将结果反馈给决策人，并将两种物品摆放在一起。通过后期的持续分析跟进，两种物品的销售量得到了大大的提高，同时沃尔玛超市的收益也得到了显著的提升。

4. 数据分析决策技术和实现

要解决的问题：根据一堆账单数据，使用关联规则分析统计出哪些商品组合是高频率事务。

(1)　关联规则分析。

1993 年阿格拉瓦尔(Agrawal)等人在论文 *Mining Association Rules Between Sets Of Items In Large Databases* 中首先提出了关联规则的概念。

$I=\{i_1,i_2,\cdots,i_n\}$ 被称为项集(itemset)，其中 $i_n \in \{0,1\}$ 被称为项。

$D=\{t_1,t_2,\cdots,t_m\}$ 被称为数据库(database)，其中 t_m 被称为事务(transaction)。

事务是项的集合，即事务是 I 的一个子集，$t_m \subseteq I$，每个事务用一个唯一的事务 ID 进行标识，事务与项的关系如表 1-1 所示。

表 1-1　事务与项

事务 ID	牛奶	面包	黄油	啤酒	尿布
1	1	1	0	0	0
2	0	0	1	0	0
3	0	0	0	1	1
4	1	1	1	0	0
5	0	1	0	0	0

定义规则(rule)如下：$X \Rightarrow Y$，其中 $X,Y \subseteq I$，每条规则由两个不同项目集(itemset) X,Y 组成，其中 X 称为前提或 left-hand-side(LHS)，Y 称为结论或 right-hand-side(RHS)。

比如{黄油,面包}⇒{牛奶}是一条关联规则，表示如果黄油和面包同时被购买了，牛奶也会被购买。

问题是：在实际应用中，数据库通常包含成千上万的事务，一条规则需要上百个事务的支持才能被认为是统计显著的。

X,Y 的关联性需要用支持度和置信度两个指标来衡量。

支持度：数据库中包含项目集 X 的事务数 t 与所有事务数 T 之比，或在数据库中同时包含 X 和 Y 的百分比。

$$supp(X)=\frac{|\{t \in T; X \subseteq t\}|}{|T|}$$

项目集 X={啤酒,尿布}的支持度为 1/5=0.2。

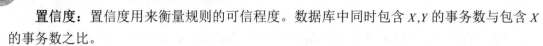

置信度：置信度用来衡量规则的可信程度。数据库中同时包含 X,Y 的事务数与包含 X 的事务数之比。

$$conf(X \Rightarrow Y) = \frac{supp(X \cup Y)}{supp(X)}$$

由表 1-1 看出，项目集 X ={黄油,面包}的支持度为 1/5=0.2，项目集 $X \cup Y$ ={黄油,面包,牛奶}的支持度为 1/5=0.2，规则{黄油,面包}⇒{牛奶}的置信度为 1。

意味着每次顾客购买了黄油和面包后，一定也会购买牛奶。

事实上，人们一般只对满足一定的支持度和置信度的关联规则感兴趣：

- 最小支持度阈值：它表示了一组项目集在统计意义上需要满足的最低程度。
- 最小置信度阈值：它反映了关联规则的最低可信程度。

同时满足最小置信度阈值和最小支持度阈值的关联规则被称为强关联规则。

对表 1-1 分析，我们假设购买面包的顾客最小支持度阈值为 50%，同时购买面包(X)和牛奶(Y)的最小置信度阈值为 65%，那么它就表示：购买面包的顾客占全部顾客的 50%(表 1-1 中实际支持度是 60%，大于 50%，假设条件成立)的条件下，在购买面包的顾客中，有 65%的顾客会同时买牛奶(表 1-1 中实际置信度是 0.4/0.6=66.67%)的结论是可信的。

对沃尔玛的销售分析，我们假设同时购买尿布和啤酒的支持度阈值为 50%，置信度阈值为 70%，那么它就表示同时购买尿布和啤酒的顾客占全部顾客的 50%，在购买尿布的顾客中有 70%的顾客同时会买啤酒是可信的。如果重新布局商品排列，将尿布与啤酒就近摆放，爱喝啤酒和受命购买尿布的父亲们就必然会顺势购买两种商品，从而提高商场的销售额！

(2) 关联规则的分析运用。

案例：我们希望算法能分析出“啤酒+尿布”这个组合是高频率，也希望它能分析出“西红柿+鸡蛋”也是高频率。

{啤酒, 鸡蛋, 尿布, 西红柿}

{香烟, 尿布, 瓜子, 啤酒}

{土豆, 西红柿, 洋葱, 醋, 鸡蛋}

遍历所有商品组合情况，然后统计各种组合出现的频率。

设定一个值，如 0.5，只要出现的频率大于这个值我们就认为是高频。但是，单单 100 种商品就已经有 10^{30} 种情况，对于普通计算机来说超过 10^{6} 这个数量级就已经很慢了，因此必须降维！

“含有很少见的那种组合的那个组合，肯定也不是高频率组合”，成为我们的降维依据。

(3) Apriori 算法。

Apriori 算法是一种挖掘关联规则的频繁项集算法，具体步骤：

Step1：给各个商品进行编号。[1]啤酒 [2]鸡蛋 [3]尿布 [4]西红柿 [5]香烟 [6]瓜子 [7]土豆 [8]洋葱 [9]醋。

账单 1：{啤酒, 鸡蛋, 尿布, 西红柿}，账单 2：{香烟, 尿布, 瓜子, 啤酒, }，账单 3：{土豆, 西红柿, 洋葱, 醋, 鸡蛋}。

采用编号表示就是[{1,2,3,4}，{5,3,6,1}，{7,4,8,9,2}]。

Step2：进行第一轮组合，组合的结果是{1}{2}{3}{4}{5}⋯{8}{9}。计算这 9 种组合

的出现频率，然后剔除低频率组合。含有组合{5}的账单占总账单的比例是 1/3，它是<0.5的，这意味着{5}是低频率组合，则放弃包含{5}的组合进行下一步的统计，这意味着不会继续构造任何含有{5}的组合。同样，除了{5}还需要剔除{6}{7}{8}{9}，含有它们的账单占总账单的比例均低于 0.5。剩下的高频组合为{1}{2}{3}{4}。

Step3：进行第二轮组合，组合的结果是{1,2}{1,3}{1,4}{2,3}{2,4}{3,4}。其中含有{1,2}{1,4}{2,3}{3,4}的账单占总账单的比例均低于 0.5，所以剔除它们。剩下的高频组合为：{1,3}{2,4}。

Step4：进行第三轮组合，略。

最后输出：

[{1}{2}{3}{4}]

[{1,3}{2,4}]

大多数数据挖掘算法都直接对数据逐列处理，在数据数目变大时会导致算法越来越慢，称为维数灾难。上述处理使得数据集的维度从 9 维降到了 4 维，降低了数据集规模，有效地提高了数据处理的效率和准确性。

延伸学习：主成分分析、因子分析、聚类分析、回归分析等方法都进一步成为降维的有效手段，通过分析数据(项、集合)间相关性将强相关维度项归并或另行定义为数据仓库特征项等可实施进一步的降维处理。

1.1.2 大数据的概念与发展

1. 大数据的前世今生

根据维基百科的定义，大数据(big data)是指无法在一定时间内用常规软件工具对其内容进行抓取、管理和处理的数据集合。

“大数据”的概念最早在 1980 年由美国著名未来学家阿尔文·托夫勒(Alvin Toffler)在《第三次浪潮》一书中提出，他将其赞颂为第三次浪潮的华彩乐章。

2002—2004 年间，Google 公司先后发表了《分布式文件系统 GFS》《大数据分布式计算框架 MapReduce》和《NoSQL 数据库系统 BigTable》三篇论文，分别是一个文件系统、一个计算框架和一个数据库系统，即大数据技术的“三驾马车”。其本质思路是部署一个大规模的服务器集群，通过分布式的方式将海量数据存储在这个集群上，然后利用集群上的所有机器进行数据计算。

现任 Cloudera 公司首席架构师道·卡廷(Doug Cutting)阅读论文后在自己的产品上实现了 GFS 和 MapReduce 的功能，创建了开源 Hadoop 框架，继而在 2006 年 1 月加入 Yahoo 公司领导 Hadoop 框架的开发。

2007 年和 2008 年是 Hadoop 发展最快的两年，在这两年内很多大公司，比如 Twitter、Meta(原 Facebook)、LinkedIn 等都在使用 Hadoop，并且他们还贡献了很多以 Hadoop 为核心的大数据处理分析工具，比如分布式协调工具 Zookeeper、Pig、Hive 、HBase 等，Hadoop 技术生态圈得以构建。2008 年 1 月，Hadoop 成为 Apache 顶级项目。

2012 年，维克托·迈尔·舍恩伯格和肯尼斯·库克耶发表了《大数据时代》一书，他在书中指出“大数据开启了一次重大的时代转型，人们不再认为数据是静止、陈旧的，而

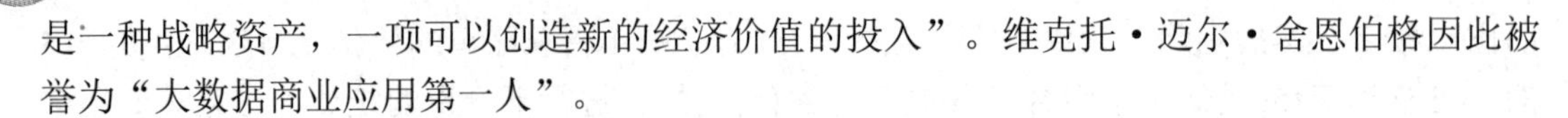

是一种战略资产，一项可以创造新的经济价值的投入”。维克托·迈尔·舍恩伯格因此被誉为“大数据商业应用第一人”。

2. 大数据的主要来源

(1) 信息管理系统。企业内部使用的信息系统，如办公自动化、业务管理系统等。主要通过用户输入和系统二次加工的方式生成数据，这些数据多为结构化数据。

(2) 网络信息系统。网络信息系统包括电子商务系统、社交网络、社会媒体等。这类系统多为半结构化或无结构化数据，与前者的区别在于信息管理系统是内部使用，是不接入外部公共网络的。

(3) 物联网系统。通过传感器获取外界的物理、化学、生物等数据信息。

(4) 科学实验系统。主要用于学术科学研究，其环境是预先设定的，数据既可以是由真实实验产生，也可以通过模拟方式获取仿真数据。

3. 大数据生成的主要方式

从数据库技术诞生以来，产生大数据的方式主要经过了以下三个发展阶段。

(1) 被动式生成数据。在采用数据库技术阶段，数据的产生是被动的，数据是随着业务系统的运行产生的。

(2) 主动式生成数据。Web2.0、移动互联网、Web3.0 的发展使人们可以随时随地通过移动终端生成数据，人们开始主动地生成数据。

(3) 感知式生成数据。感知技术的发展促进了数据生成方式的根本性变化，如遍布城市各个角落的摄像头等数据采集设备源源不断地自动采集、生成数据。

4. 大数据的特征

大数据的特点可以概括为 4 个 V 加 1 个 O 的特征，即数据量大(volume)、速度快(velocity)、类型多(variety)、价值(value)，数据是在线的(online)、真实的。

- volume。表示大数据的数据体量巨大。数据集合的规模不断扩大，已经从 GB 级增加到 TB 级再增加到 PB 级，近年来数据量甚至开始以 EB 和 ZB 来计数。例如一个中型城市的视频监控信息一天就能达到几十 TB 的数据量，又如百度首页导航每天需要提供的数据超过 1.5PB，如果将这些数据打印出来，会超过 5000 亿张 A4 纸。
- velocity。表示大数据的数据产生、处理和分析的速度在持续加快。加速的原因是数据创建的实时性特点，以及将流数据结合到业务流程和决策过程中的需求。数据处理速度快，处理模式已经开始从批处理转向流处理。业界对大数据的处理能力有一个称谓——“1 秒定律”，也就是说，可以从各种类型的数据中快速获得高价值的信息。大数据的快速处理能力充分体现出它与传统的数据处理技术的本质区别。
- variety。表示大数据的数据类型繁多。传统 IT 产业产生和处理的数据类型较为单一，大部分是结构化数据。随着传感器、智能设备、社交网络、物联网、移动计算、在线广告等新的渠道和技术不断涌现，产生的数据类型不计其数。现在的数据类型不再只是结构化数据，更多的是半结构化或者非结构化数据，如 XML、

邮件、博客、即时对话、视频、图片、点击流数据、日志文件等。企业需要整合、存储和分析来自复杂的传统和非传统信息源的数据，包括企业内部和外部的数据。

- value。表示大数据的数据价值密度低。大数据由于体量不断加大，单位的数据价值密度在不断降低，然而数据的整体价值在提高。以监控视频为例，在一小时的视频中有用的数据可能仅仅只有一两秒，但却非常重要。现在许多专家已经将大数据等同于黄金和石油，这表示大数据当中蕴含了无限的商业价值。
- online。依赖于互联网的急速发展，无数的用户数据体现在互联网世界中，未来是大数据的时代，这是毋庸置疑的。

大数据与传统数据的区别见表 1-2。

表 1-2　大数据与传统数据的区别

	传统数据	大数据
数据产生方式	被动采集数据	主动生成数据
数据采集密度	抽样密度较低，抽样数据有限	利用大数据平台，可对需要分析事件的数据进行密度抽样，精确获取事件所需局数据
数据源	数据源获取较为孤立，数据整合难度较大	利用大数据处理技术，通过分布式技术、分布式文件系统、分布式数据库技术等对从多个数据源获取的数据进行整合处理
数据处理方式	大多采用离线处理方式，对生成的数据集中分析处理，不对实时产生的数据进行分析	较多的数据源、响应时间要求低的数据可以采取批处理方式集中计算；响应时间要求高的实时数据处理采用流处理的方式进行实时计算，并通过对历史数据的分析进行预测分析

所以，大数据的应用具有效率高和价值大的特点，一些零散的、不同类型的数据如果不能在短时间内将信息所表达的含义反映出来，那么可以利用大数据分析技术将信息中潜藏的价值挖掘出来，以便于工作研究或者其他场景的使用。

据此我们可以认为：大数据应用=海量数据+分析方法+把握现状+预测结果。

1.2　大数据技术与大数据处理技术

大数据是一种大规模的数据集合，数据量巨大、数据类型多样化，乃至于远远超出了传统软件存储和管理的能力，由此诞生了以数据为本质的新一代革命性信息技术——大数据技术，它是大数据的应用技术，代表着从各种类型的数据中快速获得有价值信息的能力，具体包括大规模并行处理(massively parallel processing，MPP)数据库、数据挖掘、分布式文件系统、分布式数据库、云计算平台和可扩展存储系统等。

1.2.1　大数据技术架构

大多数的技术突破都来源于实际的产品需要，随着 Web2.0 时代的发展，互联网上数

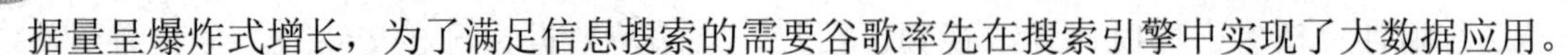

据量呈爆炸式增长，为了满足信息搜索的需要谷歌率先在搜索引擎中实现了大数据应用。

目前，无论是谷歌大数据还是 Apache 大数据，其基础架构都是一致的，均采用四层堆栈式技术架构，包括：基础层、管理层、分析层、应用层，如图 1-2 所示。

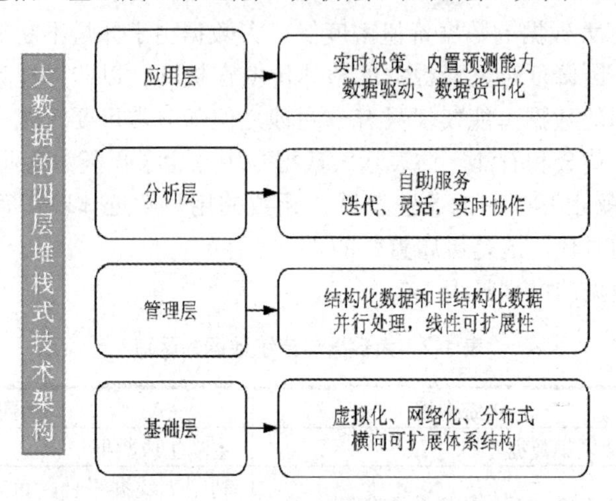

图 1-2　大数据的四层堆栈式技术架构

1. 基础层

第 1 层是整个大数据技术架构的最底层，也是基础层。基础层提供基础设施的支持，需要从以前的存储孤岛发展为具有共享能力的高容量存储池，容量、性能和吞吐量必须可以线性扩展。

要实现大数据规模的应用，用户需要一个高度自动化的、可横向扩展的存储和计算平台。云模型鼓励访问数据并提供弹性资源池来应对大规模问题，解决了如何存储大量数据，以及如何积聚所需的计算资源来操作数据的问题。在云中，数据跨多个节点调配和分布，使得数据更接近需要它的用户，从而可以缩短响应时间和提高生产效率。

2. 管理层

要支持在多源数据上做深层次的分析，大数据技术架构中需要一个管理平台，来使结构化、半结构化和非结构化数据成为一体，具备实时传送、查询和计算功能。

管理层既包括数据的存储和管理，也涉及数据的计算，并行化和分布式是大数据管理平台所必须考虑的要素。

3. 分析层

大数据应用需要大数据分析。分析层提供基于统计学的数据挖掘和机器学习算法，用于分析和解释数据集，以帮助用户获得对数据价值深入的领悟。

可扩展性强、使用灵活的大数据分析平台更可成为数据科学家的利器，达到事半功倍的效果。

4. 应用层

大数据的价值体现在帮助用户进行决策和为终端用户提供服务的应用层面，新型大数据应用对大数据技术不断提出新的要求，大数据技术也因此在不断发展变化中日趋

成熟。

不同的新型商业需求驱动了大数据的应用，反之大数据应用为用户提供的竞争优势使得用户更加重视大数据的价值。

1.2.2　大数据处理技术

大数据之所以能够从概念走向真正应用，说到底还是因为其核心技术——大数据处理技术的成熟，即面对海量的数据，大数据处理技术实现了在有限的硬件条件下以低成本满足大数据处理的各种实际需求，最主要的支撑技术是分布式系统和并行计算、大数据云以及大数据内存计算。从大数据处理全生命周期来看，大数据处理包括大数据采集、大数据预处理、大数据存储、大数据分析与挖掘。

大数据处理技术是大数据技术的核心，工作在大数据技术架构之上，实现了大数据理论的实用化。

在前文案例的引导下，结合已经建立的对大数据的理解，大数据处理整体技术框架可以概括为大数据采集、大数据预处理(数据清洗、集成、转换与规约)、大数据存储、大数据分析与挖掘等几个阶段。

1. 大数据采集

大数据采集即对各种来源的结构化和非结构化海量数据进行采集。

(1) 数据库采集：常用的有 Sqoop，它是一款开源(berkeley software distribution，BSD 协议，开源许可协议)的数据库采集工具，主要用于在 Hadoop 与传统的数据库间进行数据的传递，可以将一个关系型数据库中的数据导入 Hadoop 的 HDFS(hadoop distributed file system)文件系统中，也可以将 HDFS 文件系统中的数据导入关系型数据库中并执行 ETL (extract-transform-load，用来描述将数据从来源端抽取、转换、加载至目的端的过程)任务。当然了，目前开源的 Kettle 和 Talend 也集成了大数据集成内容，同样可以实现 HDFS 文件系统、HBase 数据库和主流 NoSQL 数据库之间的数据同步和集成。

(2) 网络数据采集：一种借助网络爬虫或网站公开 API 从网页获取非结构化或半结构化数据，并将其统一结构化为本地数据的数据采集方式。

(3) 文件采集：包括实时文件采集和处理技术 Flume(Cloudera 提供的一个高可用、高可靠、分布式的海量日志采集、聚合和传输的系统)、基于 ELK(三个开源软件的缩写，分别表示：elasticsearch、logstash、kibana)的日志采集和增量采集等。

可见大数据涵盖了结构化数据、半结构化数据，以及非结构化数据。

- 结构化数据：业界指关系模型数据，这种数据可以在关系型数据库中找到，多年来一直主导着 IT 应用，是关键任务 OLTP(联机事务处理)系统业务所依赖的信息。另外，这种信息还可以对结构型数据库信息进行排序和查询。
- 半结构化数据：指非关系模型的、有基本固定结构模式的数据，包括电子邮件、文字处理文件及大量保存和发布在网络上的信息。
- 非结构化数据：指没有固定模式的数据，如 Word，PDF，PPT，Excel 以及各种格式的图片、视频等，该信息在本质形式上可认为主要是位映射数据。

2. 大数据预处理

大数据预处理指的是在进行数据分析之前，先对采集到的原始数据进行的诸如清洗、填补、平滑、合并、规格化、一致性检验等一系列操作，旨在提高数据质量，为后期分析工作奠定基础。

数据预处理主要包括四个部分：数据清洗、数据集成、数据转换、数据规约。

(1) 数据清洗：指利用 ETL 等清洗工具，对有遗漏数据(缺少感兴趣的属性的数据)、噪音数据(数据中存在着的错误或偏离期望值的数据)、不一致数据进行处理。

(2) 数据集成：是指将不同数据源中的数据合并存放到统一数据库，着重解决三个问题：模式匹配、数据冗余、数据值冲突检测与处理。

(3) 数据转换：是指对所抽取出来的数据中存在的不一致之处进行处理的过程。它同时包含了数据清洗的工作，即根据业务规则对异常数据进行清洗，以保证后续分析结果的准确性。

(4) 数据规约：是指在最大限度保持数据原貌的基础上，最大限度精简数据量，以得到较小数据集的操作，包括数据聚集、维规约、数据压缩、数值规约、概念分层等。

3. 大数据存储

大数据存储指用存储器以数据库的形式存储采集到的数据的过程，包含以下三种典型路线。

(1) 基于 Hadoop 的技术扩展和封装。Apache 的开源项目 Hadoop 是一个分布式存储和计算系统，已经被业界广泛应用，它是基于 Hadoop 的技术扩展和封装，是针对传统关系型数据库难以处理的数据和场景(针对非结构化数据的存储和计算等)，利用 Hadoop 开源优势及相关特性(善于处理非结构、半结构化数据、复杂的 ETL 流程、复杂的数据挖掘和计算模型等)衍生出的大数据处理相关技术。

伴随着技术进步，Hadoop 应用场景也逐步扩大，目前最为典型的应用场景是通过扩展和封装 Hadoop 来实现对互联网大数据存储、分析的支撑，其中涉及了几十种 NoSQL 技术。

(2) 基于 MPP 架构的新型数据库集群。MPP 即大规模并行处理，是采用 Shared Nothing 架构，结合 MPP 架构的高效分布式计算模式，通过列存储、粗粒度索引等多项大数据处理技术，重点面向行业大数据所展开的数据存储方式。MPP 具有低成本、高性能、高扩展性等特点，在企业分析类应用领域有着广泛的应用。

较之传统数据库，基于 MPP 产品的 PB 级数据分析能力有着显著的优越性。自然，MPP 数据库也成为企业新一代数据仓库的最佳选择。

(3) 大数据一体机。这是一种专为大数据分析处理而设计的软、硬件结合的产品。它由一组集成的服务器，存储设备，操作系统，数据库管理系统，以及为数据查询、处理、分析而预安装和优化的软件组成，具有良好的稳定性和纵向扩展性。

4. 大数据分析与挖掘

大数据分析与挖掘是指从可视化分析、数据挖掘算法、预测性分析、语义引擎、数据质量管理等方面，对杂乱无章的数据，进行萃取、提炼和分析的过程。

(1) 可视化分析。可视化分析是指借助图形化手段，清晰并有效传达与沟通信息的分析手段，具有简单明了、清晰直观、易于接受的特点。主要应用于海量数据关联分析，即借助可视化数据分析平台，对分散异构数据进行关联分析，并输出完整分析图表的过程。

(2) 数据挖掘算法。数据挖掘算法是指通过创建数据挖掘模型，对数据进行探究和计算的数据分析手段。它是大数据分析的理论核心。

数据挖掘算法多种多样，且不同算法因基于不同的数据类型和格式会呈现出不同的数据特点。但一般来讲，创建模型的过程却是相似的，即首先分析用户提供的数据，然后针对特定类型的模式和趋势进行查找，并用分析结果定义创建挖掘模型的最佳参数，并将这些参数应用于整个数据集，以提取可行模式和详细统计信息。

(3) 预测性分析。预测性分析，是大数据分析最重要的应用领域之一。它通过结合多种高级分析功能(统计分析、预测建模、数据挖掘、文本分析、实体分析、优化、实时评分、机器学习等)，达到预测不确定事件的目的，帮助用户分析结构化和非结构化数据中的趋势、模式和关系，并运用这些指标来预测将来事件，为采取措施提供依据。

(4) 语义引擎。语义引擎是指通过为已有数据添加语义的操作，提高用户互联网搜索体验，如人工智能通用大模型中的提示词。

(5) 数据质量管理。指对数据全生命周期的每个阶段(计划、获取、存储、共享、维护、应用、消亡等)中可能引发的各类数据质量问题，进行识别、度量、监控、预警等操作，以提高数据质量的一系列管理活动。

1.2.3　大数据处理流程

一般而言，大数据处理流程可以分为四个步骤：大数据采集、大数据清洗和预处理、大数据统计分析和挖掘、结果可视化，如图 1-3 所示。

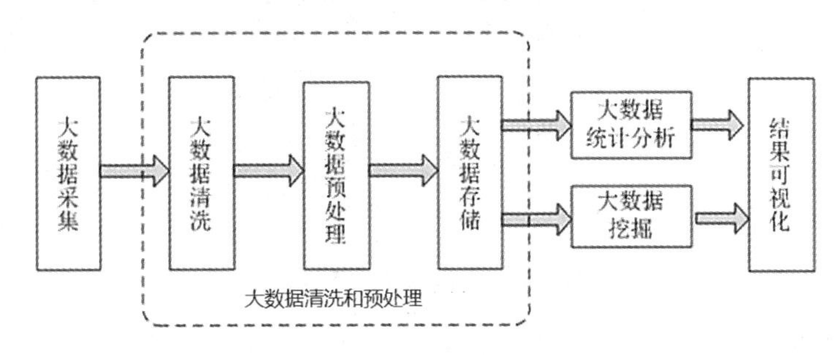

图 1-3　大数据处理流程

Step1：大数据采集

大数据的采集一般采用 ETL 工具负责将分布的、异构数据源中的数据，如关系数据、平面数据以及其他非结构化数据等，抽取到临时文件或数据库中。

Step2：大数据清洗和预处理

采集好的数据中肯定会有不少是重复或无用的数据，此时需要对数据进行简单的清洗和预处理，使得不同来源的数据整合成一致的、适合数据分析算法和工具读取的数据，如数据去重、异常处理和数据归一化等，然后将这些数据存到大型分布式数据库或者分布式存储集群中。

Step3：大数据统计分析和挖掘

统计分析需要用工具来进行分类汇总，比如 SPSS 工具、一些结构算法模型、主流的数据分析语言如 R、Python、MATLAB 等，以满足对各种数据分析的需求。

与统计分析过程不同的是，数据挖掘一般没有什么预先设定好的主题，主要是在现有数据上面进行基于各种算法的计算，起到预测效果，实现一些高级别数据分析的需求。比较典型算法有用于聚类的 K-means、用于统计学习的 SVM(支持向量机，是常见的一种判别方法，它是机器学习领域的一个有监督学习模型，通常用来进行模式识别、分类以及回归分析)和用于分类的朴素贝叶斯(NaïveBayes)，主要使用的工具有 Hadoop 的 Mahout(一个机器学习库)等。

Step4：结果可视化

大数据分析的使用者有大数据分析专家，同时还有普通用户，他们对于大数据分析最基本的要求都是可视化分析，可视化分析便于直观地呈现大数据的特点，同时能够非常容易地被读者接受，就如同看图说话一样简单明了。

1.2.4　大数据技术生态

随着科技的不断发展，人们对于数据的获取和处理能力也越来越强。大数据在各行各业中的应用场景也越来越多样，其应用场景几乎涵盖生活的方方面面，如图 1-4 所示。

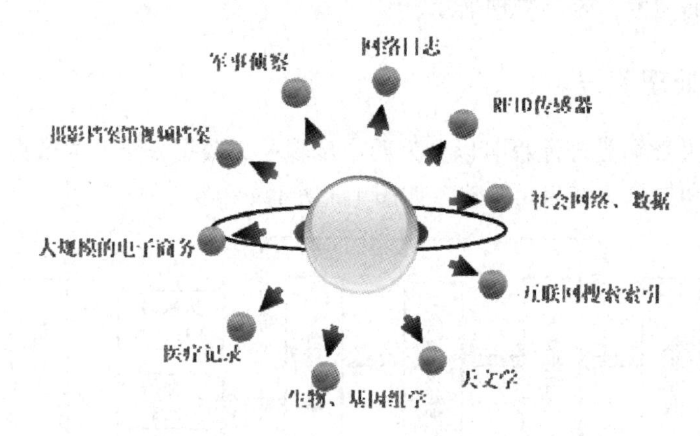

图 1-4　大数据的应用场景

网络化数据社会与现实社会的有机融合、互动以及协调，形成大数据感知、管理、分析与应用服务的新一代信息技术架构和良性增益的闭环生态系统，称为大数据生态(bigdata ecology)，具体应用场景下的相关技术如下。

- 文件存储：HDFS 文件系统、Tachyon(一个以内存为核心的开源分布式存储系统)、KFS(kosmos distributed file system，一个专门为数据密集型应用，如搜索引擎、数据挖掘等设计的存储系统)。
- 数学处理：主成分分析、因子分析、聚类分析、回归分析等都进一步成为降维的有效手段，通过分析数据(项、集合)间相关性将强相关维度项归并或另行定义为数据仓库特征项等来进一步实施降维处理。
- 离线计算：Hadoop MapReduce、Spark。

- 流式、实时计算：Storm、Spark Streaming、S4、Heron。
- K-V、NoSQL 数据库：HBase、Redis、MongoDB。
- 资源管理：Yarn、Mesos。
- 日志收集：Flume、Scribe、Logstash、Kibana。
- 消息系统：Kafka、StormMQ、ZeroMQ、RabbitMQ。
- 查询分析：Hive、Impala、Pig、Presto、Phoenix、SparkSQL、Drill、Flink、Kylin、Druid。
- 分布式协调服务：ZooKeeper。
- 集群管理与监控：Ambari、Ganglia、Nagios、Cloudera Manager。
- 数据挖掘、机器学习：Mahout、Spark MLLib。
- 数据同步：Sqoop。
- 任务调度：Oozie。
- ……

1.3　大数据处理技术构成

大数据处理技术一般包括：数据采集、数据存取、基础架构、数据处理、统计分析、数据挖掘、模型预测和结果呈现等，技术简介如下。

1. 基础技术

大数据构成复杂，数据量巨大，对计算机的算力要求很高，因为集中式计算提高算力成本巨大，负载瓶颈效应显著，分布式计算应运而生。可以说，大数据最基础的技术就是分布式计算。

(1) 分布式文件存储系统。数据以块的形式分布在集群的不同节点。如 Hadoop 在使用 HDFS 文件时，无需关心数据是存储在哪个节点上，或者是从哪个节点处获取的，只需像使用本地文件系统一样管理和存储文件系统中的数据。

(2) 分布式计算框架。分布式计算框架是相对于集中式计算框架而言的，将需要进行大量计算的项目数据分割成小块，由分布式系统中多台计算机节点分别计算，再合并计算结果并得出统一结论。

分布式计算框架将复杂的数据集分发给不同的节点去操作，每个节点会周期性地返回它所完成的工作和最新的状态。MapReduce 是一个批处理的分布式计算框架，可对海量数据进行并行分析与处理，它适用于对各种结构化、非结构化数据进行处理。分布式内存计算系统可有效减少数据读写和移动的成本，提高大数据处理性能；分布式流计算系统则是对数据流进行实时处理，以保障大数据的时效性和价值性。

例如，计算机要对输入的单词进行计数，若采用集中式计算方式，需要先算出一个单词如“Deer”出现了多少次，再算另一个单词出现了多少次，直到将所有单词统计完毕，这将浪费大量的时间和资源。而采用分布式计算方式，计算将变得高效。用户将数据随机分配给 3 个节点，由 3 个节点去分别统计各自处理的数据中单词出现的次数，再将相同的单词进行整合，输出最后的结果。

(3) 资源调度器。计算机中有任务管理器对资源进行管理和调度，分布式系统也同样需要这种资源与任务的调度机制，来协调资源与任务之间的关系。

分布式系统存在的意义之一，就是解决单体架构执行任务时的性能瓶颈，依托分布式服务器集群来分担原来一台机器上的计算任务。但是，资源多了就涉及资源如何公平公正地分给每一个计算任务，让整个集群合理地利用硬件资源，短时、高效、公平地完成一系列的计算任务，而不至于使负载不均衡。所以，需要一个宏观上的“操作系统”，来合理地将无穷多个计算任务，分配到 m 个集群节点的计算资源上去执行，这就是分布式系统的资源调度器，如分布式资源调度系统 Yarn。

(4) 分布式数据库。分布式数据库是非关系型数据库，在某些业务场景下数据存储以及查询在分布式数据库的使用效率更高。如 HBase 是一个开源的、面向列的非关系型分布式数据库，构建在 HDFS 文件系统之上，目前是 Hadoop 体系中非常关键的一部分。

(5) 数据仓库。Hive 是基于 Hadoop 的一个数据仓库工具，可以用 SQL 的语言转化成 MapReduce 任务对 HDFS 文件数据进行查询分析。数据仓库的好处在于使用者无需写 MapReduce 任务，只需要掌握 SQL 即可完成查询分析工作。

(6) 大数据计算引擎。大数据计算引擎是专为大规模数据处理而设计的快速、通用的计算引擎，如第一代批处理的代表 MapReduce，第二代流处理的代表 Spark，第三代流批一体处理的代表 Flink。

(7) 机器学习挖掘库。机器学习挖掘库是一个可扩展的机器学习和数据挖掘库。如：科学计算库 Numpy；数据分析处理库 Pandas；数据可视化库 Matplotlib；机器学习库 Scikit-learn 等。

2. 特殊技术

大数据处理除了需要基础技术还需要特殊技术，以有效地处理一定的数据冗余，降低风险。大数据处理的特殊技术就是分布式并行计算、云计算以及大数据内存计算。

(1) 大数据的分布式并行计算。分布式并行计算就是将复杂任务分解成子任务，同时执行单独子任务的方法，所以称之为分布式并行计算。分布式并行计算比传统计算更快捷、更高效，可在有限的时间内处理大量的数据，完成复杂度更高的计算任务。

Hadoop 作为代表性的第一代开源框架，就是基于分布式并行计算的思想来实现的，包括：

Hadoop 的分布式文件系统 HDFS，建立起可靠、高带宽、低成本的数据存储集群，便于跨机器的相关文件管理。

Hadoop 的 MapReduce 引擎，则是高性能的并行/分布式算法数据的处理实现。

(2) 云计算。当数据的规模越来越大，硬件和软件的存储和管理大数据的性能都需要提升，而硬件资源成本高昂，对企业而言会造成极大的成本负担。

云计算提供了共享计算资源集合，支持在云上进行应用程序、存储、计算、网络、开发、部署平台以及业务流程。在云计算中，所有的数据被收集到数据中心，然后分发给最终用户，而且自动数据备份和恢复还能够确保业务的连贯性。因此在大数据当中，云计算技术同样提供了重要的支持。

(3) 大数据内存计算技术。对大数据处理能力的需求，可以通过分布式计算得到基本的满足，但想要进一步提升处理能力和速度，则需要通过内存计算(in-memory computing，IMC)来完成。Hadoop 之后出现的 Spark，就是基于内存计算的分布式并行计算框架，大大提升了数据处理的效率。

IMC 使用存储在主存储器(RAM)中的数据，这使得数据处理的速度更快。结构化数据存储在关系数据库(relational database，RDB)中，使用 SQL 查询进行信息检索；非结构化数据则通过 NoSQL 数据库来完成存储。

IMC 处理大数据的数据量，NoSQL 数据库处理大数据的多样性。

1.4 大数据分析的 4 种典型工具

1. 几种常用典型大数据分析工具

(1) Hadoop。Hadoop 是一个能够对大量数据进行分布式并行处理的软件框架，HDFS 文件系统为海量的数据提供存储支持，MapReduce 计算框架为海量的数据提供计算支持。可以把 HDFS 文件系统理解为一个分布式的、有冗余备份的、可以动态扩展的、用来存储大规模数据的大硬盘；把 MapReduce 理解为一个计算引擎，按照 MapReduce 的规则编写 Map 计算程序以及 Reduce 计算程序，完成计算任务。

(2) Apache Spark。Apache Spark 是一个基于内存计算的开源集群计算系统，代替 MapReduce 执行计算任务，目的是更快速地进行数据分析。

(3) Storm。Storm 是一种开源软件，一个分布式、容错的实时计算系统，代替 MapReduce 执行实时计算任务。

(4) Apache Drill。低延迟的分布式海量数据(涵盖结构化、半结构化以及嵌套数据)交互式查询引擎，实现了 Google Dremel(“交互式”数据分析系统)的功能。

2. 几种常用典型大数据分析工具对比

(1) Hadoop 与 Storm。Hadoop 是磁盘级计算，基于 HDFS 文件系统的计算，数据存储在磁盘上，需要读写磁盘；Storm 是内存级计算，数据直接通过网络导入内存，其读写内存比读写磁盘速度快 n 个数量级。

(2) Apache Spark 与 Storm。两个框架都用于处理大量数据的并行计算。

Apache Spark 每个节点存储(或缓存)它的数据集，然后任务被提交给节点(内存运行)，所以这是把过程传递给数据——基于(过程)资源的计算；Storm 则是一个分布式流计算引擎，每个节点实现一个基本的计算过程，而数据项在互相连接的网络节点中流进流出，它和 Apache Spark 相反，是把数据传递给过程——基于数据的计算。

(3) Apache Spark 与 Apache Drill。Apache Spark 或 Apache Drill 虽然都是具有使用 Hadoop 处理数据能力的出色项目，但它们有两个截然不同的目标：Apache Drill 被设计为几乎所有内容的分布式 SQL 查询引擎，而 Apache Spark 是提供一些有限 SQL 功能的通用计算引擎。若需要执行复杂的数学、统计或机器学习，那么需要使用 Apache Spark，但如果感觉其 SQL 支持不能满足需求则可能要考虑在 Apache Spark 中使用 Apache Drill。因为

Apache Drill 具有 JDBC 驱动程序，Spark 可以利用这种驱动程序使用 Apache Drill 来执行查询。

1.5 大数据应用的未来发展趋势

在信息技术日益渗透到企业和个人生活的今天，大数据正逐渐成为很多行业或企业实现其价值的最佳途径，也影响着人们生活的方方面面，大数据的应用正在全面展开。大数据正在下列几个方面取得飞速发展。

1. 数据资源化

数据资源化是指大数据成为企业和社会关注的重要战略资源，并已成为大家争抢的新焦点，数据将逐渐成为最有价值的资产。

2. 数据科学和数据联盟的成立

(1) 催生新的学科和行业。数据科学正在成为一门专门的学科，被越来越多的人所认识。越来越多的高校开设了与大数据相关的学科课程，为市场和企业培养人才。

(2) 数据共享。数据可能成为一种共享资源的趋势。

3. 大数据隐私和安全问题

(1) 大数据引发个人隐私、企业和国家安全问题。

- 大数据时代将引发个人隐私安全问题；
- 大数据时代，企业将面临信息安全的挑战；
- 大数据时代，数据安全问题应该上升为国家安全问题。

(2) 正确合理利用大数据，促进大数据产业的健康发展。

大数据时代，必须对数据安全和隐私进行有效的保护。

4. 开源软件成为推动大数据发展的动力

大数据获得动力的关键在于开放源代码，帮助分解和分析数据。开源软件的盛行不会抑制商业软件的发展，相反会给基础架构硬件、应用程序开发工具、应用服务等各个相关领域带来更多的机会。

5. 大数据在多方位改善我们的生活

大数据作为一种重要的战略资产，已经不同程度地渗透到各个行业领域，现在通过大数据的力量，用户希望掌握真正有价值的信息，从而让生活更加便捷。

作为新兴的重要资源，世界各国都在加快大数据的战略布局，制订战略规划。

课后练习题

1. 选择题

(1) 第三次信息化浪潮的标志是(　　)。

A. 个人电脑的普及　　B. 虚拟现实技术的普及
C. 互联网的普及　　D. 云计算、大数据、物联网技术的普及

(2) 就数据的量级而言，1PB 数据是(　　)TB。
A. 2048　　B. 1000　　C. 512　　D. 1024

(3) 以下哪个不是大数据时代新兴的技术(　　)。
A. Spark　　B. Hadoop　　C. HBase　　D. MySQL

(4) 每种大数据产品都有特定的应用场景，以下哪个产品是用于批处理的(　　)。
A. Storm　　B. Dremel　　C. MapReduce　　D. Pregel

(5) 每种大数据产品都有特定的应用场景，以下哪个产品是用于查询分析计算的(　　)。
A. MapReduce　　B. HDFS　　C. S4　　D. Dremel

(6) 数据产生方式大致经历了三个阶段，包括(　　)。
A. 移动互联网数据阶段　　B. 用户原创内容阶段
C. 运营式系统阶段　　D. 感知式系统阶段

(7) 图灵奖获得者、著名数据库专家 Jim Gray 博士认为，人类自古以来在科学研究上先后经历了四种范式，具体包括(　　)。
A. 实验科学　　B. 猜想科学　　C. 数据密集型科学　　D. 理论科学

(8) 大数据带来的三个思维方式的转变是(　　)。
A. 全样而非抽样　　B. 效率而非精确
C. 相关而非因果　　D. 精确而非全面

(9) 大数据的四种主要计算模式包括(　　)。
A. 流计算　　B. 图计算　　C. 框计算　　D. 查询分析计算

(10) 大数据的堆栈式技术架构包括(　　)。
A. 基础层　　B. 管理层　　C. 分析层　　D. 应用层。

2. 简答题

(1) 什么是大数据分析？其特征是什么？
(2) 简要说明数据分析决策的过程。
(3) 什么是大数据？大数据整体技术框架包括哪些内容？
(4) 大数据处理技术包括哪些内容？
(5) 大数据处理流程包括哪些内容？

第 2 章　大数据采集及预处理

本章学习目标

- 掌握大数据采集的基本概念。
- 了解大数据采集的技术方法。
- 理解大数据预处理的方法。
- 掌握特征工程的方法。
- 掌握大数据采集及预处理的常用工具。

重点难点

- 大数据采集的技术方法，大数据预处理的方法。
- 特征工程的方法。

引导案例

有这么一句话在业界广泛流传：数据和特征决定了机器学习的上限，而模型和算法只是逼近这个上限而已。本质上说，呈现给算法的数据应该能拥有基本数据的相关结构或属性。在数据建模时，如果对原始数据的所有属性进行学习，并不能很好地找到数据的潜在趋势，而通过特征工程对数据进行预处理的话，算法模型能够减少来自噪声的干扰，这样能够更好地找出数据趋势。特征工程其实是将数据属性转换为数据特征的过程，属性代表了数据的所有维度。

那么特征工程到底是什么呢？顾名思义，其本质是一项工程活动，目的是最大限度地从原始数据中提取数据特征以供算法和模型使用，即，特征工程其实是一个如何展示和表现数据的问题。

在数据建模和大数据分析过程中，特征工程直接影响了数据质量和模型结果，是大数据分析在数据抽样后的重要一步。特征处理是特征工程的核心部分，包括数据预处理、特征选择和降维等。

(资料来源：本书作者整理编写)

2.1　大数据采集

大数据采集导学

2.1.1　大数据采集的概念

大数据采集是指从传感器、智能设备、企业在线系统、企业离线系统和互联网平台等获取数据的过程。

大数据采集与传统数据采集不同，是在确定用户目标的基础上针对该范围内所有结构化、半结构化和非结构化的数据的采集，大数据采集与传统数据采集的区别见表 2-1。

表 2-1 大数据采集与传统数据采集的区别

	传统数据采集	大数据采集
数据类型	数据类型单一	数据类型丰富，包括结构化、半结构化、非结构化
数据来源	来源单一，数据量相对大数据较小	来源广泛，数据量巨大
数据处理	关系型数据库和并行数据仓库	分布式数据库

大数据包括 RFID 数据、传感器数据、用户行为数据、社交网络交互数据及移动互联网数据等各种类型的结构化、半结构化及非结构化的海量数据。大数据不但数据源种类多，数据类型繁杂，数据量大，而且数据产生的速度快，传统数据的采集技术完全无法胜任。所以，大数据采集技术面临着许多技术挑战，一方面需要保证数据采集的可靠性和高效性，另一方面还要避免采集重复数据。

2.1.2 数据的分类

传统数据来源单一，且存储、管理和分析的数据量也相对较小，大多采用关系型数据库和并行数据库技术即可处理。

在传统数据体系和大数据体系中，数据共分为以下几种。

- 业务数据：消费者数据、客户关系数据、库存数据、账目数据等。
- 行业数据：车流量数据、能耗数据、PM2.5 数据等。
- 内容数据：应用日志、电子文档、机器数据、语音数据、社交媒体数据等。
- 线上行为数据：页面数据、交互数据、表单数据、会话数据、反馈数据等。
- 线下行为数据：车辆位置和轨迹、用户位置和轨迹、动物位置和轨迹等。

在依靠并行计算提升数据处理速度方面，传统的并行数据库技术追求的是高度一致性和容错性，因而难以保证其可用性和扩展性，但是传统数据体系中并没有考虑过新数据源的存在，包括内容数据、线上行为数据和线下行为数据 3 大类数据源，在大数据体系中则兼容了传统的结构化数据以及新兴的半结构化和非结构化数据。

2.1.3 数据的来源

大数据的 3 大主要来源为：商业数据、互联网数据与物联网数据。

- 商业数据。商业数据是指来自企业 ERP 系统、各种 POS 终端及网上支付系统等业务系统的数据，是现在最主要的数据来源渠道。
- 互联网数据。互联网数据是指网络空间交互过程中产生的大量数据，包括通信记录及 QQ、微信、微博等社交媒体产生的数据，其数据复杂且难以被利用，大多表现为半结构化和非结构化数据，特点是大量、多样化、快速。
- 物联网数据。物联网是指在计算机互联网的基础上，利用射频识别、传感器、红外感应器、无线数据通信等技术构造的一个覆盖世界上万事万物的网络，也就是“实现物物相连的互联网络”。物联网的核心和基础仍是互联网，是在互联网基础之上延伸和扩展的一种网络，物联网用户端延伸和扩展到了任何物品。如机器系统产生的两大类数据：通过智能仪表和传感器获取行业数据，例如通过公路卡口设备获取车流量数据，通过智能电表获取用电量等；通过各类监控设备获取人、动物和物体的位置和轨迹信息。

物联网数据的特点主要包括：数据量更大、数据传输速率更高、数据更加多样化、对数据真实性的要求更高。

2.1.4 大数据采集方法分类

大数据采集过程的主要特点和挑战是并发数高，因为可能会有成千上万的用户同时在进行访问和操作(例如，火车票售票网站和淘宝网站的并发访问量峰值可达到上百万)，所以在数据采集端需要部署大量数据库才能对其进行支持，并且在这些数据库之间进行负载均衡和对数据分块是需要深入思考和设计的。

数据源不同，大数据采集方法也不相同，但是为了能够满足大数据采集的需要，大数据采集时都使用了大数据的处理模式，即 MapReduce 分布式并行处理模式或基于内存的流式处理模式，如 Spark、Flink。

大数据采集方法有以下几大类。

- 数据库采集。传统企业会使用传统的关系型数据库 MySQL 和 Oracle 等来存储数据。随着大数据时代的到来，Redis、MongoDB 和 HBase 等 NoSQL 数据库也常用于数据的采集。
- 系统日志采集。系统日志采集主要是采集公司业务平台日常产生的大量日志数据，供离线和在线的大数据分析系统使用。高可用性、高可靠性、可扩展性是日志采集系统所具有的基本特征，因此系统日志采集工具均采用分布式架构，能够满足每秒数百 MB 的日志数据采集和传输需求。
- 网络数据采集。网络数据采集是指通过网络爬虫或网站公开 API 等方式从网站上获取数据信息的过程。网络爬虫会从一个或若干个初始网页的 URL 开始，获得各个网页上的内容，并且在抓取网页的过程中不断从当前页面上抽取新的 URL 放入队列，直到满足设置的停止条件为止。这样，可将半结构化数据、非结构化数据从网页中提取出来，存储在本地的存储系统中。
- 感知设备数据采集。感知设备数据采集是指通过传感器、摄像头和其他智能终端自动采集信号、图片或视频等数据的过程。大数据智能感知系统需要实现对结构化、半结构化、非结构化的海量数据的智能化识别、定位、跟踪、接入、传输、信号转换、监控、初步处理和管理等。其关键技术包括针对大数据源的智能识别、感知、适配、传输和接入等。

2.1.5 大数据采集的技术方法

在计算机广泛应用的今天，大数据采集的重要性是十分明显的，它是连接计算机与外部物理世界的桥梁。常用的大数据采集技术如下。

1. 系统日志采集方法

很多互联网企业都有自己的大数据采集工具，多用于系统日志采集。

(1) Hadoop 的 Chukwa：Chukwa 是一个开源的用于监控大型分布式系统的数据采集系统，它构建在 Hadoop 的 HDFS 文件系统和 MapReduce 计算框架之上，继承了 Hadoop 的可伸缩性和健壮性。Chukwa 还包含了一个强大而灵活的工具集，可用于展示、监控和分析已采集的数据，当 1000 个以上节点的 Hadoop 集群变得常见时，Chukwa 用于采集和分析集群自身的相关信息。

(2) Cloudera 的 Flume：Flume 是 Cloudera 提供的一个高可用、高可靠、分布式的海量日志采集、聚合和传输系统，Flume 支持在日志系统中订阅各类数据发送方，用于采集数据；同时，Flume 可对数据进行简单处理，并写到各种数据接受方。

(3) Meta 的 Scribe：Scribe 是 Meta 开源的日志采集系统，在 Meta 内部已经得到应用。它能够从各种日志源上采集日志，并将其存储到一个中央存储系统(可以是 NFS 或其他分布式文件系统)上，以便于进行集中统计分析处理。

2. 非结构化数据采集方法

非结构化数据的采集针对所有非结构化的数据，包括企业内部数据的采集、企业外部数据的采集、网络数据的采集和直接采集。

(1) 企业内部数据的采集是对企业内部各种文档、视频、音频、邮件、图片等格式互不兼容的数据的采集，可以通过企业内部文件、内部报告等企业内部资料间接获得。

(2) 企业外部数据的采集是对政府部门发布的统计数据、行业协会发布的调查报告、媒体报道等企业外部资料的采集。

(3) 网络数据的采集是指通过网络爬虫或网站公开 API 等方式从网站上获取互联网中相关网页内容，并从中抽取出用户所需要的属性内容的过程。

(4) 直接采集是指经过问卷调查、采访、沟通等方式直接获得一手数据。

3. 其他数据采集方法

对于企业生产经营数据或学科研究数据等保密性要求较高的数据，可以通过与企业或研究机构合作，使用特定系统接口等相关方式采集数据(如数据库)。

2.2 数据存储——HDFS 与 CSV

基于大数据的特点，传统的数据存储和处理方式无法适应如此巨大的载荷，用户必须寻找一种更加经济快捷的文件系统和并行处理方式。前文介绍的通过扩展和封装 Hadoop 来实现对互联网大数据存储、分析的支撑是主要的大数据解决方案，基于 MPP 架构的新型数据库集群通过列存储、粗粒度索引等服务于新一代数据仓库的解决方案正逐渐被取代。

2.2.1 分布式文件系统 HDFS

Hadoop 具有能存储海量数据的分布式文件系统 HDFS，有统一资源调度管理框架 Yarn，而且还有离线计算框架 MapReduce，如果类比于各种操作系统，Hadoop 可以认为是一个数据操作系统。HDFS 分布式文件系统架构如图 2-1 所示。

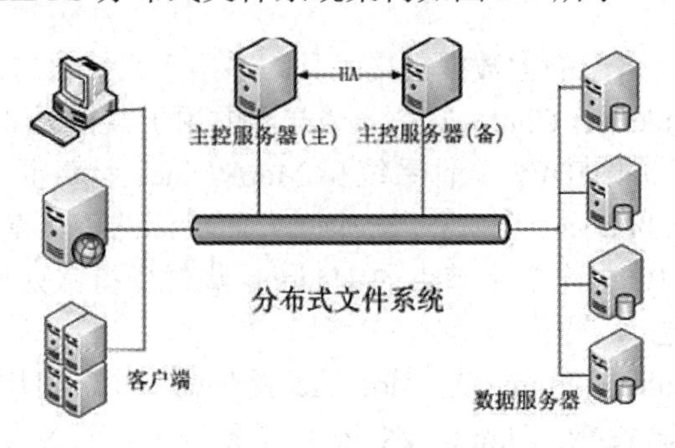

图 2-1　分布式文件系统架构

HDFS 分布式文件系统是将数据分散存储在多台独立的设备上，采用可扩展的系统结构多台存储服务器分担存储负荷，利用元数据定位数据在服务器中的存储位置，具有较高的系统可靠性、可用性和存储效率。

1. HDFS 与 NFS

HDFS 文件系统是 Hadoop 项目的核心子项目，是分布式计算中数据存储管理的基础，它基于流数据模式访问和处理超大文件的需求而开发，可以运行于廉价的商用服务器上。

NFS(network file system)文件系统的文件存储在单一的 NFS Server 中，成为单点瓶颈；HDFS 文件是 HDFS Server 集群所有节点机器的文件的集合，HDFS 文件系统提供副本进行容错及可靠性保证，HDFS Client 通过网络连接获取 HDFS Server 集群中的文件，对文件的直接操作是分布在集群中对应的机器上的，没有单点压力。

2. HDFS 文件系统数据存储机制

HDFS 文件系统采用主/从(Master/Slave)架构来存储数据，HDFS 文件系统架构如图 2-2 所示。

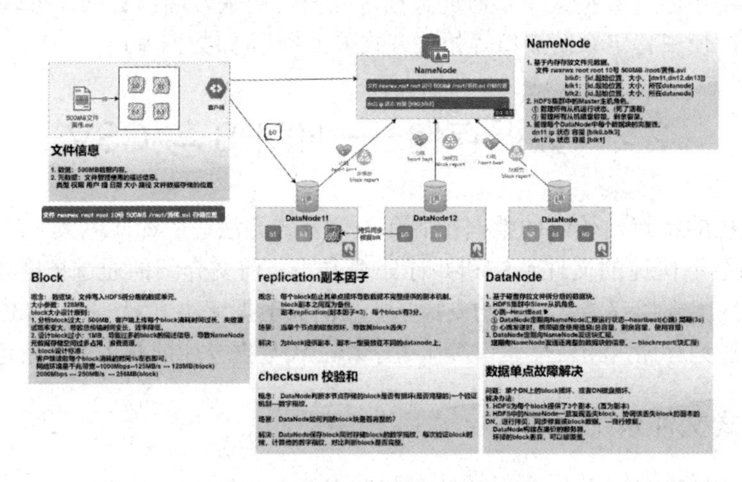

图 2-2　HDFS 文件系统架构图

由图 2-2 可见，这种架构主要由 4 个部分组成，分别是 HDFS Client、NameNode、DataNode 和 Secondary NameNode，各部分承担的工作内容如下。

(1) Client：就是客户端。

① 文件切分。文件上传的时候，Client 将文件切分成一个一个的数据块(Block，如 Hadoop1.0 中默认为 64MB，Hadoop2.0 中默认为 128MB)，然后使用 HDFS 文件进行存储。

② 与 NameNode 交互，获取文件的位置信息。

③ 与 DataNode 交互，从文件读取或者向文件写入数据。

Client 提供一些命令来管理 HDFS 文件，比如启动或者关闭 HDFS 文件，并通过一些命令来访问 HDFS 文件。

(2) NameNode：就是 Master，主节点。它是一个分布式服务器集群中的管理者，负责以下工作。

① 管理 HDFS 文件系统的名称空间。

② 管理数据块映射信息。

③ 配置副本策略。

④ 处理客户端读写请求。

(3) DataNode：就是 Slave，从节点。接收 NameNode 下达的命令，DataNode 执行以下操作。

① 存储实际的数据块。

② 执行数据块的读/写操作。

(4) Secondary NameNode：它并非 NameNode 的热备，而是负责 NameNode 的辅助工作，当 NameNode 宕机的时候它并不能马上替换 NameNode 并提供服务。辅助工作内容如下。

① 辅助 NameNode，分担其工作量。

② 定期合并 fsimage(命名空间镜像文件，存储了某一个时刻名字节点内存元数据，即命名空间的信息，是一个二进制文件)和 fsedits(编辑日志文件，存储了所有原有 fsimage 被载入内存后对元数据信息的更新操作记录)文件，并推送给 NameNode。

③ 在紧急情况下，可辅助恢复 NameNode。

2.2.2 HDFS 文件转换

当我们用命令“Hadoop fs -copyFromLocal localfile HDFS://...”将本地文件复制到 HDFS 文件系统时(fs 是通用文件系统指令)，需要明确以下 2 个方面的问题。

- 文件是在多台机器之间进行了传输(至少有 2 台机器：本地计算机和一个 DataNode 节点)。
- 如果文件超过一个 Block 的大小，那么将一个文件分割成多个 Block 是在哪里发生的？

这里我们借助大家熟知的 Java 为例解析实现过程。

(1) 本地数据读取。这一功能是由 FileSystem 类的 copyFromLocalFile 方法完成的，文件的复制在 2 个文件系统中进行，下面是 FileUtil 类的一段代码：

```
/**在两个文件系统之间复制文件 */
public static boolean copy(FileSystem srcFS,Path src,
                           FileSystem dstFS, Path dst,
                           boolean deleteSource,
                           boolean overwrite,
                           Configuration conf) throws IOException {
    ... //
    InputStream in = null;
    OutputStream out = null;
    try {
      in = srcFS.open(src);
      out = dstFS.create(dst, overwrite);
      IOUtils.copyBytes(in, out, conf, true);
    } catch (IOException e) {
      IOUtils.closeStream(out);
      IOUtils.closeStream(in);
      throw e;
    }
    ...
  }
```

copyFromLocalFile 的实质是将文件从 LocalFileSystem 复制到 DistributedFileSystem，DistributedFileSystem 借助了 DFSClient 类来实现客户端与 HDFS 文件系统之间文件的传输任务。

复制的关键是：

① 获得本地文件系统的输入流(用来读取本地文件)；

② 获得 HDFS 文件的输出流(用来向 HDFS 文件写入数据)；

③ 从输入流读取数据，写入输出流。

从 LocalFileSystem 获取输入流后获取 DistributedFileSystem 的输出流，在 DFSClient 类中创建流：

```
OutputStream result=new DFSOutputStream(src,masked,
       overwrite, replication,BlockSize,progress,buffersize,
       conf.getInt("io.bytes.per.checksum",512));
```

(2) 将数据传输到 HDFS 文件中。DFSOutputStream 负责将数据传输到 HDFS 文件中，由于数据是在本地读取的，又要保存在另外一台机器(DataNode)上，所以这里面涉及 Socket。

DFSOutputStream 对底层的 Socket 通信进行了包装，DFSOutputStream 中的几个变量说明如下。

- private Socket s;//在 DataNode 之间建立的 Socket 连接。
- private DataOutputStream BlockStream;//Socket 的输出流(Client→DataNode)，用于将数据传输给 DataNode。
- private DataInputStream BlockReplyStream; //Socket 的输入流(DataNode→Client)，用户收到 DataNode 返回的确认包。

除了 Socket 和流对象以外，DFSOutputStream 还有以下 2 个队列和 2 个线程。

- private LinkedList<Packet> dataQueue=new LinkedList<Packet>();// dataQueue 是数据队列，用于保存等待发送给 DataNode 的数据包。
- private LinkedList<Packet> ackQueue=new LinkedList<Packet>();// ackQueue 是确认队列，用于保存还没有被 DataNode 确认接收的数据包。
- private DataStreamer streamer=new DataStreamer();//streamer 线程不停地从 dataQueue 中取出数据包，发送给 DataNode。
- private ResponseProcessor response=null;// response 线程用于接收从 DataNode 返回的反馈信息。

所以，在向 DFSOutputStream 中写入数据(通常是 byte 数组)的时候，实际的传输过程如下。

Step1：byte[]被封装成 64KB 的 Packet，然后放进 dataQueue 中；

Step2：DataStreamer 线程不断地从 dataQueue 中取出 Packet，通过 Socket 发送给 DataNode(向 BlockStream 写数据)，发送前将当前的 Packet 从 dataQueue 中移除，并使用 addLast 方法添加进 ackQueue；

Step3：ResponseProcessor 线程从 BlockReplyStream 中读出 DataNode 反馈的信息。

反馈信息很简单，就是一个 seqno 再加上每个 DataNode 返回的标志(成功标志为 DataTransferProtocol.OP_STATUS_SUCCESS)。通过判断 seqno(序列号，每个 Packet 有一个序列号)，判断 DataNode 是否接收到正确的包。

只有在收到反馈包中的 seqno 与 ackQueue.getFirst()包中的 seqno 相同时，才说明传输正确，否则可能出现了丢包的情况。

传输正确则从 ackQueue 中移出：ackQueue.removeFirst();

说明这个 Packet 被 DataNode 成功接收了。

(3) DataNode 接收数据。上面分析的代码都位于客户端，在 DataNode 端有一个 Daemon 线程：dataXceiverServer，它有一个用于数据传输的 ServerSocket 一直开在那里。

每当有 Client 连接到 DataNode 时，DataNode 会实例化一个 DataXceiver，DataXceiver 负责数据的传输工作。

如果是写操作(Client→DataNode)，则调用 writeBlock 方法：

```
case DataTransferProtocol.OP_WRITE_Block:
writeBlock(in);
```

writeBlock 方法负责将数据写入本地磁盘，并负责将数据传输给其他 DataNode，保证数据的副本数目(可以通过 dfs.replication 设置)。

具体负责数据接收的是这一行代码：

```
BlockReceiver.receiveBlock(mirrorOut,mirrorIn,replyOut,mirrorAddr,null,t
argets.length);
```

其中的几个参数含义如下：

DataOutputStream mirrOut, // 下一个 DataNode 的输出流。

DataInputStream mirrIn, // 下一个 DataNode 的输入流。

DataOutputStream replyOut, // 数据来源节点(可能是最初的 Client)的输出流，用来发送反馈通知包。

在 receiveBlock 方法中，循环接收数据：

```
  /*
   * 一直接收，直到 Packet 长度为 0
  */
while (receivePacket() >0){}
```

在 receivePacket 方法中，不断地从输入流中读取 Packet 数据：

```
int payloadLen=readNextPacket();
```

并将数据传输至下一个 DataNode 节点：

```
mirrorOut.write(buf.array(),buf.position(),buf.remaining());
mirrorOut.flush();
```

写入磁盘：

```
out.write(pktBuf,dataOff,len);
```

(4) 如果一个文件超过 1 个 Block 大小，则重定向到新的 DataNode。DFSOutputStream 类的 writeChunk 方法负责分块。

```
if (bytesCurBlock==BlockSize) {
    currentPacket.lastPacketInBlock=true;
    bytesCurBlock=0;
    lastFlushOffse =-1;
    }
bytesCurBlock>BlockSize 时
int psize=Math.min((int)(BlockSize-bytesCurBlock),writePacketSize);
        computePacketChunkSize(psize,bytesPerChecksum);
```

也就是说，在实例化每个新 Packet 之前都会重新计算一下新 Packet 的大小，以保证新 Packet 大小不会超过 Block 的剩余大小。

如果 Block 还有不到一个 Packet 的大小(比如还剩 3KB 的空间)，则最后一个 Packet 的大小就是 BlockSize-bytesCurBlock，也就是 3KB。

```
// get new Block from NameNode.
if (BlockStream==null) {
  LOG.debug("Allocating new Block");
  nodes=nextBlockOutputStream(src);
  this.setName("DataStreamer for file "+src+"Block"+Block);
  response=new ResponseProcessor(nodes);
  response.start();
}
```

在 DataStreamer 中，如果遇到 one.lastPacketInBlock==true，则将 BlockStream 设为 null，之后会重新写入新的 Block。

2.2.3　HDFS 文件系统读写原理

1. HDFS 文件读操作原理

HDFS 的文件读取操作原理如图 2-3 所示。

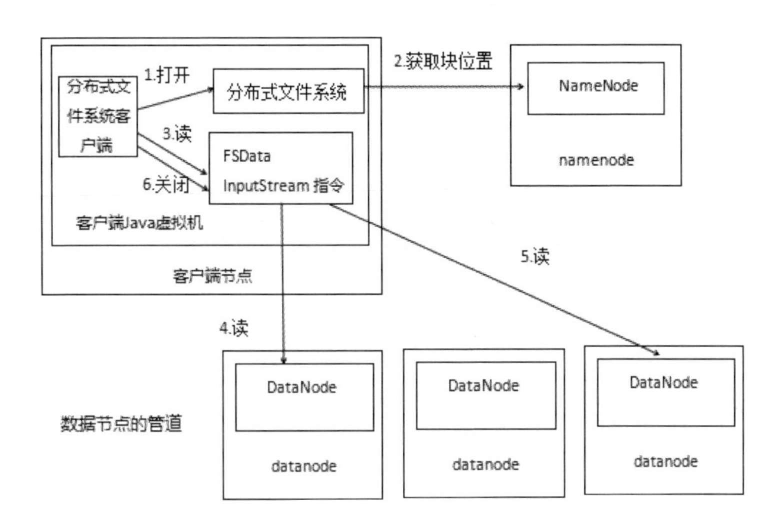

图 2-3　HDFS 文件读取操作示意图

根据图 2-3，HDFS 的文件读取过程主要包括以下几个步骤。

Step1：首先调用 FileSystem 对象的 open 方法，获取一个 DistributedFileSystem 的实例。

Step2：DistributedFileSystem 通过 RPC(remote procedure call protocol，远程过程调用协议，一种通过网络向远程计算机程序请求服务而不需要了解底层网络技术的协议)获得文件第一批 Block 的 locations(存储位置信息)，同一 Block 按照副本数返回的多个 locations 按照 Hadoop 拓扑结构排序构成数据节点的通信管道，距离客户端近的排在前面。

前两步会返回一个 FSDataInputStream 对象，该对象被封装成 DFSInputStream 对象(HDFS 文件的输入流对象)，DFSInputStream 对象可以方便地管理 DataNode 和 NameNode 数据流。客户端调用 read 方法，DFSInputStream 就会找出离客户端最近的 DataNode 并连接 DataNode。

Step3：数据从 DataNode 源源不断地流向客户端。如果第一个 Block 块的数据读完了，就会关闭指向第一个 Block 块的 DataNode 连接，接着读取下一个 Block 块。如果第一批 Block 都读完了，DFSInputStream 就会去 NameNode 拿下一批 Blocks 的 location，然后继续读，如果所有的 Block 块都读完，这时就会关闭掉所有的流对象。

2. HDFS 文件写操作原理

HDFS 的文件写入原理如图 2-4 所示。

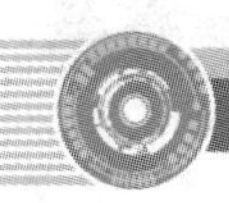

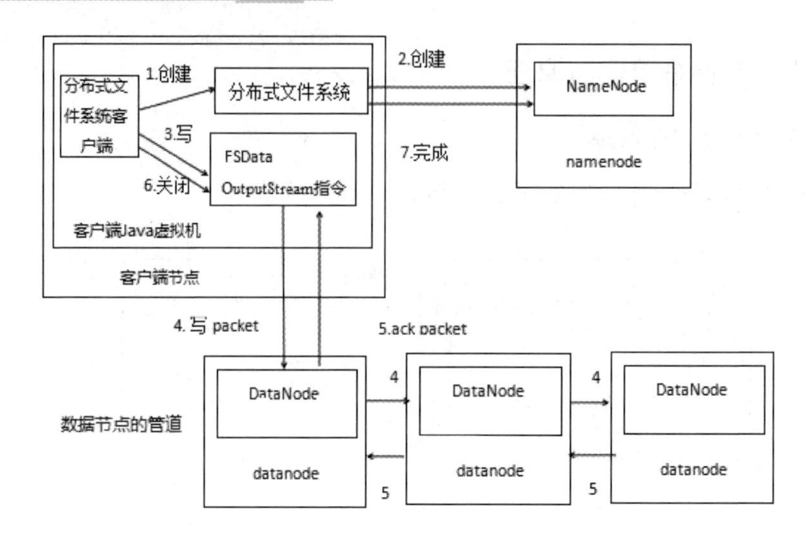

图 2-4　HDFS 文件写入操作示意图

由图 2-4 可以看出，HDFS 的文件写入过程主要包括以下几个步骤。

Step1：客户端通过调用 DistributedFileSystem 的 create 方法，创建一个新的 HDFS 文件。

Step2：DistributedFileSystem 通过 RPC 调用 NameNode，去创建一个没有 Blocks 关联的新文件。创建前 NameNode 会做各种校验，比如文件是否存在、客户端有无权限去创建等，如果校验通过 NameNode 就会记录下新文件，否则就会抛出 IO 异常。

前两步结束后会返回 FSDataOutputStream 的对象，和读文件的时候相似，FSDataOutputStream 被封装成 DFSOutputStream，DFSOutputStream 可以协调 NameNode 和 DataNode。客户端开始写数据到 DFSOutputStream，DFSOutputStream 会把数据切成一个个小 packet，然后排成写入队列(data queue)。

Step3：DataStreamer 去处理并接受写入队列，它先询问 NameNode 这个新的 Block 最适合存储在哪几个 DataNode 里。比如设置的副本数是 3，那么就找到 3 个最适合的 DataNode 把它们排成一个数据节点管道。DataStreamer 把 packet 按队列输出到管道的第一个 DataNode 中，第一个 DataNode 又把 packet 输出到第二个 DataNode 中，以此类推。

Step4：DFSOutputStream 还有一个队列叫 ack queue，也由 packet 组成，是等待 DataNode 应答响应的队列，当数据节点管道中的所有 DataNode 都表示已经收到数据的时候，ack queue 才会把对应的 packet 包移除掉。

Step5：客户端完成写数据后，调用 close 方法关闭写入流对象。

DataStreamer 把剩余的包都加载到管道里然后等待 ack 信息，收到最后一个 ack 后通知 DataNode 把文件标示为“已完成”。

2.2.4　CSV 文件

CSV(Comma-Separated Values)是逗号分隔值的英文缩写，CSV 文件是一种用来存储数据的纯文本文件，通常都是用于存放电子表格或数据的一种文件格式。在 CSV 文件中一

行即为数据表的一行，生成的数据表字段默认用半角逗号隔开(有时也称为字符分隔值，因为分隔字符也可以不是逗号)。CSV 文件被广泛地应用于在不同体系结构的应用程序之间交换数据表格信息，解决不兼容数据格式的互通问题，一般按照传输双方既定标准进行格式定义，而其本身并无明确格式标准。

CSV 文件以纯文本形式存储表格数据(数字和文本)，纯文本意味着该文件是一个字符序列，不含必须像二进制数字那样被解读的数据。CSV 文件由任意数目的记录组成，通常所有记录都有完全相同的字段序列，记录间以某种换行符分隔，每条记录由字段组成，字段间的分隔符是其他字符或字符串，最常见的是逗号或制表符。

CSV 格式的官方标准文档 RFC4180 提出了 MIME 类型(text/CSV)，因此对于 CSV 格式的标准可以作为一般使用的常用定义，满足大多数实现遵循的格式。

CSV 文件的构造示例如下：

(1) 每一行记录位于一个单独的行上，用回车换行符 CRLF(也就是\r\n)分割。

```
aaa,bbb,ccc CRLF
zzz,yyy,xxx CRLF
```

(2) 文件中的最后一行记录可以有结尾回车换行符，也可以没有。

```
aaa,bbb,ccc CRLF
zzz,yyy,xxx
```

(3) 第一行可以存在一个可选的标题头，格式和普通记录行的格式一样。标题头要包含文件记录字段对应的名称，应该有和记录字段一样的数量在 MIME 类型中，标题头行的存在与否可以通过 MIME type 中的可选 header 参数指明。

```
field_name,field_name,field_name CRLF
aaa,bbb,ccc CRLF
zzz,yyy,xxx CRLF
```

(4) 在标题头行和普通行的每行记录中，会存在一个或多个由半角逗号“,”分隔的字段。整个文件中每行应包含相同数量的字段，空格也是字段的一部分不应被忽略，每一行记录最后一个字段后不能跟逗号。CSV 文件的分隔符通常采用逗号分隔，也有采用其他字符分隔的，只是需要事先约定。

```
aaa,bbb,ccc
```

(5) 每个字段可用、也可不用半角双引号括起来(有些程序，如 Microsoft 的 Excel 就不用双引号)。但是，如果字段没有用引号括起来，那么该字段内部不能出现双引号字符。

```
"aaa","bbb","ccc" CRLF
zzz,yyy,xxx
```

(6) 字段中若包含回车换行符、双引号或者逗号，该字段需要用双引号括起来。如果用双引号括字段，那么出现在字段内的双引号前必须加一个双引号进行转义。

```
aaa,b→"aaa,b" CRLF
bb",ccc→"bb"",ccc" CRLF
"aaa→"""aaa" CRLF
""→"""""" CRLF
```

```
aaa,b"bb,ccc→"aaa","b""bb","ccc" CRLF
```

实践中，术语“CSV”泛指具有以下特征的任何文件。

- 纯文本，使用某个字符集，比如 ASCII、Unicode、EBCDIC 或 GB2312。
- 由记录组成(典型的是每行一条记录)。
- 每条记录被分隔符分隔为字段(典型分隔符有逗号、分号或制表符，有时分隔符可以包括可选的空格)。
- 每条记录都有同样的字段序列。

所以，在常规的约束条件下存在着许多 CSV 变体，如使用约定好的其他分隔符、转义规则等，故 CSV 文件并不完全互通。因此，实际使用 CSV 文件时需要数据交换双方事先约定规则，再进行 CSV 文件读写，这样就可以避免进行文件解析的麻烦。

正如 CSV 并没有明确的格式，CSV 文件的解析同样没有标准方法，一般可以自己实现读写解析。应用中有很多种不同语言的实现版本，例如 openCSV、CSVreader 等，它们可能会与 RFC(Request For Comments，是一系列有关互联网相关信息以及 UNIX 和互联网社区的软件文件标准)中的规定有所出入，例如在 CSVreader 中就有要求，具体应用时需要注意以下几点。

① 前缀和后缀的空格字符、逗号和制表符，与逗号或记录分隔符相邻的内容将被修剪。

② 为了保证前导和后缀空白字符的保留，必须通过将字段嵌入到双引号集合中来限定字段。

2.3 大数据预处理

大数据预处理导学

大数据预处理的方法主要包括数据清洗、数据集成、数据变换和数据规约，见图 2-5。

大数据预处理过程导学

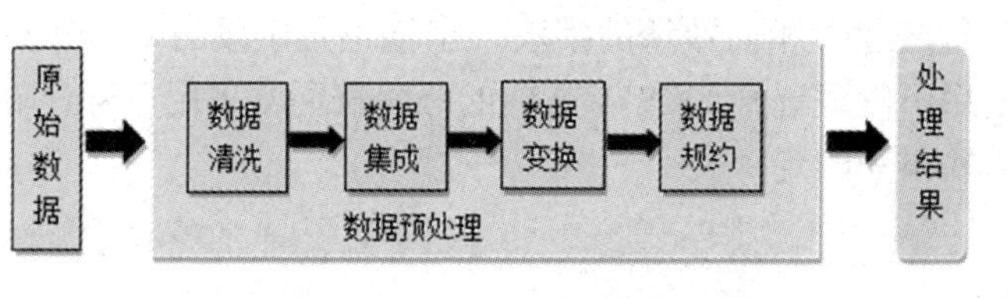

图 2-5 大数据处理流程

1. 数据清洗

在进行数据分析和可视化之前，经常需要先“清洗”数据。数据清洗是在汇聚多个维度、多个来源、多种结构的数据之后，对数据进行抽取、转换和集成加载(ETL)的过程，目的在于删除重复信息，纠正存在的错误，并提供数据一致性。

有很多工具都可以实现数据清洗，但大多是需要付费的。这里介绍两款免费的数据清洗工具。

- DataWrangler：是一款由斯坦福大学开发的在线数据清洗、数据重组的软件。主要用于去除无效数据，将数据整理成用户需要的格式等。使用 DataWrangler 能节

约用户花在数据整理上的时间，从而让用户有更多的精力进行数据分析。

- OpenRefine：是一款由谷歌公司开发的数据清洗工具，是基于计算机浏览器的数据清洗软件，是在数据清洗、数据转换方面非常有效的一个格式化工具。它是一个开源的网络应用，可以在计算机中直接运行，避免了上传指定信息到外部服务器的问题，它类似于传统 Excel 处理软件，但是工作方式更像数据库，以列和字段的方式工作，而不是以单元格的方式工作。

2. 数据集成

数据集成是把不同来源、不同格式、不同特点性质的数据在逻辑上或物理上有机地集中，从而为企业提供全面的数据。大数据集成则存在狭义集成与广义集成两种定义：

- 狭义集成是指如何合并规整数据；
- 广义集成是指数据的存储、移动、处理等与数据管理有关的活动。

大数据集成一般需要将处理过程分布到源数据上进行并行处理，并仅对结果进行集成，目前通常采用联邦式、基于中间件模型和数据仓库等方法来构造集成系统。

(1) 联邦数据库系统：联邦数据库系统(FDBS)由半自治数据库系统构成，相互之间分享数据，联邦各数据源之间相互提供访问接口，同时联邦数据库系统可以是集中数据库系统、分布式数据库系统或其他联邦式系统。在这种模式下又分为紧耦合和松耦合两种情况，紧耦合提供统一的访问模式，一般是静态的，在增加数据源上比较困难；而松耦合则不提供统一的接口，但可以通过统一的语言访问数据源，其中核心的是必须解决所有数据源语义上的问题。

(2) 中间件模式：中间件模式通过统一的全局数据模型来访问异构的数据库、遗留系统、Web 资源等。中间件位于异构数据源系统(数据层)和应用程序(应用层)之间，向下协调各数据源系统，向上为访问集成数据的应用提供统一的数据模式和数据访问的通用接口。各数据源的应用仍然完成它们的任务，中间件系统则主要集中为异构数据源提供一个高层次的检索服务。中间件模式是比较流行的数据集成方法，它通过在中间层提供一个统一的数据逻辑视图来隐藏底层的数据细节，使得用户可以把集成数据源看成一个统一的整体。这种模型下的关键问题是如何构造这个逻辑视图，并使得不同数据源之间能映射到这个中间层。

(3) 数据仓库模式：数据仓库是在企业管理和决策中面向主题的、集成的、与时间相关的和不可修改的数据集合。其中，数据被归类为广义的、功能上独立的和没有重叠的主题。

这几种方法在一定程度上解决了应用之间的数据共享和互通的问题，但也存在以下异同。

- 联邦数据库系统是主要面向多个数据库系统的集成，其中数据源有可能要映射到每一个数据模式，当集成的系统很大时，对实际开发将带来巨大的困难。
- 数据仓库模式则在另外一个层面上表达数据之间的共享，它主要是为了针对企业某个应用领域而提出的一种数据集成方法，也就是前文所提到的面向主题并为企业提供数据挖掘和决策支持的系统。

3. 数据变换

数据变换是将数据转换成适合挖掘的形式。数据变换是采用线性或非线性的数学变换方法，将多维数据压缩成较少维数的数据，消除它们在时间、空间、属性及精度等特征表现方面的差异(如统计学中的数据标准化)。

4. 数据规约

数据规约是从数据库或数据仓库中选取使用者感兴趣的数据并建立数据集合，然后从数据集合中滤掉一些无关、偏差或重复的数据，在尽可能保持数据原貌的前提下最大限度地精简数据量。数据规约主要有两个途径：属性选择和数据抽样，这两个途径分别针对原始数据集合中的属性和记录。

2.4 特 征 工 程

特征工程和数据预处理两者并无明显的界限，都是为了更好地探索数据集的结构，获得更多的信息，在将数据送入模型之前对数据进行整理。可以说数据预处理是初级的特征处理，特征工程是高级的数据预处理，也可以说这里的预处理过程是广义的，包含所有建模前的数据预处理过程，如 2-6 图所示。

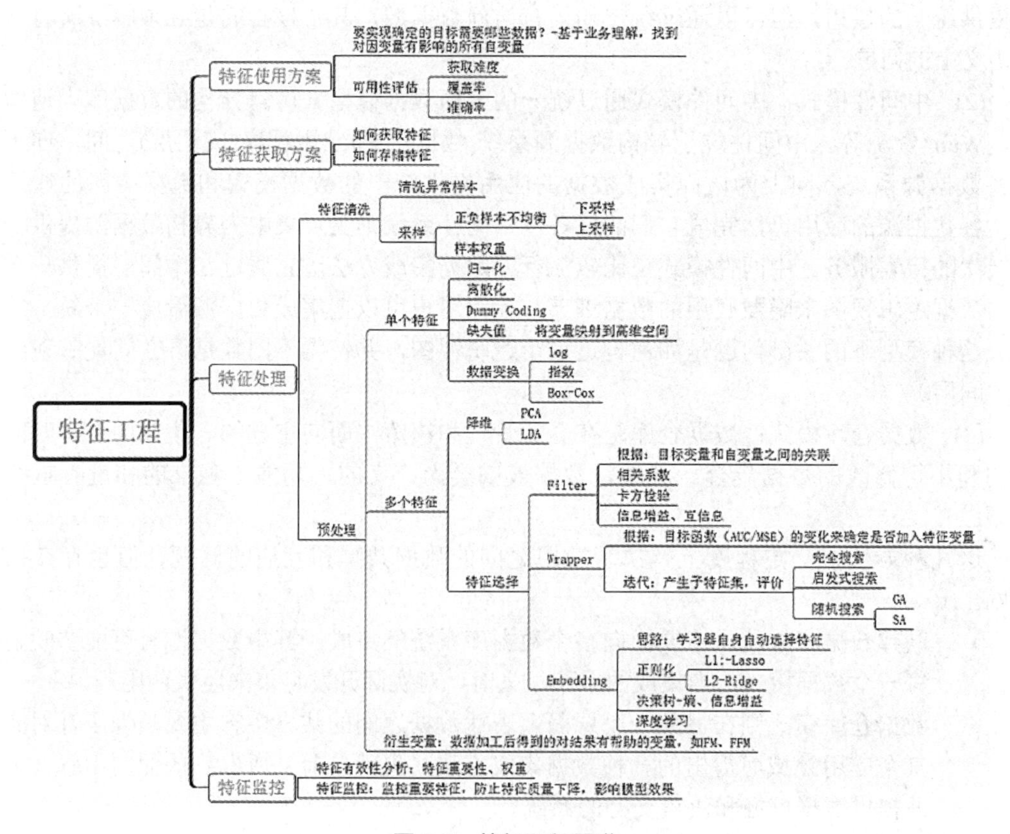

图 2-6　特征工程图谱

2.4.1　特征工程的定义

特征工程，是指用一系列工程化的方式从原始数据中筛选出更好的数据特征，以提升模型的训练效果。

特征工程其实是一个如何展示和表现数据的问题，在实际工作中需要把数据以一种“良好”的方式展示出来，使得能够使用各种各样的机器学习模型来得到更好的效果。如何从原始数据中去除不佳的数据，展示合适的数据就成为特征工程的关键问题。

特征工程的目的，是通过一系列的工程活动，将这些数据使用更高效的编码方式(特征)表示。

2.4.2　特征工程处理流程

通常而言，特征选择是指选择获得相应模型和算法最好性能的特征集。通过特征提取，用户能得到未经处理的特征，这时的特征可能有以下问题。

- 不属于同一量纲：即特征的规格不一样，不能够放在一起比较。无量纲化可以解决这一问题。
- 信息冗余：对于某些定量特征，其包含的有效信息为区间划分，例如学习成绩，假如只关心“及格”或“不及格”，那么需要将定量的考分，转换成 1 和 0 表示及格和未及格。二值化可以解决这一问题。
- 定性特征不能直接使用：某些机器学习算法和模型只能接受定量特征的输入，那么需要将定性特征转换为定量特征。最简单的方式是为每一种定性值指定一个定量值，但是这种方式过于灵活，增加了调参的工作。通常使用哑编码的方式将定性特征转换为定量特征，即假设有 N 种定性值，则将这一个特征扩展为 N 种特征，当原始特征值为第 i 种定性值时，第 i 个扩展特征赋值为 1，其他扩展特征赋值为 0。哑编码的方式相比直接指定的方式，不用增加调参的工作，对于线性模型来说，使用哑编码后的特征可达到非线性的效果。
- 缺失值：缺失值需要补充。
- 信息利用率低：不同的机器学习算法和模型对数据中信息的利用是不同的，之前提到在线性模型中，使用对定性特征哑编码可以达到非线性的效果。类似地，对定量变量多项式化，或者进行其他的转换，都能达到非线性的效果。

因此，特征工程处理流程包括以下步骤。

1. 数据清洗

数据清洗直观理解见图 2-7，图中展示了 2015 年 7 月到 11 月间某个地点的人流量变化信息。

从图 2-7 可以看到，圈画的框框指出了数据的缺失和异常的峰值，这些异常的数据需要在特征的预处理前清除，一般情况下可以直接将这些数据舍弃。

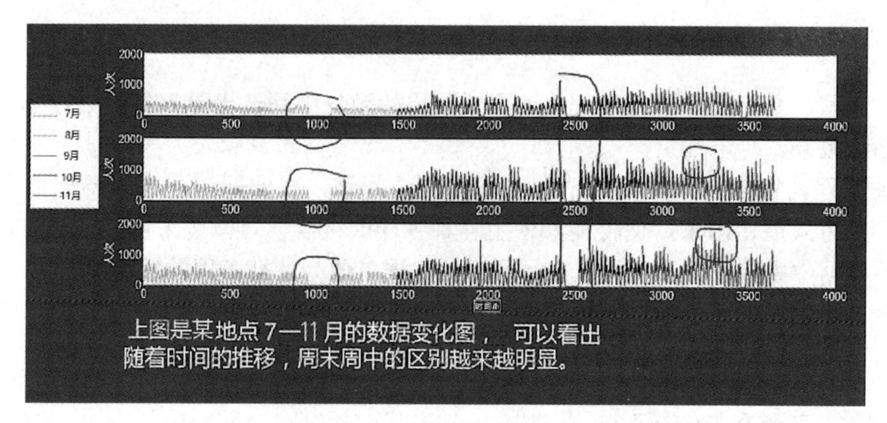

图 2-7　某时某地人流变化图

工业中，更多采用算法或者公式对数据是否异常进行判断。

(1) 结合业务情况进行过滤。比如去除 crawler(爬虫)抓取、spam(垃圾邮件)、作弊等数据。

(2) 异常点检测。采用异常点检测算法对样本进行分析，常用的异常点检测算法包括以下几种。

① 偏差检测。如聚类、最近邻等。

② 基于统计的异常点检测。如极差、四分位距、均差、标准差等，这种方法适合于挖掘单变量的数值型数据。极差，又称全距(range)，是用来表示统计资料中的变异量数(measures of variation)的最大值与最小值之间的差距；四分位距通常用来构建箱形图，以及对概率分布的简要图表概述。

③ 基于距离的异常点检测。主要通过距离方法来检测异常点，将数据集中与大多数点之间距离大于某个阈值的点视为异常点，主要使用的距离度量方法有绝对距离(曼哈顿距离)、欧氏距离和马氏距离等方法。

④ 基于密度的异常点检测。考察当前点周围密度，可以发现局部异常点，例如LOF(局部异常因子)算法。

2. 数据抽样

采集、清洗过数据以后，正负样本是不均衡的，要进行数据抽样。抽样的方法有随机抽样和分层抽样，但是随机抽样可能因为某次随机抽样得到的数据很不均匀而不准确，所以更多的是根据特征采用分层抽样。

(1) 随机抽样。一般是设一个总体含有 N(N为正整数)个个体，从中逐个抽取 n ($1\leqslant n<N$)个个体作为样本的过程，如果抽取是抽完放回的，且每次抽取时总体内的各个个体被抽到的概率都相等，则把这样的抽样方法叫作放回简单随机抽样；如果抽取是不放回的，且每次抽取时总体内未进入样本的各个个体被抽到的概率都相等，则把这样的抽样方法叫作不放回简单随机抽样。放回简单随机抽样和不放回简单随机抽样统称为简单随机抽样。

(2) 分层抽样。一般是按一个或多个变量把总体划分成若干个子总体，每个个体属于且仅属于一个子总体，在每个子总体中独立地进行简单随机抽样，再把从所有子总体中抽取的样本合在一起作为总样本，这样的抽样方法称为分层随机抽样，每一个子总体称

为层。

3. 特征处理(数据预处理)

(1) 无量纲化。不属于同一量纲指的是特征的规格不一样，不能够放在一起比较。无量纲化使不同规格的数据转换到同一规格，常见的无量纲化方法有标准化和区间缩放法：标准化的前提是特征值服从正态分布，标准化后其转换成标准正态分布；区间缩放法利用了边界值信息，将特征的取值区间缩放到某个特定点的范围，例如[0,1]等。

① 数据规范化(标准化)。为了消除指标之间的量纲和取值范围差异的影响需要进行标准化处理，将数据按照比例进行缩放使之落入一个特定的区域以便于进行综合分析。如将工资收入属性值映射到[-1,1]或者[0,1]内。常用的数据规范化方法有以下几种。

- 最小—最大规范化。也称为离散标准化，是对原始数据的线性变换，将数据值映射到[0,1]之间。转换公式为：

$$x^* = \frac{x - \min}{\max - \min}$$

- 零—均值规范化(z-score 标准化)。也称标准差标准化，经过处理的数据的均值为 0，标准差为 1。转换公式为：

$$x^* = \frac{x - \bar{x}}{\sigma}$$

其中 $\bar{x}$ 为原始数据的均值，σ 为原始数据的标准差，这个数据规范化方法是当前用得最多的。标准差分数可以回答“给定数据距离其均值多少个标准差”的问题，在均值之上的数据会得到一个正的标准化分数，反之会得到一个负的标准换分数。

- 小数定标规范化。通过移动属性值的小数位数，将属性值映射到[-1,1]之间，移动的小数位数取决于属性值绝对值的最大值。转换公式为：

$$x^* = \frac{x}{10^k}$$

② 归一化。简单来说，标准化是依照特征矩阵的列处理数据，其通过求 z-score 的方法，将样本的特征值转换到同一量纲下。归一化则是依照特征矩阵的行处理数据，其目的在于样本向量在点乘运算或其他核函数计算相似性时，拥有统一的标准，也就是说都转换为“单位向量”。

(2) 对定量特征二值化。定量特征二值化的核心在于设定一个阈值(threshold)，大于阈值的赋值为 1，小于或等于阈值的赋值为 0，公式表达如下：

$$x' = \begin{cases} 1, x > \text{threshold} \\ 0, x \leqslant \text{threshold} \end{cases}$$

(3) 对定性特征编码，实现定量化。

① 对于有序类别型变量。如评价结果变量为非常满意、比较满意、满意、不满意、很不满意 5 种情况，将评价结果变量区间转化为 1，3，5，7，9，完成定量化。

② 对于无序类别型变量。将定性变量转换为多个虚拟变量。哑编码使用一个二进制的位来表示某个定性特征的出现与否，如病情的描述变量包含以下几个方面，将病情严重

程度划分为非常严重、严重、一般严重、轻微 4 种情况，则病人病情使用 4 位哑编码 0 1 0 0 来表示，代表他的病情是严重。

(4) 缺失值的处理。现实世界中的数据往往非常杂乱，未经处理的原始数据中某些属性数据缺失是经常出现的情况。另外，在做特征工程时经常会出现有些样本的某些特征无法求出的情况。

① 删除。最简单的方法是删除，删除属性或者删除样本。如果大部分样本该属性都缺失，这个属性能提供的信息有限，可以选择放弃使用该维属性；如果一个样本大部分属性缺失，可以选择放弃该样本。虽然这种方法简单，但只适用于数据集中缺失较少的情况。

② 统计填充。对于缺失值的属性，尤其是数值类型的属性，根据所有样本关于该维属性的统计值对其进行填充，如使用平均数、中位数、众数、最大值、最小值等，具体选择哪种统计值需要具体问题具体分析。另外，如果有可用类别信息，还可以进行类内统计，比如身高和性别的统计填充应该是不同的。

③ 统一填充。对于含缺失值的属性，把所有缺失值统一填充为自定义值，如何选择自定义值也需要具体问题具体分析。当然，如果有可用类别信息，也可以为不同类别分别进行统一填充。常用的统一填充值有："空""0""正无穷""负无穷"等。

④ 预测填充。可以通过预测模型利用不存在缺失值的属性来预测缺失值，也就是先用预测模型把数据填充后再做进一步的工作，如统计、学习等。虽然这种方法比较复杂，但是最后得到的结果比较好。

⑤ 具体分析。属性缺失有时并不意味着数据缺失，缺失本身是包含信息的。常用的缺失值处理方法如下：

- "年收入"：商品推荐场景下填平均值，借贷额度场景下填最小值；
- "行为时间点"：填充众数；
- "价格"：商品推荐场景下填充最小值，商品匹配场景下填充平均值；
- "人体寿命"：保险费用估计场景下填充最大值，人口估计场景下填充平均值；
- "驾龄"：没有填写这一项的用户可能是没有车，将它填充为 0 较为合理；
- "本科毕业时间"：没有填写这一项的用户可能是没有上大学，将它填充正无穷比较合理；
- "婚姻状态"：没有填写这一项的用户可能对自己的隐私比较敏感，应单独设为一个分类，如已婚 1、未婚 0、未填-1。

(5) 数据变换。常见的数据变换方法有基于多项式的、基于指数函数的、基于对数函数的等，这里仅对基于多项式的转换方法进行举例说明。

例如 4 个特征、度为 2 的多项式转换公式如下：

$$(x_1', x_2' \ldots x_{15}') = (1, x_1, x_2, x_3, x_4, x_1^2, x_1x_2, x_1x_3, x_1x_4, x_2^2, x_2x_3, x_2x_4, x_3^2, x_3x_4, x_4^2)$$

多项式特征变换的目标是将特征两两组合起来，使得特征和目标变量之间的关系更接近线性，从而提高预测的效果。

4. 特征选择

当数据预处理完成后，需要选择有意义的特征输入机器学习的算法和模型进行训练。通常来说，可从以下 2 个方面考虑来选择特征。

(1) 特征是否发散：如果一个特征不发散，例如方差接近于 0，也就是说样本在这个特征上基本上没有差异，这个特征对于样本的区分并没有什么作用。

(2) 特征与目标的相关性：这点比较明显，与目标相关性高的特征，应当优选选择。除方差法外，本书介绍的其他方法均从相关性考虑。

根据特征选择的形式又可以将特征选择方法分为以下 3 种。

(1) Filter 方法。过滤法，是一种按照发散性或者相关性对各个特征进行评分，设定阈值或者待选择阈值的个数，选择特征的方法。

① 方差选择法。使用方差选择法，要先计算各个特征的方差，然后根据阈值，选择方差大于阈值的特征。

② 相关系数法。使用相关系数法，先要计算各个特征对目标值的相关系数以及相关系数的 P 值。

③ 卡方检验法(统计学)。经典的卡方检验法是检验定性自变量对定性因变量的相关性。假设自变量有 N 种取值，因变量有 M 种取值，考虑自变量等于 i 且因变量等于 j 的样本频数的观察值(A)与期望值(E)的差距，构建统计量：

$$x^2 = \sum \frac{(A-E)^2}{E}$$

简而言之，这个统计量的含义就是自变量对因变量的相关性，选择卡方值排在前面的 K 个特征作为最终的特征选择。

案例：通过一个掷色子的游戏回顾卡方检验方法，有一个色子，不知道它是不是均衡的，于是打算掷 36 次看一下，结果见图 2-8。

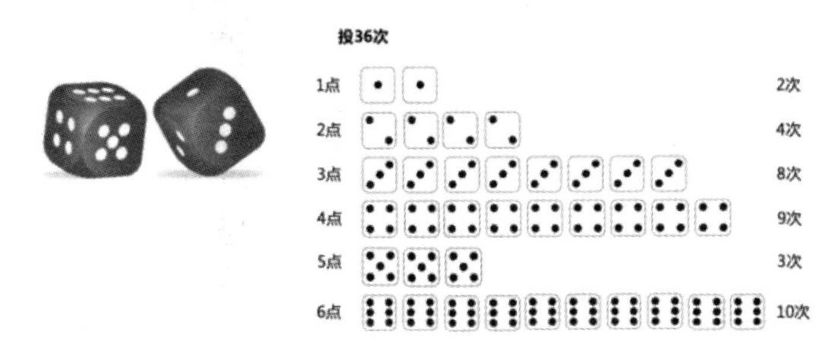

图 2-8　随机掷色子 36 次

画出一个表格，然后计算出卡方值、自由度、置信度 3 个数值，见图 2-9。

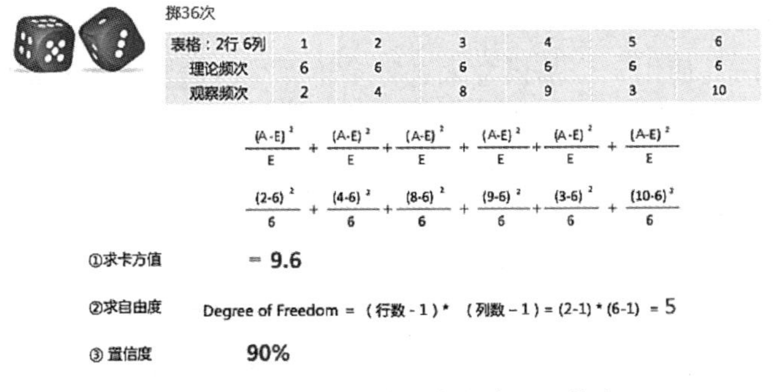

图 2-9　计算卡方值、自由度、置信度

自由度指的是计算某一统计量时，取值不受限制的变量个数($n-1$)。

如 7 双鞋，每天换 1 双，第一天自由度为 7-1=6，第二天自由度为 6-1=5。

带着这 3 个值，去查卡方检验表，于是得出由这个现象不能判定它是个均衡的色子的结论。见图 2-10 所示。

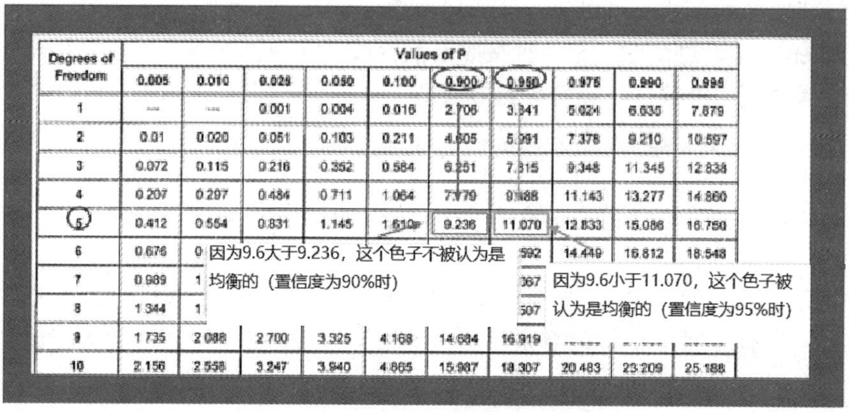

Degrees of Freedom	Values of P									
	0.005	0.010	0.025	0.050	0.100	0.900	0.950	0.975	0.990	0.995
1	---	---	0.001	0.004	0.016	2.706	3.841	5.024	6.635	7.879
2	0.01	0.020	0.051	0.103	0.211	4.605	5.991	7.378	9.210	10.597
3	0.072	0.115	0.216	0.352	0.584	6.251	7.815	9.348	11.345	12.838
4	0.207	0.297	0.484	0.711	1.064	7.779	9.488	11.143	13.277	14.860
5	0.412	0.554	0.831	1.145	1.610	9.236	11.070	12.833	15.086	16.750
6	0.676	0					592	14.449	16.812	18.548
7	0.989	1					367			
8	1.344	1					507			
9	1.735	2.088	2.700	3.325	4.168	14.684	16.919	[illegible]	[illegible]	[illegible]
10	2.156	2.558	3.247	3.940	4.865	15.987	18.307	20.483	23.209	25.188

因为9.6大于9.236，这个色子不被认为是均衡的（置信度为90%时）

因为9.6小于11.070，这个色子被认为是均衡的（置信度为95%时）

图 2-10　卡方检验表

延伸学习：相关性检验

- 因变量与自变量间的适合度检验——显著相关。
- 因变量与自变量间的属性是否独立——独立性检验。
- 因变量与自变量间的关联逻辑关系是否正确和完整——一致性检验。
- 因变量与自变量间的某一特性总体分布是否统一或相近——同质性检验。

④　互信息法(基于分布概率的统计)。经典的互信息法可评价定性自变量对定性因变量的相关性，以及关系强弱，互信息计算公式如下：

如果 $(X,Y)\sim p(x,y)$，X，Y 之间的互信息 $I(X;Y)$ 定义为

$$I(X;Y)=\sum_{x\in X}\sum_{y\in Y}p(x,y)\log\frac{p(x,y)}{p(x)p(y)}$$

二进制的 1 位信息熵为 2，1 位十进制的信息熵为 10，组合的信息熵则为其组合排列数，如 3 位二进制信息熵为 8。互信息 $I(X;Y)$ 可为正、负或 0，互信息实际上是更广泛的相对熵的特殊情形。

(2)　Wrapper 方法。包装法，是一种根据目标函数(通常是预测效果评分)选择若干特征，或者排除若干特征的方法。

递归消除特征法是使用一个基模型来进行多轮训练，每轮训练后消除若干权值系数的特征，再基于新的特征集进行下一轮训练的方法。

(3)　Embedding 方法。嵌入法，是一种先使用某些机器学习的算法和模型进行训练得到各个特征的权值系数，然后根据系数按从大到小的顺序选择特征的方法。Embedding 方法类似于 Filter 方法，但是它通过训练来确定特征的优劣。

①　基于惩罚项的特征选择法。使用带惩罚项的基模型进行筛选，除了筛选出特征外，同时也进行了降维。由于 L1 范数有筛选特征的作用，因此，训练的过程中，如果使

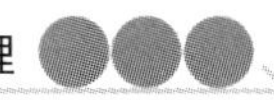

用了 L1 范数作为惩罚项，可以起到特征筛选的效果。

② 基于树模型的特征选择法，如决策树。采用能够对特征打分的预选模型，通过打分获得相关性后再训练最终模型。

5. 特征组合

特征组合是指将两个或多个特性组合在一起。如对用户 id 和用户特征进行组合来获得较大的特征集再来选择特征，这种做法在推荐系统和广告系统中比较常见。

6. 降维

逻辑上，当特征选择完成后，就可以直接训练模型了，但是如果特征矩阵过大，则可能导致计算量大，训练时间长的问题，因此降低特征矩阵维度也是必不可少的。

常见的降维方法除了以上提到的基于 L1 惩罚项的模型以外，另外还有主成分分析法(PCA)和线性判别分析(LDA)，线性判别分析本身也是一个分类模型。PCA 和 LDA 有很多的相似点，其本质是要将原始的样本映射到维度更低的样本空间中，但是 PCA 和 LDA 的映射目标不一样：PCA 是为了让映射后的样本具有最大的发散性；而 LDA 是为了让映射后的样本有最好的分类性能。所以说 PCA 是一种无监督的降维方法，而 LDA 是一种有监督的降维方法。

2.5　大数据采集及预处理主要工具示例

1. Flume

Flume 是 Cloudera 提供的一个高可用的、高可靠的、分布式的海量日志采集、聚合和传输的系统。官方网站：http://flume.Apache.org/。

2. Logstash

Logstash 是一个应用程序日志、事件的传输、处理、管理和搜索的平台。可以用它来统一对应用程序日志进行收集管理，提供 Web 接口用于查询和统计。

3. Kibana

Kibana 是一个为 Logstash 和 ElasticSearch 提供的日志分析的 Web 接口。可使用它对日志进行高效的搜索、可视化、分析等各种操作。官方网站：http://kibana.org/。

4. Ceilometer

Ceilometer 主要负责监控数据的采集，是 OpenStack 中的一个子项目，它像一个漏斗一样，能把 OpenStack 内部发生的几乎所有的事件都收集起来，然后为计费和监控以及其他服务提供数据支撑。官方网站：http://docs.openstack.org/。

课后练习题

1. 选择题

(1) HDFS 的命名空间不包含(　　)。

A. 块　　B. 文件　　C. 目录　　D. 字节

(2) 对 HDFS 通信协议的理解错误的是(　　)。

A. 名称节点和数据节点之间使用数据节点协议进行交互。

B. HDFS 通信协议都是构建在 IoT 协议基础之上的。

C. 客户端通过一个可配置的端口向名称节点主动发起 TCP 连接，并使用客户端协议与名称节点进行交互。

D. 客户端与数据节点的交互是通过 RPC 来实现的。

(3) 采用多副本冗余存储的优势不包括(　　)。

A. 节约存储空间　　B. 保证数据可靠性

C. 加快数据传输速度　　D. 容易检查数据错误

(4) 分布式文件系统 HDFS 采用了主从结构模型，由计算机集群中的多个节点构成，这些节点分为两类，一类为存储元数据，另一类为存储具体数据，这两类节点分别称为(　　)。

A. 从节点，主节点　　B. 名称节点，数据节点

C. 名称节点，主节点　　D. 数据节点，名称节点

(5) 以下(　　)命令可以用来操作 HDFS 文件。

A. Hadoop fs　　B. HDFS fs　　C. HDFS dfs　　D. Hadoop dfs

(6) 按照数据来源划分，大数据的主要来源包括(　　)。

A. 商业数据　　B. 互联网数据　　C. 物联网数据　　D. 人造数据

(7) 大数据预处理的方法主要包括(　　)。

A. 数据清洗　　B. 数据集成　　C. 数据变换　　D. 数据规约

2. 简答题

(1) 大数据采集方法都有哪些?

(2) 什么是分布式文件系统?

(3) 简述 HDFS 与 NFS 的区别。

(4) 什么是计算机集群？它的优势是什么?

(5) 简述 HDFS 体系结构。

(6) 什么是 CSV 文件？它的作用是什么?

(7) 什么是特征工程？简述它与数据预处理的区别和联系。

(8) 简述特征工程的处理流程。

第 3 章　大数据分析概论

本章学习目标

大数据分析与可视化导学

- 理解大数据分析的内涵及应用场景。
- 掌握大数据分析的基本方法及流程。
- 掌握大数据分析的技术和应用。
- 掌握 4 种类型大数据的特点及其分析处理系统。

重点难点

- 大数据分析的基本方法及流程。
- 大数据分析的技术和应用。

引导案例

导航软件的红绿灯倒计时读秒功能非常实用，用充满了神秘感，这似乎是一个奇迹。

其实从技术上来看，红绿灯倒计时的数据获取有两种途径。

第一种途径是直接从交管部门获取。一些地区与交管部门合作，将红绿灯状态信息直接传递给每位交通参与者，例如烟台市与高德地图的合作，西安市与百度地图的合作。

这意味着红绿灯的倒计时是直接从数据源头获取的，准确度很高。

第二种途径则是导航平台通过大数据分析进行的预测。导航平台会利用大数据和算法分析路口的车辆停留时间，从而推算出红绿灯的倒计时时间，而且分秒不差。

高德地图就是利用了大数据和人工智能技术，对城市交通数据进行深入分析和挖掘，通过对海量数据的处理和计算实时掌握城市交通情况，包括红绿灯的位置、时间、周期等信息。

其次，高德地图还采用了精确的计时算法，能够根据交通流量、车速等因素，对红绿灯的剩余秒数进行精确计算，这种算法不仅考虑了车辆行驶速度和距离，还考虑了行人通过道路的速度和交通拥堵情况等因素，使得计算结果更加准确可靠。

大数据分析是一种快速处理大规模数据集，以便从中获取有用的信息和洞见的方法。这些数据可以有各种来源，包括社交媒体、传感器等。大数据分析可以帮助人们更好地了解数据背后的趋势和模式，以便决策者作出更明智的商业、政务等决策。

(资料来源：本书作者整理编写)

3.1　大数据分析的概念与方法

1. 大数据分析概念

大数据分析是指对规模巨大的数据进行分析，通过多个学科技术的融合实现数据的采集、管理和分析，从而发现新的知识和规律的过程。

2. 大数据分析的基本方法

大数据分析的基本方法主要有预测性分析、可视化分析、大数据挖掘、语义引擎、数据质量和数据管理等。

(1) 预测性分析：从大数据中挖掘出有价值的知识和规则，通过科学建模的手段呈现出结果，然后将新的数据代入模型，从而预测未来的情况。

(2) 可视化分析：能够直观呈现大数据特点，同时容易被用户接受。

(3) 大数据挖掘：常用的数据挖掘方法有分类、预测、关联规则、聚类、决策树、描述和可视化、复杂数据类型(文本、网页、图形图像、视频、音频)挖掘等。

(4) 语义引擎：语义引擎通过对网络中的资源对象进行语义上的标注，以及对用户的查询表达进行语义处理，使得自然语言具备语义上的逻辑关系，能够在网络环境下进行广泛有效的语义推理，从而更加准确、全面地实现用户的检索。

(5) 数据质量和数据管理：为了满足信息利用的需要，对信息系统的各个信息采集点进行规范，包括建立模式化的操作规程，原始信息的校验，错误信息的反馈、矫正等一系列过程。

3.2 大数据分析流程

大数据处理流程一般分为 6 个步骤：提出问题、数据理解、数据采集、数据预处理、数据分析与挖掘、分析结果的解析(可视化)，见图 3-1 所示。

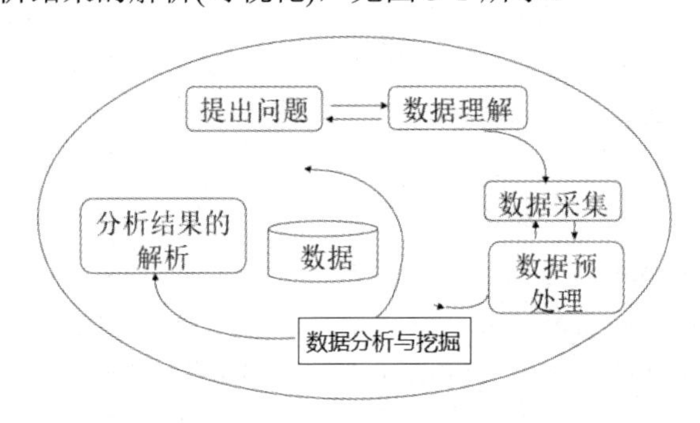

图 3-1 大数据处理流程

大数据处理流程中需要注意以下几个问题。

- 大数据的采集通常利用多个数据库来接收发自客户端(Web、App 或者传感器形式等)的数据，并且用户可以通过数据库来进行简单的查询和处理工作。虽然采集端本身会有很多数据库，但是如果要对这些海量数据进行有效的分析，还是应该将这些来自前端的数据导入一个集中的大型分布式数据库或者分布式存储集群，并且可以在导入基础上做一些简单的清洗和预处理工作。例如有一些用户会在导入时使用推特公司(Twitter)的 Storm 来对数据进行流式计算，以满足部分业务的实时计算需求。
- 大数据的分布式处理技术与存储形式、业务数据类型等相关，针对大数据处理的

主要计算模型有 MapReduce 分布式计算框架、分布式内存计算系统、分布式流计算系统等。

- 导入与预处理过程的特点和挑战主要是导入的数据量大，每秒钟的导入量经常会达到百兆，甚至千兆级别。

鉴于数据采集、数据导入和清洗预处理前文已经讨论过，这节主要强调提出问题与数据理解、数据统计分析和挖掘以及数据可视化环节的技术和方法。

3.2.1　数据理解与提出问题

不同的人面对同一份数据，提出的问题也往往不同。借助数据理解，能力强的人会从多个角度提出问题，全面拆解数据进行分析，思路清晰，逻辑性强；而能力弱的人提出的问题可能零零散散，甚至有些问题无法利用数据得到解决。

从图 3-1 我们知道提出问题与数据理解是一个相互印证的迭代过程。以淘宝&天猫用户 2012/07/02 至 2015/02/05 购买婴儿用品的交易记录数据集为例，该数据集包括 2 个工作表。

表 1：婴儿用品购买记录表 sam_tianchi_mum_baby_trade_history.csv。

表 2：婴儿信息表 sam_tianchi_mum_baby.csv。

每个表的列名及含义如下表 3-1 所示。

表 3-1　工作表采用的列名及含义

表　名	字　段	含　义	如何理解
表一　婴儿用品购买记录	user_id	用户编号	对应每个用户，是用户的唯一标识
	auction_id	购买行为编号	购买的商品编号
	cat_id	商品种类编号	表示商品所属小类的编号，比如花王的纸尿裤、飞鹤奶粉
	cat1	商品一级大类编号	表示商品所属大类的编号，比如按照食品类、玩具类、电器类等
	property	商品属性	对商品种类的具体分类，比如花王纸尿裤的 S 码、L 码，飞鹤奶粉一段、二段
	buy_mount	购买数量	单次购买商品数量
	day	购买时间	购买行为发生时的时间
表二　婴儿信息	user_id	用户编号	对应每个用户，是用户的唯一标识
	birthday	出生日期	婴儿的出生日期
	gender	性别(0 男性；1 女性)	婴儿的性别

为便于掌握，这里借助 Python Pandas 实现，为大家提供解决问题的思路。

```
from pandas import read_csv
#简单地查看数据
#显示数据的前 10 行
filename='sam_tianchi_mum_baby_trade_history.csv'
names=['user_id','auction_id','cat_id','cat1','property','buy_mount','da
y']
```

```
data=read_csv(filename,names=names)
print(data.head(10))
```

1. 数据理解

从显示的前 10 行数据我们发现，表 1 的字段信息如下。

user_id：用户编号是用户的唯一标识，如果用户编号相同，则认为是同一个用户的购买记录。

auction_id：购买行为编号是每种商品的唯一标识，如果购买行为编号相同，则认为购买的是同一种商品。

cat_id：商品种类编号(二级分类是在一级分类的基础上进一步细分出的类别)，这个是商品所属小类的编号，比如毛衣、线衫、裤子、裙子等。

cat1：商品一级分类编号，这个是商品所属大类的编号，比如衣服类、食品类、家电类等。

property：商品属性，属性值可以是尺码、材质等，一切可以描述商品特征的都可以称为属性值。

buy_mount：购买数量。

day：购买日期。

同样操作表 2，表 2 的字段信息如下。

user_id：用户编号，和表一中的 user_id 相同，这两张表可以通过 user_id 联系起来；

birthday：婴儿出生日期；

gender：婴儿性别(0 表示女性；1 表示男性；2 表示未知的性别)。

在理解字段信息基础上，可以进一步进行数据理解的其他相关操作，为问题的提出提供更多科学依据，包括但不仅限于以下操作。

(1) 掌握数据维度信息。数据维度是一组数据的组织形式，特定的组织形式形成特定关系，表达了某种特定的数据含义。

```
print(data.shape)
```

(2) 查看数据属性和类型。字符串会被转化成浮点数或整数，以便于计算和分类。

```
print(data.dtypes)
```

(3) 描述性统计分析。数据记录数、平均值、标准方差、最小值、下四分位数、中位数、上四分位数、最大值等。

```
print(data.describe())
```

(4) 数据分组分布分析(适用于分类算法)。分析数据分布是否均衡。

```
print(data.groupby('class').size())
```

(5) 相关性分析。分析数据的两个属性是否互相影响，通用的计算数据两个属性相关性的方法是皮尔逊相关系数法，计算结果是一个介于 1 和-1 之间的值，1 表示变量完全正相关，0 表示无关，-1 表示完全负相关。如果数据特征的相关性比较高，应该考虑对特征进行降维处理。

```
print(data.corr(method='pearson'))
```

(6) 数据的分布分析。高斯分布又叫正态分布，高斯分布的曲线两头低、中间高、左右对称。skew()函数的结果显示了数据分布是左偏还是右偏，当数据接近于 0 时表示数据的偏差非常小。

```
print(data.skew())
```

2. 提出问题

基于对数据集字段信息的了解以及对数据的理解，我们可以从产品和用户两个角度提出问题，问题分析过程如图 3-2 所示。

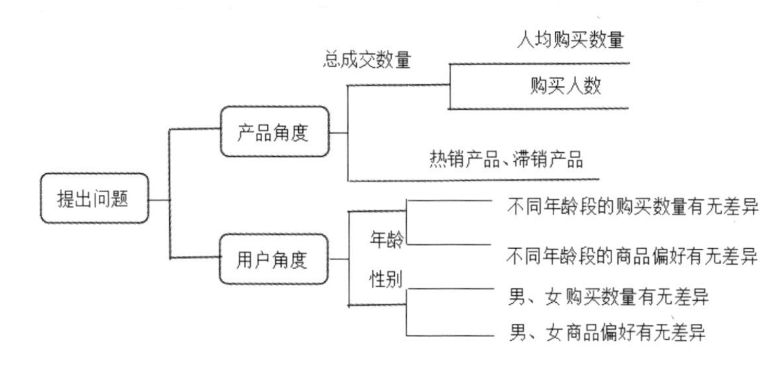

图 3-2　问题分析过程示意图

3.2.2　数据统计分析与挖掘

大数据分析技术主要包括对已有数据的分布式统计分析技术和对未知数据的分布式挖掘和深度学习技术。分布式统计分析可由数据处理技术完成；分布式挖掘和深度学习则在大数据分析阶段完成，包括聚类与分类、关联分析、深度学习等，可以挖掘大数据集合中的数据关联性形成对事物的描述模式或属性规则，也可以通过构建机器学习模型和海量训练数据提升数据分析与预测的准确性。

1. 数据分析

数据分析是大数据处理与应用的关键环节，它决定了大数据集合的价值性和可用性，以及分析预测结果的准确性。在数据分析环节，应根据大数据应用情境与决策需求，选择合适的数据分析技术，提高大数据分析结果的可用性、价值性和准确性质量。

数据分析通常分为两种：批处理和流处理。

(1) 批处理：对一段时间内产生的海量离线数据进行统一的处理，对应的处理框架有 Hadoop MapReduce、Spark、Flink 等。

(2) 流处理：对运动中的数据进行处理，即在接收数据的同时就对其进行处理，对应的处理框架有 Storm、Spark Streaming、Flink Streaming 等。

批处理和流处理各有其适用的场景，时间不敏感或者硬件资源有限可以采用批处理；时间敏感和及时性要求高就可以采用流处理。随着服务器硬件的价格越来越低和大家对及时性的要求越来越高，流处理越来越普遍，如股票价格预测和电商运营数据分析等。

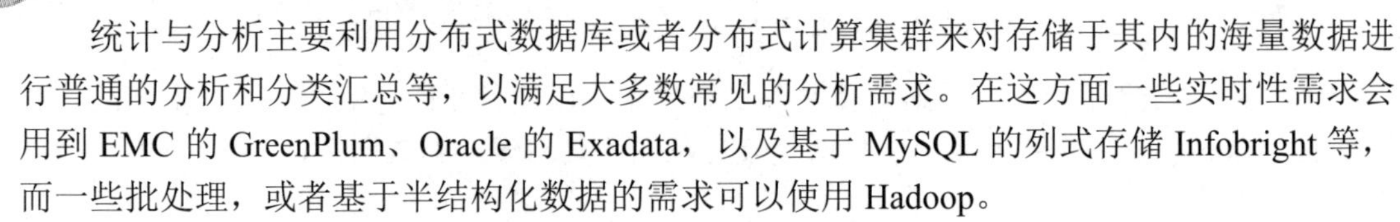

统计与分析主要利用分布式数据库或者分布式计算集群来对存储于其内的海量数据进行普通的分析和分类汇总等，以满足大多数常见的分析需求。在这方面一些实时性需求会用到 EMC 的 GreenPlum、Oracle 的 Exadata，以及基于 MySQL 的列式存储 Infobright 等，而一些批处理，或者基于半结构化数据的需求可以使用 Hadoop。

统计与分析这部分的主要特点和挑战是分析涉及的数据量大，其对系统资源，特别是 I/O 会有极大的占用。

上面的框架都是需要通过编程来进行数据分析。大数据是一个非常完善的生态圈，因此查询分析框架应运而生，常用的有 Hive、Spark SQL、Flink SQL、Pig、Phoenix 等。这些框架都能够使用标准的 SQL 或者类 SQL 语法灵活地进行数据的查询分析。这些 SQL 经过解析优化后转换为对应的作业程序运行，如 Hive 数据仓库本质上就是将 SQL 转换为 MapReduce 作业；Spark SQL 是将 SQL 转换为一系列的 RDD(resilient distributed datasets，弹性分布式数据集)和转换关系(transformations)；Phoenix 则是将 SQL 查询转换为一个或多个 HBase Scan。

2. 数据挖掘

数据挖掘是指从大量的数据中通过算法挖掘隐藏于其中信息的过程。数据挖掘通常与计算机科学有关，并通过统计、在线分析处理、情报检索、机器学习、专家系统(依靠过去的经验法则)和模式识别等诸多方法来实现上述目标。

大数据挖掘一般没有什么预先设定好的主题，主要是在现有数据上面进行基于各种算法的计算，从而起到预测的效果，以及满足一些高级别数据分析的需求。比较典型算法有用于聚类的 Kmeans、用于统计学习的 SVM 和用于分类的朴素贝叶斯，主要使用的工具有 Hadoop 的 Mahout 等。

大数据挖掘过程的特点和挑战主要是用于挖掘的算法很复杂，并且计算涉及的数据量和计算量都很大，常用数据挖掘算法都以单线程为主。

数据挖掘技术虽是一项新兴的数据处理技术，但其发展速度十分迅猛，至今已经形成的挖掘方法主要有以下几种。

(1) 决策树算法。决策树算法是分类和预测的常用技术之一，可用于深入分析分类问题。决策树能够利用预测理论对多个变量进行分析，从而预测出任一变量的发展趋势和变化关系。除此以外，还能对变量发展趋势进行双向预测，既能进行正向预测，也能进行反向预测，因此具有方便灵活的优势。

(2) 神经网络算法。神经网络算法是将计算机技术与现代神经生物学结合的产物，该技术是通过模拟人脑信息处理机制，对数值数据进行处理，并在处理过程中表现出一种思维、学习和记忆的能力。

(3) 统计学习。统计学习是一种预测方法，该方法试图通过对数据进行深入分析得到一些不能通过原理分析得到的规律，然后对所发现的规律做进一步研究和分析，并结合实际情况对数据发展趋势进行预测。统计学习能对人类无法确认的事物进行预测，这对进一步了解世界，探索未知事物具有重要意义。

(4) 聚类分析法。聚类分析作为一种非参数分析方法，可对样本分组中多维数据点间的差异及关联关系进行分析。使用该方法时，无需对数据进行总体假设，也不需要受数理

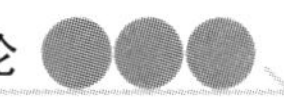

依据等原则的限制，只需要通过数据搜集、数据转换两个步骤，就能完成聚类分析的全过程。聚类分析能对数据的分布情况进行分析，还能对数据分布的趋势进行快捷分析，准确识别出密集和稀疏区域；另外，聚类分析对单类的数据同样具有超强的分析能力，可对每个类的数据进行深入分析，发现其特征，找出变量和类之间的内在关联性。基于聚类分析原理基础上的方法很多，层次法、密度分析法和网络法就是最常用的聚类分析方法。

(5) 关联规则法。关联规则的主要优势是能对数据与数据之间的依赖关系进行准确描述，该技术能对给定的事物数据库进行深入分析，寻找各数据和项目之间的内在联系，然后将所有符合支持度和置信度的、符合一定标准的关联规则进行罗列。关联规则算法的典型代表是 FP-Tree 算法，实验证明，该算法在处理数据关系方面具有极强的优势。

延伸学习：其他大数据处理技术框架。

上面是一个标准的(通用的)大数据处理流程所用到的技术框架，但是实际的大数据处理流程比上面复杂很多，针对大数据处理中的各种复杂问题分别衍生了各类垂直框架：

- 单机的处理能力都是存在瓶颈的，所以大数据框架都采用集群模式进行部署，为了更方便地进行集群的部署、监控和管理，衍生了 Ambari、Cloudera Manager 等集群管理工具。
- 想要保证集群高可用，需要用到 ZooKeeper，ZooKeeper 是最常用的分布式协调服务，它能够解决大多数集群问题，包括首领选举、失败恢复、元数据存储及其一致性保证。同时针对集群资源管理的需求，又衍生了 Hadoop Yarn。
- 如何调度多个复杂的并且彼此之间存在依赖关系的作业问题产生了 Azkaban 和 Oozie 等工作流调度框架。
- 大数据流处理中使用的比较多的另外一个框架是 Kafka，它可以用于削峰，避免在秒杀等场景下并发数据对流处理程序造成冲击。
- 另一个常用的框架是 Sqoop，主要是解决了数据迁移的问题，它能够通过简单的命令将关系型数据库中的数据导入 HDFS 文件系统、Hive 数据仓库或 HBase 数据库中，或者从 HDFS 文件、Hive 数据仓库导出到关系型数据库上。

3.2.3　数据可视化

数据可视化是指将大数据分析与预测结果以计算机图形或图像的直观方式显示给用户，并可与用户进行交互式处理的过程。数据可视化技术有利于发现大量业务数据中隐含的规律性信息，以支持管理决策。数据可视化环节可大大提高大数据分析结果的直观性，便于用户理解与使用，因此数据可视化是影响大数据可用性和易于理解性的关键因素。

数据可视化技术在应用过程中，多数不由技术驱动，而由目标驱动。按照目前业界广泛使用的根据目标分类的数据可视化方法，数据可视化目标可以被概括为：

- 对比：比较不同元素之间或相同元素不同时刻之间的值。
- 分布：查看数据分布特征，是数据可视化最为常用的场景之一。
- 组成：查看数据静态或动态组成。
- 关系：查看变量之间的相关性，常用于判断多个因素之间的影响关系。
- 趋势：查看数据如何随着时间变化而变化。

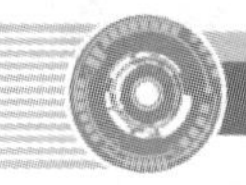

数据可视化常用图例见图 3-3。

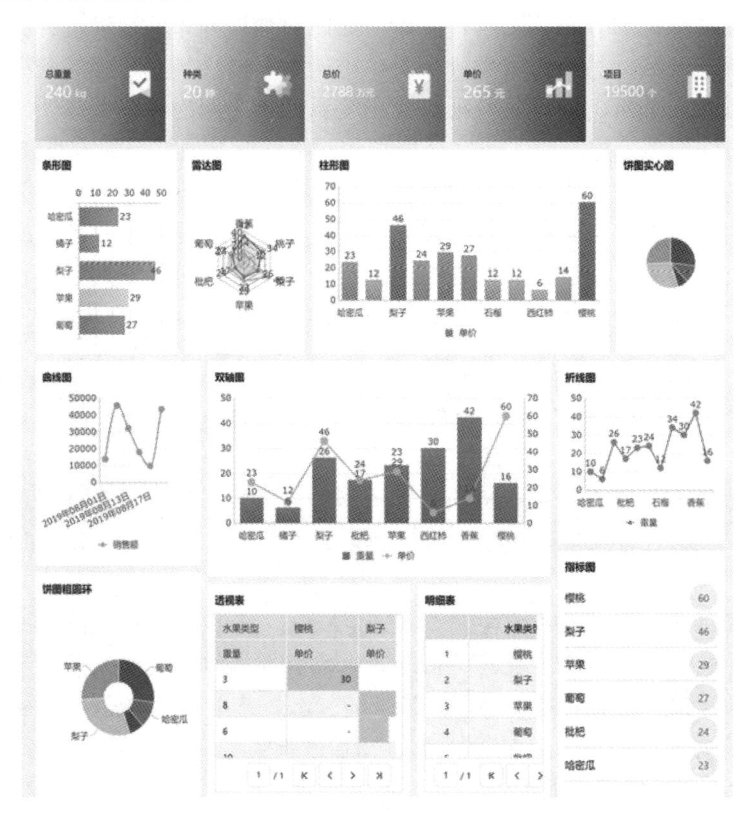

图 3-3　大数据可视化

常用的数据可视化工具主要有我们熟知的 Excel、复杂场景下使用的 ECharts 和 Tableau 等。

- ECharts 是一个纯 JavaScript 的开源可视化图表库，使用者只需要引用封装好的 JS，就可以展示出绚丽的图表，与 Maven、Hadoop、Spark、Flink 等构成 Apache 的顶级项目。
- Tableau 是一个商业智能(business intelligence，BI)工具，是商业化的 PC 端应用，只需要拖拽就可以制作丰富多样的图表、坐标图、仪表盘与报告。Tableau 制作的可视化项目可以发布到 Web 上，分享给其他人。

3.3　大数据分析的主要技术

3.3.1　深度学习

深度学习(deep learning，DL)是一种能够模拟人脑神经结构，从而让计算机具有人一样的智慧的机器学习方式。它是机器学习中一个非常接近人工智能(AI)的领域，其动机在于建立模拟人脑进行分析学习的神经网络。

深度学习的一个粗浅的定义是“主要使用深度神经网络作为工具的机器学习算法”。

首先它是一类机器学习的方法，因为它和其他机器学习方法一样允许计算机从样本、实例、数据中使用统计手段“学习”出规律来，而不用像专家系统和其他符号主义的方法一样人工定义规则；其次深度学习不同于其他机器学习方法的地方在于它主要的工具，或者说使用到的数学模型是深度神经网络。

1. 深度学习的基本思想

假设有一个系统S，它有n层(S_1，S_2,⋯，S_n)，它的输入是I，输出是O，这个系统变化过程可以形象地表示为：$I => S_1 => S_2 => \cdots => S_n => O$，如果输出$O$等于输入$I$，即输入$I$经过这个系统变化之后没有任何的信息损失(这是不可能的。信息论中有个“信息逐层丢失，信息处理不等式”的说法，设处理a信息得到b，再对b处理得到c，那么可以证明：a和c的互信息不会超过a和b的互信息，这表明信息处理不会增加信息，大部分处理会丢失信息)，保持了不变，这意味着输入I经过每一层S_i都没有任何的信息损失，即在任何一层S_i，它都是原有信息(即输入I)的另外一种表示。深度学习就是需要自动地学习特征，即有一组输入I(如一组图像或者文本)，假设设计了一个系统S(有n层)，通过调整系统中参数，使得它的输出仍然是输入I，那么就可以自动地获取到输入I的一系列层次特征，即S_1，S_2,⋯，S_n。

因此，深度学习的思想就是堆叠出多个层，上一层的输出作为下一层的输入。通过这种方式就可以实现对输入信息进行分级特征表达了，利用层次化的架构学习对象在不同层次上的表达，这种层次化的表达可以帮助解决更加复杂抽象的问题。

2. 深度学习的训练过程

深度学习通过学习一种深层非线性网络结构，实现复杂函数的逼近，表征输入数据分布式表示，并展现了强大的从少数样本集中学习数据集本质特征的能力。

深度学习的实质就是通过构建具有很多隐层的机器学习模型和海量的训练数据，来学习更有用的特征，从而最终提升分类或预测的准确性。因此，“深度模型”是手段，“特征学习”是目的。

区别于传统的浅层学习的是深度学习强调了模型结构的深度，通常有 5 层、6 层，甚至 10 多层的隐层节点；明确突出了特征学习的重要性，也就是说，通过逐层特征变换，将样本在原空间的特征表示变换到一个新特征空间，从而使分类或预测更加容易。

与人工规则构造特征的方法相比，利用大数据来学习特征，更能够刻画数据的丰富内在信息。

深度学习的训练主要包括非监督学习和监督学习两种方式。

(1) 使用自下向上的非监督学习(就是从底层开始，一层一层地往顶层训练)：

采用无标定数据(有标定数据也可)分层训练各层参数，这一步可以看作是一个无监督训练过程，是和传统神经网络区别最大的部分。

具体来说，就是先用无标定数据训练第 1 层，训练时先学习第 1 层的参数(这一层可以看作是得到一个使得输出和输入差别最小的 3 层神经网络的隐层)，由于模型能力的限制以及稀疏性约束，得到的模型能够学习到数据本身的结构，从而得到比输入更具有表示能力的特征，在学习得到第$n-1$层后，将$n-1$层的输出作为第n层的输入，训练第n层，由此分别得到各层的参数。

(2) 自顶向下的监督学习(就是通过带标签的数据去训练，误差自顶向下传输，对网络进行微调)。

第一步类似神经网络的随机初始化初值过程，由于深度学习的第一步不是通过随机初始化，而是通过学习输入数据的结构得到的，因而这个初值更接近全局最优，从而能够取得更好的效果，基于第一步得到的各层参数进一步微调整个多层模型的参数，这一步是一个有监督训练过程。所以，深度学习效果好很大程度上归功于第一步的参数学习过程。

3.3.2 知识计算

知识计算是从大数据中获得有价值的知识，并对其做进一步深入计算和分析的过程。要对数据进行高端的分析，需要先从大数据中抽取出有价值的知识，再把它构建成可支持查询、分析与计算的知识库。

知识计算可以释放知识的价值，释放专家的精力，让知识的传承更为高效。2020 年，华为云在全联接大会上发布了业界首个全生命周期知识计算解决方案：可以一站式完成知识获取、知识建模、知识管理、知识应用；通过让知识参与到计算中，把各种形态的知识，借助一系列 AI 技术进行抽取、表达、计算，进而产生更为精准的模型，再次赋能给机器和人。

3.4 大数据分析系统简介

3.4.1 大数据分析系统的构成

大数据的重要性日益突出，对于大数据的应用也在逐步加深。总结起来，大数据分析系统包括以下几个功能模块。

1. 数据源

对于如今的数据生态环境而言，需要对各种不同种类、来源的数据进行分析。这些来源可能是在线 Web 应用程序、Feed 等，对数据源的选择决定着数据分析系统的数据质量。

2. 数据采集

数据采集，顾名思义是获取数据，数据采集的渠道是多方面的，渠道的选择决定着数据的丰富性。采集的数据质量直接影响最终结果的准确性。

3. 存储数据

采集后的数据，经过系统的清洗、分类后将储存在系统的数据库中，为了便于数据分析时的提取，在数据分析系统中需要有专门的模块负责存储数据，以保证数据提取的及时性。

4. 数据处理和分析

数据分析系统的性能主要依赖于数据处理与分析的速度，数据处理与分析的快慢是评

判数据分析系统功能好坏的重要指标。数据分析系统得出的数据分析最终结果，用于指引相关人员进行最终决策。

5. 数据展示

数据分析的好坏不仅与分析结果有关，同时还有一个重要的因素，那便是数据展示的形式，如今大多采用数据可视化形式将分析的结果展现在用户面前。

3.4.2　大数据分析系统应用

目前的大数据分析系统主要包括以下几个方面的应用。

1. 批量数据处理系统

批量数据指体量巨大的、以静态的形式存储的数据。

Hadoop 是典型的批量数据处理系统，由 HDFS 文件系统负责存储静态数据，由 MapReduce 实现数据分析。

2. 流式数据处理系统

流式数据是一个无穷的数据序列，序列中的每一个元素来源不同、格式复杂，序列往往包含时序特性。

流式数据处理系统有 Twitter 的 Storm，Meta 的 Scribe，LinkedIn 的 Samza 等。

3. 交互式数据处理系统

交互式数据是操作人员与计算机进行人机对话后产生的数据。

交互式数据处理系统有 Berkeley 的 Spark 和 Google 的 Dremel 等。

4. 图数据处理系统

图数据是通过图形表达出来的信息含义。

典型的图数据处理系统包括：如 Google 的 Pregel 系统、Neo4j 系统和微软的 Trinity 系统。

3.5　大数据分析的应用

随着大数据应用越来越广泛，其影响的行业也越来越多，几乎每天大数据都在创造出更新奇的应用方式，帮助人们创造更多的价值。

如今，无论在哪个行业或多或少都离不开数据分析的应用，数据分析的作用可以概括为 3 点：现状分析、原因分析和预测分析。

大数据分析应用的领域举例如下。

1. 生活大数据

大数据分析不只是应用于企业和政府，同样也适用于个人生活。如通过穿戴装备(如智能手表或者智能手环)追踪自身的热量消耗情况以及睡眠质量就是通过大数据分析追踪身体健康状况；甚至大数据分析还能帮助我们寻找爱情，要知道大多数交友网站就是通过大数据分析来帮助人们匹配对象的。

2. 业务流程优化大数据

大数据可以优化业务流程，最广泛的就是对供应链以及配送路线的优化。利用实时交通路线数据，大数据可以为送货车优化路线；同时人力资源部门也可以通过大数据分析来对人才招聘流程进行优化。

3. 服务需求大数据

目前，这是大数据分析应用最广为人知的领域。企业非常喜欢搜集社交方面的数据、浏览器的日志和传感器的数据，以便更加全面地了解客户。通过大数据的分析应用，电信公司可以更好预测即将流失的客户，电商可以更加精准地预测哪些产品会大卖，汽车保险行业会了解客户的需求和驾驶水平，政府也能了解到群众的需求。

4. 体育大数据

现今很多运动员在训练的时候会通过大数据技术来分析自身的状况。例如，运动器材中的传感器技术可以通过比赛数据及时改进运动员的训练强度；很多精英运动队还会监控运动员的业余活动，通过智能技术来追踪其营养状况以及睡眠状况，甚至监控其情感状况。

5. 医疗大数据

医疗大数据分析可以让我们能够在几分钟内解码整个DNA，并且制定出最新的治疗方案，同时更好地预测疾病。大数据技术已经应用于监视早产婴儿和患病婴儿的情况，通过记录和分析婴儿的心跳，医生可以针对婴儿的身体症状做出预测，更及时地救助婴儿。

6. 金融大数据

在金融行业大数据主要应用于金融交易。高频交易(HFT)就是大数据应用比较多的领域，它通过大数据算法来优化交易决定。现在很多股权的交易都在利用大数据算法对来自社交媒体和网站新闻的数据进行分析，以决定在未来几秒内是买进还是卖出。

7. 城市管理大数据

大数据还应用于我们的城市管理。例如，利用社交网络数据和天气数据，优化最新的交通情况，目前很多城市都在进行利用大数据管理试点。

8. 安全和执法大数据

大数据已经广泛应用于安全执法中。企业则可以应用大数据技术防御网络攻击；警察可以应用大数据技术抓捕罪犯；公司可以应用大数据技术规避欺诈性交易。

课后练习题

(1) 什么是大数据分析？

(2) 简述大数据分析的基本方法。

(3) 简述大数据处理的流程。

(4) 什么是数据分析?

(5) 什么是数据挖掘?

(6) 什么是深度学习?

(7) 什么是知识计算?

第 4 章　大数据可视化

本章学习目标

大数据分析与可视化导学

- 理解大数据可视化和数据可视化的概念。
- 掌握大数据可视化的实现过程。
- 了解大数据可视化工具的特性。
- 掌握 Tableau、ECharts 工具的使用。

重点难点

- 大数据可视化的实现过程。
- Tableau、ECharts 工具的使用。

引导案例

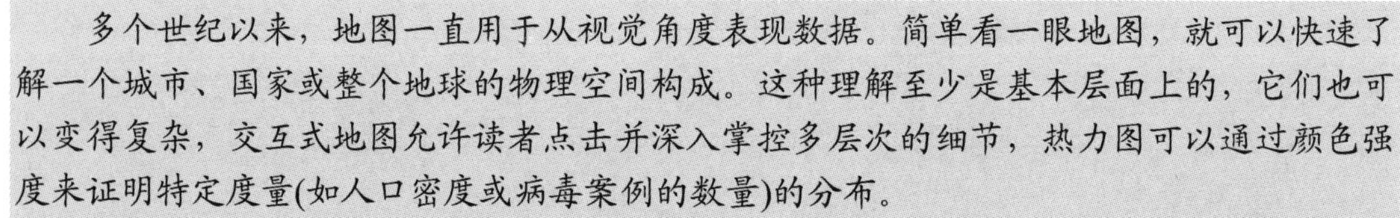

多个世纪以来，地图一直用于从视觉角度表现数据。简单看一眼地图，就可以快速了解一个城市、国家或整个地球的物理空间构成。这种理解至少是基本层面上的，它们也可以变得复杂，交互式地图允许读者点击并深入掌控多层次的细节，热力图可以通过颜色强度来证明特定度量(如人口密度或病毒案例的数量)的分布。

可视化的数据可以帮助人们快速、轻松地提取数据中的含义，克服文本形式数据混乱的弊端。可视化就是利用计算机图形学和图像处理技术，将数据转换成图形或图像在屏幕上显示出来，再进行交互处理的理论、方法和技术。

大数据可视化则是指将更复杂的数据以视觉形式来呈现，如图表或地图或 3D 动态，展示数据的模式、趋势和相关性，而这些可能在其他呈现方式上难以被发现，从而帮助人们了解这些数据的意义。

(资料来源：本书作者整理编写)

4.1　大数据可视化内容与过程

我们身处在信息爆炸的时代，各种各样的数据充斥在我们的生活中，如何能够快速地分辨出有效信息就成了人们的一种迫切需求。大数据可视化通过图形要素来优化信息的表达速率，如图 4-1 的可视化输出表述了非洲大型哺乳动物种群的稳定性和濒危状况。

从图 4-1 中可以直观看出，面朝左边的动物数量正在不断减少，而面朝右边的动物数量情况则比较稳定，其中有些动物的数量还有所增加。这种数据可视化形式具有直观展现数据，让人一目了然的特点，让决策人员有更多的精力进行理性思考，二者协同提高了整个决策流程的效率和结果可靠性。这就是大数据可视化工作的价值。

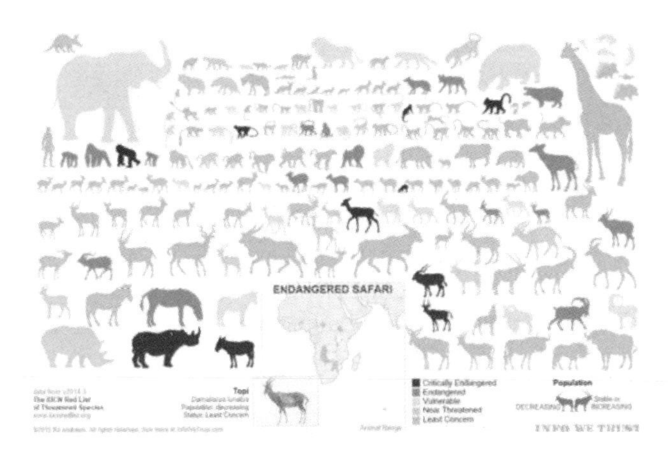

图 4-1　非洲大型哺乳动物种群的稳定性和濒危状况

4.1.1　数据可视化与大数据可视化

数据可视化是关于数据的视觉表现形式的科学技术研究，其中数据的视觉表现形式被定义为一种以某种概要形式抽提出来的信息，包括相应信息单位的各种属性和变量。

大数据可视化可以理解为数据量更加庞大，结构更加复杂的数据可视化，大数据可视化与数据可视化的比较见表 4-1。

表 4-1　大数据可视化与数据可视化的比较

	数据可视化	大数据可视化
数据类型	结构化	结构化、半结构化、非结构化
表现形式	主要是统计图表	多种形式
实现手段	各种技术方法、工具	各种技术方法、工具
结果	看到数据及其结构关系	发现数据中蕴含的规律、特征

4.1.2　大数据可视化过程

大数据可视化的过程主要包括以下 9 个方面。

1. 数据的可视化

数据可视化的核心问题是对原始数据采用什么样的可视化元素来表达，如图 4-2 所示。

图 4-2 利用了柱状图显示年龄的分布情况，利用饼图显示性别的分布情况。

2. 指标的可视化

采用可视化元素将指标可视化，会将可视化的效果增彩很多，如图 4-3 所示。

图 4-3 中显示的是将近 100G 的 QQ 群数据，其中企鹅图标的节点代表 QQ，群图标的节点代表群。每条线代表一个关系，一个 QQ 可以加入多个群；一个群也可以有多个 QQ 加入；线的颜色分别代表黄色为群主，绿色为群管理员，蓝色为群成员；群主和管理员的

关系线也比普通的群成员长一些，这是为了突出群内重要成员的关系。

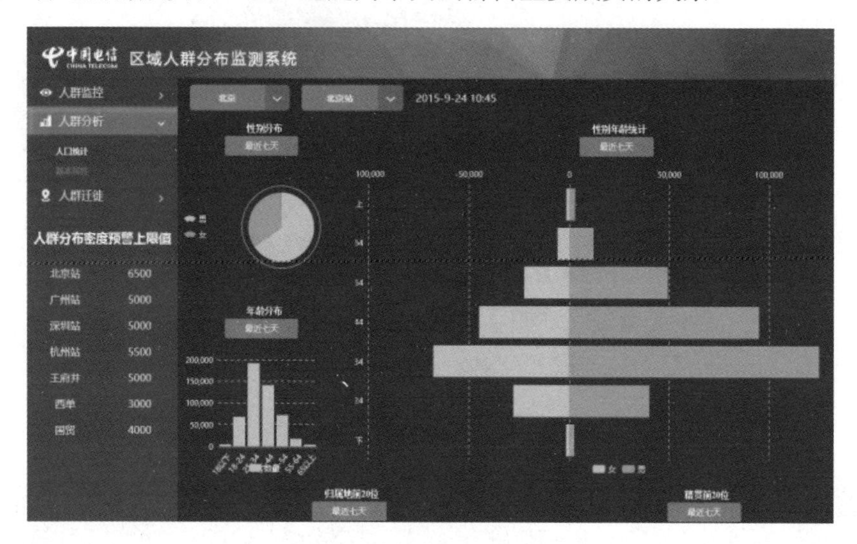

图 4-2　数据可视化

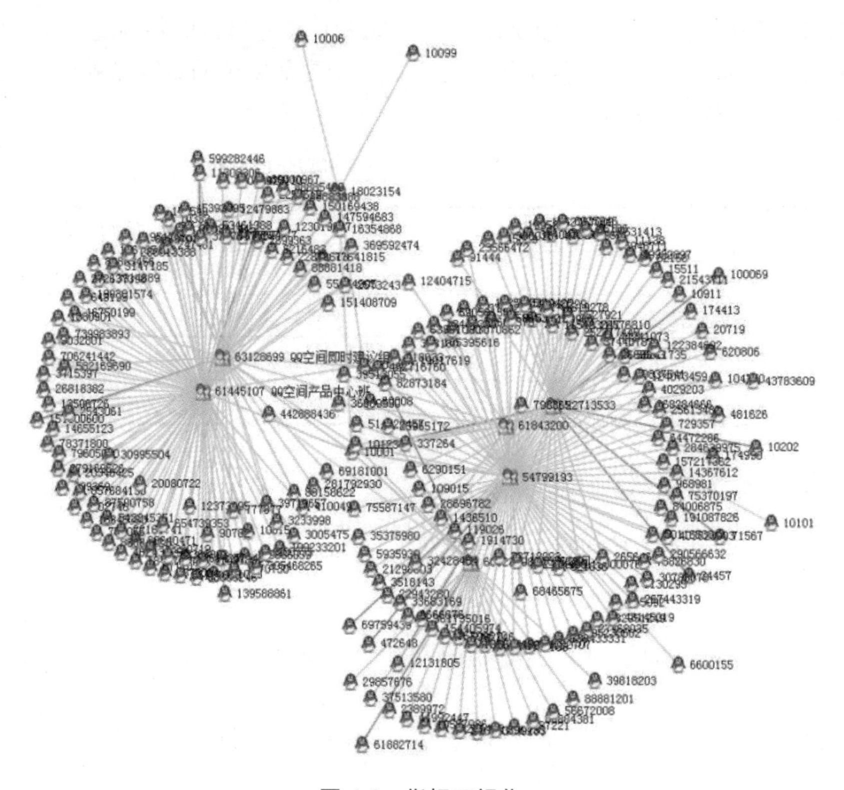

图 4-3　指标可视化

3. 数据关系的可视化

数据关系往往也是可视化数据表达的核心内容，如图 4-4 所示。

图 4-4 中通过将 Windows 比喻成太阳系，Windows XP、Window 7 等比喻成太阳系中

的行星，其他系统比喻成其他星系来可视化 Windows 系统系列产品的关系。

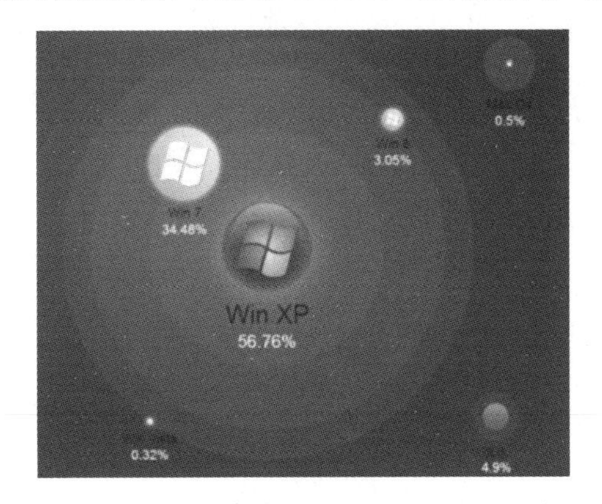

图 4-4　数据关系可视化

4. 背景数据的可视化

只有原始数据是不够的，因为数据本身没有价值，数据所隐含的信息才有价值，如果称数据本身的可视化为前景数据可视化，数据中隐藏的信息可视化则称为背景数据可视化。设计师马特・罗宾森和汤姆・维格勒沃斯用不同的圆珠笔和字体写 Sample 这个单词，采用了如图 4-5 所示的信息表述。

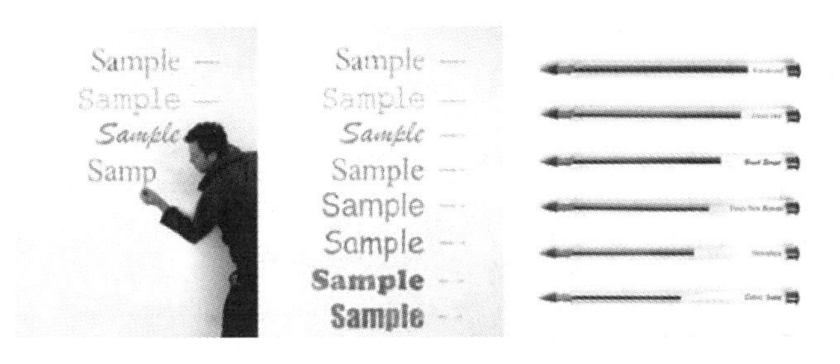

图 4-5　背景数据可视化

因为不同圆珠笔书写不同字体时所使用的墨水量不同，所以每支笔写完单词后所剩的墨水也不同，在图 4-5 中不再需要标注坐标系，直观对照的可视化已经鲜明展示出了圆珠笔、字体与墨水量消耗三者之间的关系信息，即背景数据信息。

5. 聚焦

因为是大数据的量级庞大，所以很多时候数据对于接受者而言是过载的，严重干扰用户对需求数据的获取，聚焦的需求由此应运而生。

例如，图 4-6 中的①商谈件数部分，聚焦的方法就是在原来的可视化结果基础上再进行优化，利用色彩、字形的变换等凸显用户关注的信息。

6. 集中或者汇总展示

在图 4-6 的②商谈规模部分，原始数据是项目金额列表，采用柱状图来表达，分月集中展示了意向合同金额与实际完成合同金额的汇总情况；图 4-6 中的④商谈时间部分则汇总展示了所商谈项目的平均签单周期。为了让管理者更好地掌握销售人员的销售业绩，还

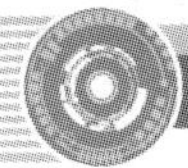

可以单独增加一张没有完成计划的销售人员数据表，这样管理者在掌控全局的基础上就更易于抓住需要关注的其他焦点，并进行逐一处理。

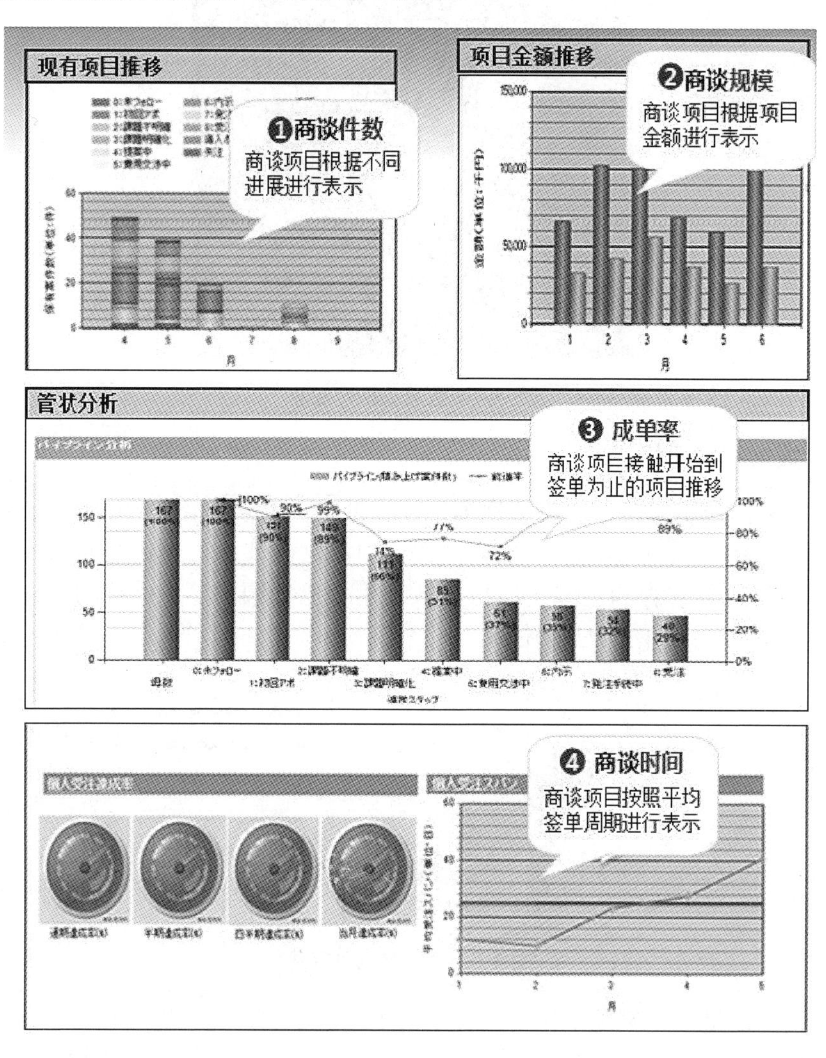

图 4-6　表达的可接受可视化

7. 转换成易于接受的形式

人们对数据可视化展现内容的接受程度取决于人的接受模式、习惯和能力，甚至还需要考虑显示设备的能力，因此需要综合考虑这些因素不断改进表达形式，这样才能以更好的表达形式获得被用户接受的效果。

在图 4-6 中③成单率部分，为了便于用户更好地掌握项目执行情况，在图表中增加了一条项目计划线来表示项目计划数据，从而形成实际项目履行与计划数据的对照关系。假设需要重点关注没有完成计划的销售员数据，则可在销售计划线上增加钩和叉的符号来表示已完成和未完成的计划，还可以将叉设为红色。更进一步，如果柱状图中的柱也是黑色，那么红色的叉则会更为显眼，如此一来更有利于用户对需求信息的接受。

8. 收尾的处理

修饰是为了让可视化的细节更为精准，甚至优美。收尾工作比较典型的措施包括设置标题、表明数据来源、对过长的柱子进行缩略处理、进行表格线的颜色设置，以及各种字体、图素粗细、颜色设置等后期整合处理。

9. 完美的风格化

所谓风格化就是在标准化基础上的特色化，最典型的有例如增加企业、个人的徽标(LOGO)，让人们知道这个可视化产品属于哪个企业、哪个人，以及其他结合应用场景的特色措施等。

4.2　大数据可视化工具

现在已经出现了很多大数据可视化工具，从最简单的 Excel 到基于在线数据的可视化工具、三维工具、地图绘制工具以及复杂的编程工具等，正逐步改变着人们对大数据可视化的认识。

大数据可视化工具有以下几个特性。

- 实时性：大数据可视化工具必须适应大数据时代数据量爆炸式增长的现实，快速收集分析数据并对数据信息进行实时更新。
- 简单操作：大数据可视化工具快速开发、易于操作的特性，能适应互联网时代信息多变的特点。
- 更丰富的展现方式：大数据可视化工具需具有更丰富的展现方式，能充分满足数据展现的多维度要求。
- 多种数据集成支持方式：数据可视化工具的数据来源不能仅局限于数据库，数据可视化工具应能支持团队协作数据、数据仓库、文本等多种方式的数据，并能够通过互联网进行展现。

4.2.1　Tableau

1. Tableau 简介

Tableau 是一款功能非常强大的可视化数据分析软件，其定位是数据可视化的商务智能展现工具，可以用来实现可视化交互分析和仪表盘应用。就和 Tableau 这个词的原意“画面”一样，它能带给用户美好的视觉感受。

Tableau 几乎没有代码，主要是通过拖拽的形式来实现图表的配置，比较适合业务运营人员来使用，这样虽然会让 Tableau 在灵活性上受到一点限制，但总体来说也完全能够实现各式各样的需求。

Tableau 的特性主要包括以下 6 个方面。

(1)　自助式 BI，IT 人员提供底层的架构，业务人员创建报表和仪表板。

(2)　数据可视化界面友好，操作简单，用户通过简单拖拽就能表现数据背后所隐藏的业务问题。

(3) 与各种数据源之间实现无缝连接。

(4) 内置地图引擎。

(5) 支持两种数据连接模式，Tableau 的架构提供了两种方式访问大数据量：内存计算和数据库直连。

(6) 灵活的部署，适用于各种企业环境。

Tableau 有桌面版和服务器版：桌面版包括个人版开发和专业版开发，个人版开发只适用于连接文本类型的数据源，专业版开发可以连接所有数据源；服务器版可以将桌面版开发的文件发布到服务器上，共享给企业中其他的用户访问，能够方便地嵌入到任何门户或者 Web 页面中。

2. Tableau 使用环境

Tableau 的工作表界面布局如图 4-7 所示。

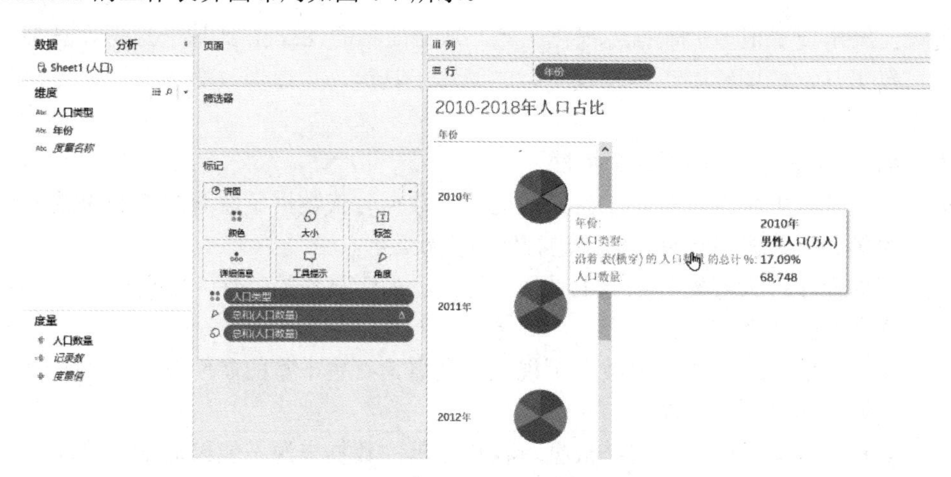

图 4-7　Tableau 工作表界面布局

使用前需要先了解以下几方面知识。

(1) 数据窗口：展示当前使用的数据源，以及数据源包含的所有数据字段。

(2) 维度和度量：所有数据字段被分为维度和度量两个方面的内容，它们是 Tableau 使用过程中最重要的两个概念，Tableau 连接数据时会对各个字段进行评估，然后根据评估自动将字段放入维度窗口或度量窗口。

- 维度：往往是一些分类、时间方面的定性字段，将其拖放到功能区时，Tableau 软件不会对其进行计算，而是对视图区进行分区，维度的内容显示为各区的标题。
- 度量：往往是一个数值字段，将其拖放到功能区时，Tableau 软件会默认进行聚合运算，常见的聚合包括总和、平均值和中值，同时，视图区会产生相应的轴。

通常 Tableau 软件的这种分配是正确的，但是有时也会出错。比如数据源中有员工工号字段时，由于工号由一串数字构成，连接数据源后，Tableau 软件会将其自动分配到度量中。这种情况下，我们可以把工号从度量窗口拖放至维度窗口中，以调整数据的角色，

字段前面的图标也会由绿色变为蓝色。

(3) 字段类型：数据窗口中各字段前的符号用以标示字段类型。Tableau 软件支持的数据类型包括文本、日期、日期和时间、地理值、布尔值、数字、地理编码等。

=#，即数字标志符号前加个等号，表示这个字段不是原数据中的字段，而是 Tableau 软件自定义的一个数字型字段。例如，=abc 是指 Tableau 软件自定义的一个字符串型字段。

Tableau 软件会自动对导入的数据分配字段类型，但有时自动分配的字段类型不是我们所希望的。由于字段类型对于视图的创建非常重要，因此一定要在创建视图前调整一些分配不规范的字段类型。具体调整步骤如下。

Step1：如字段“省市”和“统计周期”显示的字段类型都为字符串，而不是我们想要的地理和日期类型，这时就需要手动调整。调整方法为单击右侧小三角形(或者右击菜单)，在弹出的对话框中选择“地理角色”→“省/市/自治区”，这时“省市”便成了地理字段，并且在选择后度量窗口会自动显示相应的经纬度字段。

Step2：对于“统计周期”，同样选择“更改数据类型”→“日期”即可。

此时就可以发现在数据窗口有 3 个多出来的字段：“记录数”“度量名称”和“度量值”。实际上，每次新建数据源都会出现这 3 个字段，Tableau 软件自动给每行观测值赋值为 1，使用记录数给观测的行计数。

(4) 离散和连续：离散和连续是另一种数据角色分类。在 Tableau 软件中蓝色是离散字段，绿色是连续字段，离散字段总是在视图中显示为标题，而连续字段则在视图中显示为轴，如图 4-8 和图 4-9 所示。

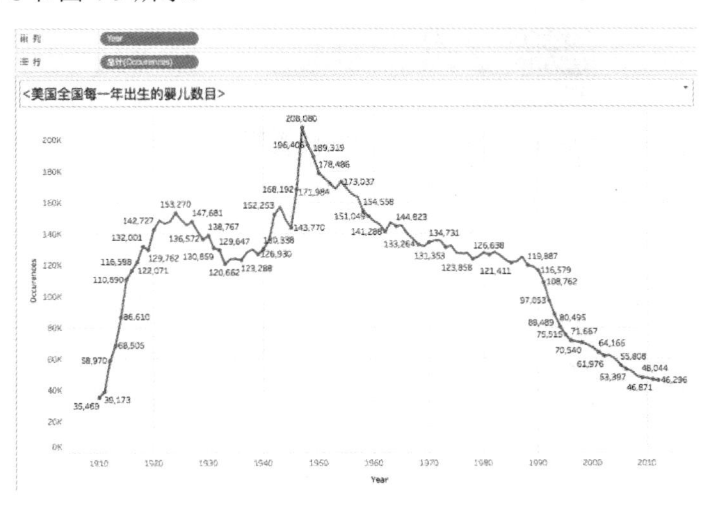

图 4-8　行列均设为连续

离散和连续类型也可以相互转换，右击选择“字段”，在弹出框中就有“离散”和“连续”的选项，单击即可实现转换。

3. Tableau 软件的使用方法

(1) 连接数据源。Tableau 可以连接 Excel 文件、CSV 文件以及 MySQL 等各种数据库。

① 选择数据源，选择 Tableau 软件自带的“示例-超市”，如图 4-10 所示。

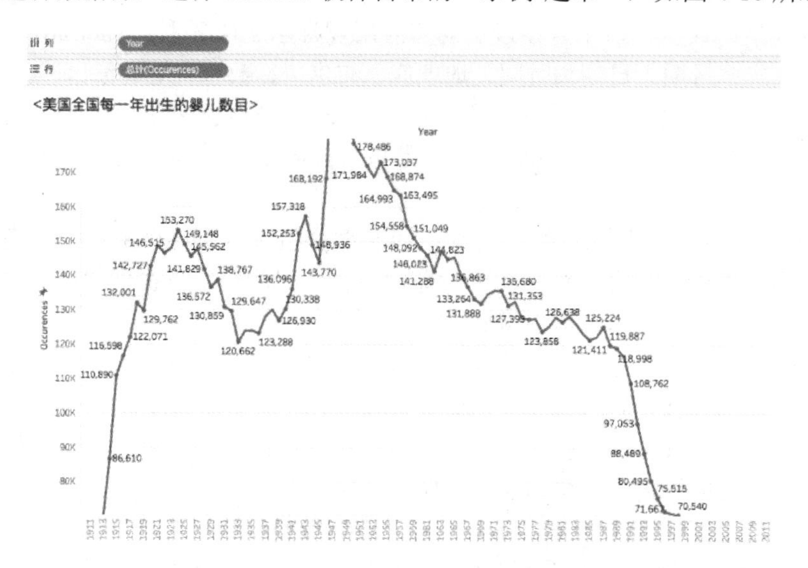

图 4-9 行设为离散，列设为连续

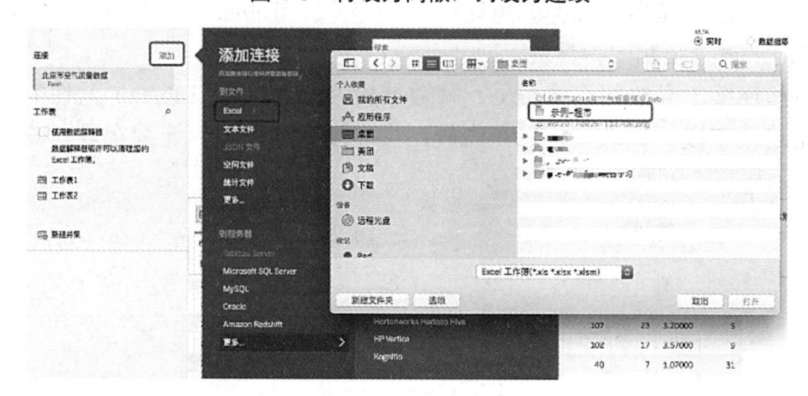

图 4-10 连接数据

② 打开数据文件，选择“超市.xls”文件打开，如图 4-11 所示。

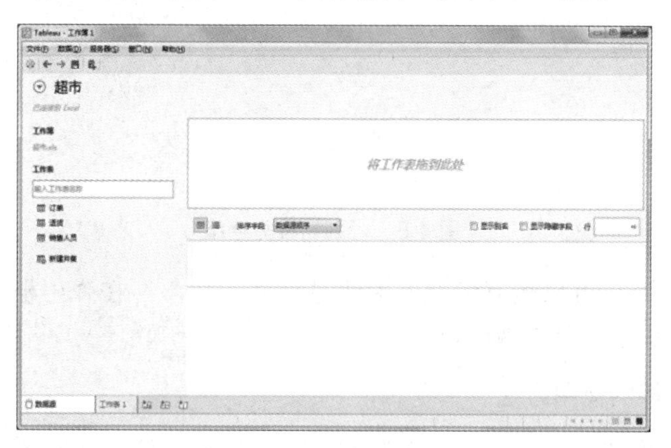

图 4-11 打开数据文件

③　设置连接，“超市.xls”文件中有 3 个工作表，将工作表拖至连接区域就可以开始分析数据。例如将“订单”工作表拖至连接区域，然后单击工作表选项卡开始分析数据，如图 4-12 所示。

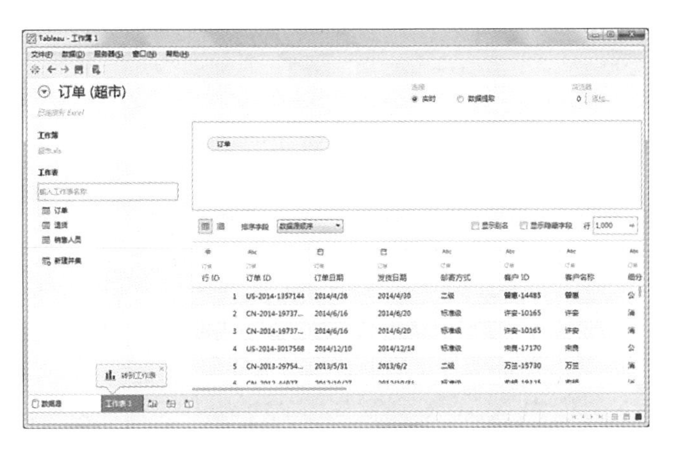

图 4-12　设置连接

(2)　构建视图。

①　将维度拖至行、列功能区，将窗格左侧中“维度”区域里的“地区”和“细分”拖至行功能区，“类别”拖至列功能区，如图 4-13 所示。

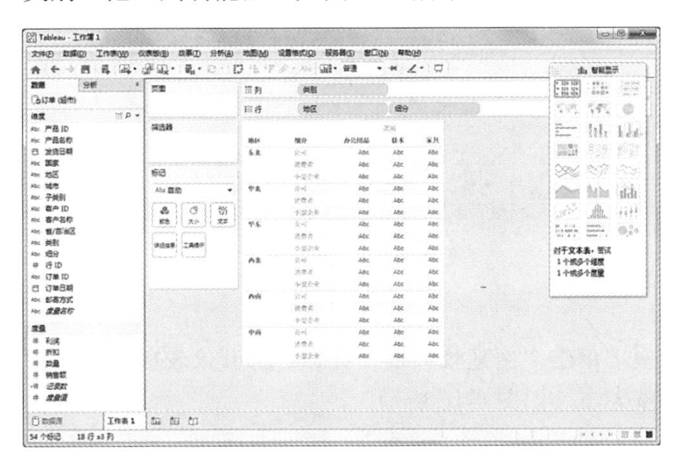

图 4-13　选择维度

②　将度量拖至“文本”，将数据窗格左侧中“度量”区域里的“销售额”拖至窗格“标记”中的“文本”标记卡上，如图 4-14 所示。

③　显示数据，将“标记”卡中“总计(销售额)”拖至列功能区，数据就会以图形的方式显示出来，如图 4-15 所示。

(3)　增强视图。上面创建的视图需要进一步增强，可以使用过滤器、聚合、轴标签、颜色和边框的格式等进一步增强视图的表现能力。

(4)　创建工作表。创建不同的工作表，以便对相同的数据或不同的数据创建不同的视图。

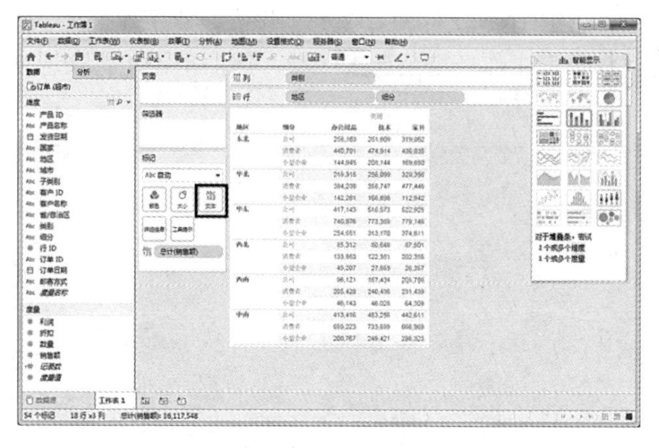

图 4-14　选择度量

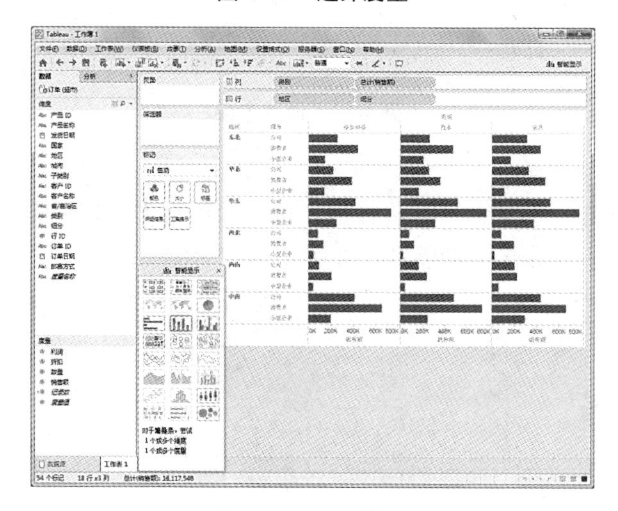

图 4-15　显示数据

(5) 创建仪表板。

① 新建仪表板，单击“新建仪表板”按钮，打开仪表板。然后在“仪表板”的“大小”列表中适当调整大小，如图 4-16 所示。

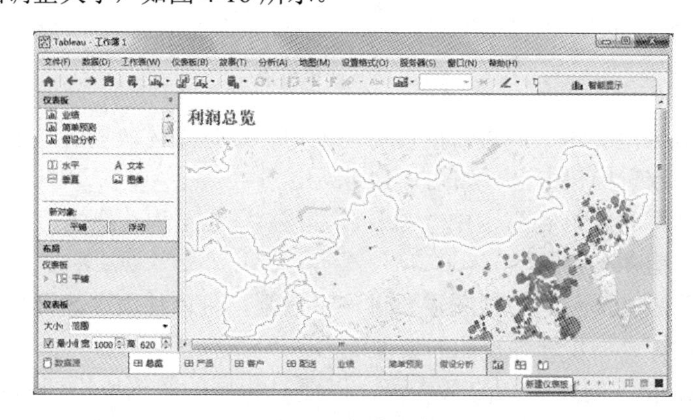

图 4-16　新建仪表板

② 添加视图，将“销售地图”放在上方，“销售客户细分”和“销售产品细分”分别放在下方，如图 4-17 所示。

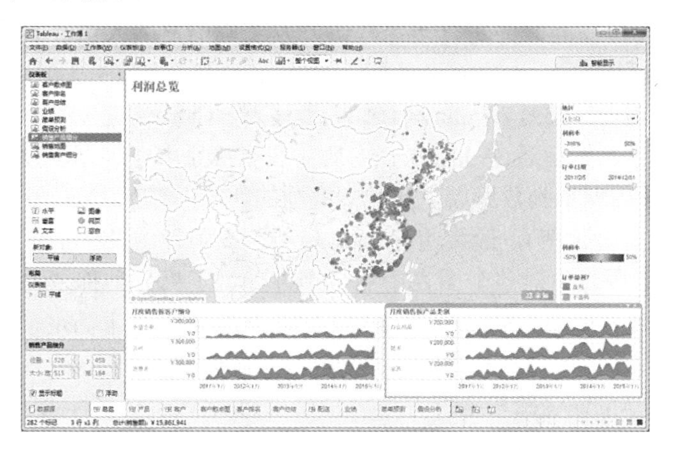

图 4-17　添加视图

(6) 创建故事，单击“故事”→“新建故事”，打开故事视图。从“仪表板和工作表”区域中将视图或仪表板拖至中间区域，如图 4-18 所示。

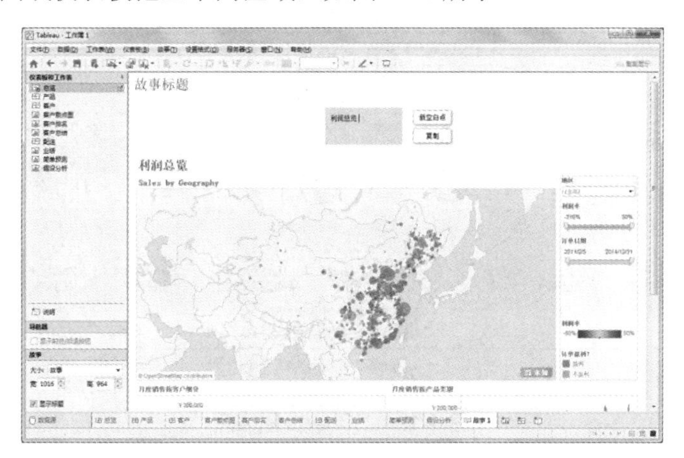

图 4-18　创建故事

在导航器中，单击故事点可以添加标题。单击“新空白点”添加空白故事点，继续拖入视图或仪表板。单击“复制”创建当前故事点的副本，然后可以修改该副本。

(7) 发布工作薄

① 保存工作表。单击“文件”→“保存”或者“另存为”命令来完成，或者单击工具栏中的“保存”按钮。

② 发布工作表。单击“服务器”→“发布工作表”来实现。

4.2.2　ECharts

1. ECharts 简介

ECharts 是一款由百度前端技术部基于 JavaScript 开发的数据可视化图表库，兼容当前绝大部分浏览器(IE8/9/10/11、Chrome、Firefox、Safari 等)，底层依赖轻量级的 Canvas 类库 ZRender，提供直观、生动、可交互、可高度个性化定制的数据可视化图表。

ECharts 图表库主要面对的是有一定代码开发基础的前端人员，它的大部分图表形式都封装到 JS 中，你只需要更改数据和样式，就可以应用到自己的项目中。

整个 ECharts 图表库都是以 Canvas(画布)为基础，Canvas 是一个可以在页面上固定的绘图区域建立坐标系，然后通过 JavaScript 脚本在坐标系中绘制圆、盒、文字等的画布对象。即，ECharts 图表库拿到数据后，通过一系列的计算，算出 Canvas 绘制图案时所需要的数据(坐标、高度、宽度等)，最终通过 Canvas 绘制出各种图表。

为此，ECharts 图表库对整个图表中的各个部分做了拆分，称之为组件。组件化为使用者提供了更多的选择，让 ECharts 图表库在高度封装的前提下满足开发者们的自定义需要。ECharts 图表库中的组件包括 XAxis(直角坐标系 X 轴)、YAxis(直角坐标系 Y 轴)、Grid(直角坐标系)、AngleAxis(极坐标系角度轴)、RadiusAxis(极坐标系半径轴)、Polar(极坐标系)、Geo(地理坐标系)、DataZoom(数据区缩放组件)、VisualMap(视觉映射组件)、Tooltip(提示框组件)、Toolbox(工具栏组件)、Series(系列)等，几乎是满足了所有图表的需求。官方教程中给出了如图 4-19 所示的 ECharts 图表库的组件构成。

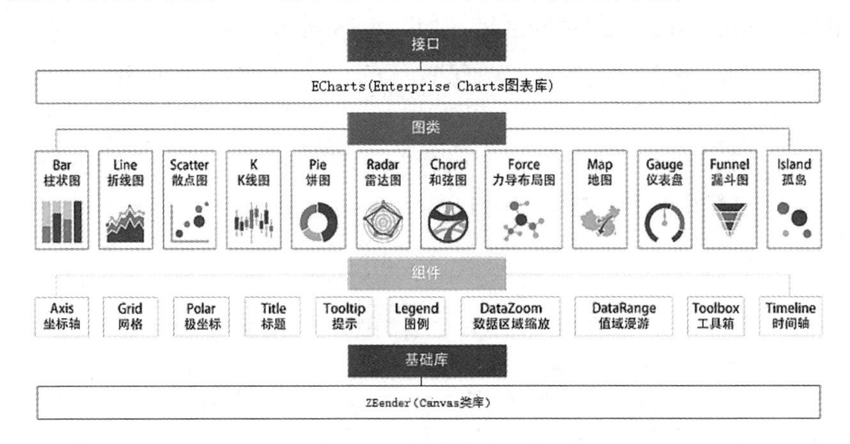

图 4-19　ECharts 图表库

2. ECharts 图表库的使用方法

(1) 导入 ECharts 图表库。

方法一：使用地址导入。

```
<script
src="https://cdn.jsdelivr.net/npm/echarts@4.9.0/dist/echarts.min.js"></s
cript>
```

方法二：下载所需 JS 然后再导入。

```
<script src="/resources/echarts.min.js"></script>
```

echarts.min.js 需要到 ECharts 官网点击“下载”→“在线定制”→选择需要的图表和组件等进行下载。

(2) 使用 ECharts 图表库。

Canvas 是结合 DOM 来选定绘图区域并最终确定坐标系的，这样做的好处是可以通过 CSS 来控制最终图表的位置，绘图区域的调整和修改最终也不会影响到绘图的结果。ECharts 图表库在选取绘制区域上也使用了这一方法：

```
<body>
<!--为 ECharts 准备一个具备大小(宽高)的 DOM-->
<div id="main" style="width: 600px;height:400px;"></div>
</body>
// 基于准备好的 dom，初始化 ECharts 实例
var myChart=echarts.init(document.getElementById('main'));
```

上面实例通过 DOM 确定了接下来的绘图区域。无论后续绘图区域的位置及宽高如何变化，ECharts 图表库都会基于该元素绘制图表。

确定绘图区域后，ECharts 图表库需要了解开发者需要怎样的图表，基于组件化的设计，ECharts 图表库规定通过一个简单的属性(option)对象来配置图表中的各个组件，例如官方文档中的简单例子：

```
<!DOCTYPE html>
<html>
<head>
<meta charset="utf-8">
<title>ECharts</title>
<!--导入 ECharts.js-->
<script
src="https://cdn.jsdelivr.net/npm/echarts@4.9.0/dist/echarts.min.js"></s
cript>
</head>
<body>
<!--为 ECharts 准备一个具备大小(宽高)的 Dom-->
<div id="main" style="width: 600px;height:400px;"></div>
<script type="text/javascript">
    // 基于准备好的 dom，初始化 ECharts 实例
    var myChart = echarts.init(document.getElementById('main'));
    // 指定图表的配置项和数据
    var option={
      title:{
        text: 'ECharts 入门示例'
      },
      tooltip:{},
      legend:{
        data:['销量']
      },
      xAxis:{
        data:["衬衫","羊毛衫","雪纺衫","裤子","高跟鞋","袜子"]
      },
      yAxis:{},
      series:[{
        name:'销量',
```

```
        type:'bar',
        data:[5, 20, 36, 10, 10, 20]
      }]
    };
    //使用刚指定的配置项和数据显示图表
    myChart.setOption(option);
</script>
</body>
</html>
```

可视化输出效果见图 4-20。

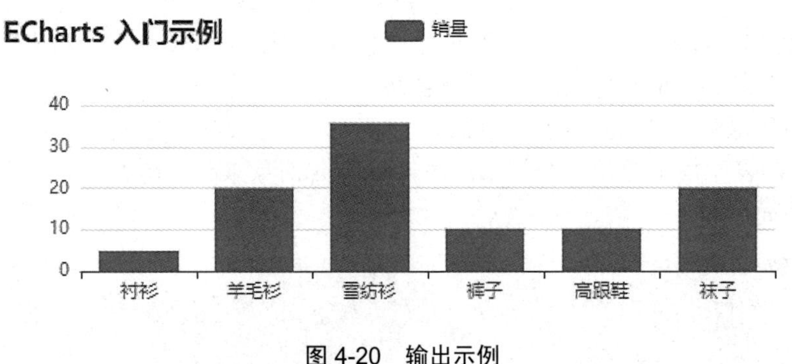

图 4-20　输出示例

可以看出属性对象中的属性最终都以组件的方式展示在了图表中：Title 属性被展示为图表的标题，Legend 属性被渲染成为图表的图例，XAxis 属性被渲染成 X 轴，Series 属性被渲染成了柱状图(Series 是 ECharts 中的一个基础概念，它指一组数值以及它们映射成的图)。

ECharts 除了能绘图还能完成动画效果，这些效果不仅仅作用在核心图上，整个图表的组件都会跟随动画进行变动，小到组件上的一些小细节，大到 3D 图表等。

ECharts 5 更是又一次创造了变革：抛开数据层面的进步不说，使用 SVG 渲染代替 Canvas 渲染输出效果更是亮眼，感兴趣的读者可以进一步研究。

课后练习题

(1) 什么是数据可视化与大数据可视化?

(2) 简述大数据可视化的过程。

第 5 章　Hadoop 概论

Hadoop 集群访问导学

Hadoop 原理导学(1)

Hadoop 原理导学(2)

本章学习目标

- 了解 Hadoop 优势及应用现状。
- 掌握 Hadoop 组成与结构，理解其主要核心模块地址虚拟机、HDFS 文件系统和 MapReduce 计算框架工作概况。
- 掌握 Hadoop 的工作原理和实现方法。
- 理解 Yarn 资源管理器与 Hadoop 文件系统。

重点难点

- Hadoop 组成与结构，理解其主要核心模块地址虚拟机、HDFS 和 MapReduce 工作场景。
- Hadoop 的工作原理和实现方法。

引导案例

Hadoop 是一个由 Apache 基金会所开发的分布式系统基础架构，是一套用于在由通用硬件构建的大型集群上运行应用程序的框架。它实现了 MapReduce 编程范型，计算任务会被分割成小块(多次)运行在不同的节点上。除此之外，它还提供了一款分布式文件系统(HDFS)，数据被存储在计算节点上以提供极高的跨数据中心聚合带宽，用户可以在不了解分布式底层细节的情况下，开发分布式程序，充分利用集群的威力进行高速运算和存储。

Meta 作为全球知名的社交网站，拥有超过 3 亿的活跃用户，其中约有 3000 万用户至少每天更新一次自己的状态；用户每月总共上传 10 亿余张照片、1000 万个视频；以及每周共享 10 亿条内容，包括日志、链接、新闻、微博等。因此 Meta 需要存储和处理的数据量是非常巨大的，每天新增加 4TB 压缩后的数据，扫描 135TB 大小的数据，在集群上执行 Hive 任务超过 7500 次，每小时需要进行 8 万次计算，所以高性能的云平台对 Meta 来说是非常重要的，而 Meta 主要将 Hadoop 平台用于日志处理、推荐系统和数据仓库等方面。

(资料来源：本书作者整理编写)

5.1　Hadoop 简介

Hadoop 是一个由 Apache 基金会所开发的分布式系统基础架构。Hadoop 是以分布式文件系统(HDFS)和 MapReduce 等模块为核心，为用户提供细节透明的系统底层分布式基础架构。

Hadoop 的称呼由它的创建者 Doug Cutting 命名，图标来源于一头吃饱了的棕黄色大象，本身并没有太多的意义。Hadoop 的图标见图 5-1。

图 5-1　Hadoop 图标

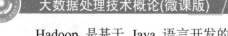

Hadoop 是基于 Java 语言开发的，具有很好的跨平台特性，并且可以部署在廉价的计算机集群中，被公认为行业大数据标准开源软件，在分布式环境下提供了对海量数据的处理能力。几乎所有主流厂商都围绕 Hadoop 提供开发工具、开源软件、商业化工具和技术服务，如谷歌、雅虎、微软、思科、淘宝等都支持 Hadoop。

Hadoop 特点如下。

- Hadoop 可以高效地存储并管理海量数据，同时分析这些海量数据以获取更多有价值的信息。
- Hadoop 中的 HDFS 文件系统可以提高读写速度和扩大存储容量，因为 HDFS 文件系统具有优越的数据管理能力，并且是基于 Java 语言开发的，具有容错性高的特点，所以 Hadoop 可以部署在低廉的计算机集群中。
- Hadoop 中的 MapReduce 可以整合分布式文件系统上的数据，保证快速分析处理数据，还采用存储冗余数据的方法来保证数据的安全性。

Hadoop 架构的发展经历了两代，当下主体架构为 Hadoop2.0，Hadoop 架构如图 5-2。

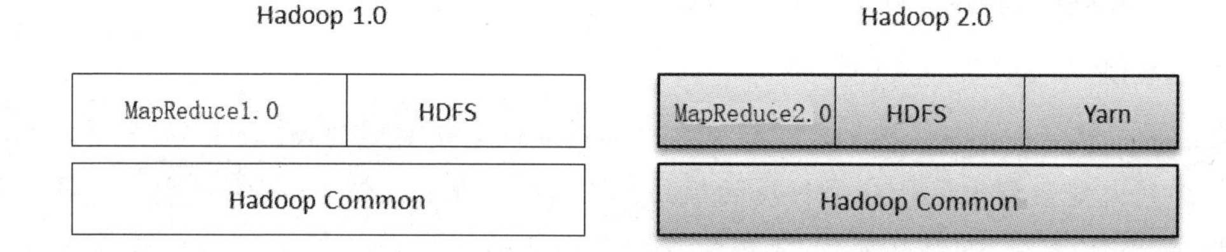

图 5-2　Hadoop 架构

Hadoop1.0 中的 MapReduce1.0 既是一个计算框架，也是一个资源管理调度框架；到了 Hadoop2.0 以后，MapReduce1.0 中的资源管理调度功能被单独分离出来形成了资源管理器 Yarn，它是一个纯粹的资源管理调度框架，而不是一个计算框架。被剥离了资源管理调度功能的 MapReduce 框架就变成了 MapReduce2.0，它是运行在 Yarn 之上的一个纯粹的计算框架，不再自己负责资源调度管理服务，由 Yarn 为其提供资源管理调度服务。

Hadoop 2.0 的主要改进有以下几个方面。

- 通过 Yarn 实现资源的调度与管理，从而使 Hadoop 2.0 可以运行更多种类的计算框架，如 Spark 等。
- 实现了 NameNode 的高可用(high availability，HA)方案，即同时有 2 个 NameNode，一个激活另一个备用，如果激活的 NameNode 宕机的话，另一个 NameNode 会转入激活状态提供服务，保证了整个集群的高可用。
- 实现了 HDFS 联邦机制(HDFS Federation)，由于元数据放在 NameNode 的内存当中，内存限制了整个集群的规模，通过 HDFS 联邦机制使多个 NameNode 组成一个联邦共同管理 DataNode，这样就可以扩大集群规模。
- Hadoop RPC 序列化扩展性更好，它将数据类型模块从 RPC 中独立出来成了一个独立的可插拔模块。

5.2　Hadoop 的组成与架构

HDFS 存储与
MapReduce 处理导学

5.2.1　Hadoop 组件

Hadoop 的核心组件包含 HDFS、MapReduce 和 Common，主要解决海量数据的存储和海量数据的分析计算问题。从广义上来说，Hadoop 是一个由 Apache 基金会所开发的分布式系统基础架构，Hadoop 通常是指一个更加广泛的概念——Hadoop 生态圈，实用环境下常常需要以 Hadoop 为核心构建大数据生态环境(以 Hadoop2.0 为核心的一组相互支撑协作的组件集合)。Hadoop 生态圈组件见图 5-3。

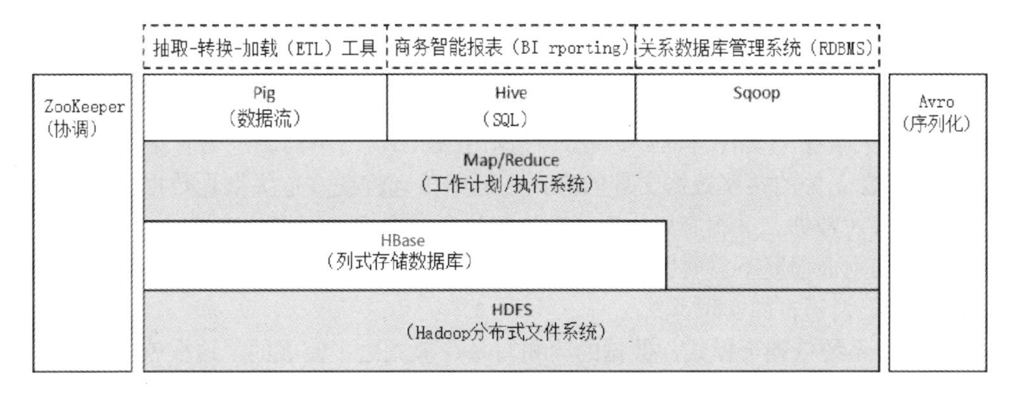

图 5-3　Hadoop 生态圈

前文已经对 HDFS、MapReduce 进行了详细介绍，为了对 Hadoop 生态圈有个全面的了解，这里补充介绍 Common 和 Hadoop2.0 分离出来的 Yarn 等相关组件。

(1)　Common 为 Hadoop 的其他模块提供了一系列文件系统和通用文件包，从 Hadoop 2.0 版本开始，Hadoop Core 模块更名为 Common。Common 为在通用硬件上搭建云计算环境并为其提供基本的服务，同时为软件开发提供了 API。

(2)　Apache Hadoop Yarn 是 Meta、Google、Exponent 和 Tilde 联合开发的一款新的 JavaScript 包管理工具，从官方文档了解到它的目的是解决这些团队使用 npm(JavaScript 世界的包管理工具，是 Node.js 平台的默认包管理工具。通过 npm 可以安装、共享、分发代码，管理项目依赖关系)面临的一些问题。它是一种新的 Hadoop 资源管理器，作为通用资源管理系统使用，为上层应用提供统一的资源管理和调度，它的引入为集群利用率、资源统一管理和数据共享等方面带来了巨大的好处。

(3)　Hive 是基于 Hadoop 的一个数据仓库工具，可以将结构化的数据文件映射为一张数据库表，并提供简单的 SQL 查询功能，可以将 SQL 语句转换为 MapReduce 任务运行。Hive 是 JDBC 兼容的，能够和现存的 SQL 工具整合在一起：Hive 提供的是一种结构化数据的机制，它支持类似于传统 RDBMS 中的 SQL 语言来帮助那些熟悉 SQL 的用户查询 Hadoop 中的数据，该查询语言称为 Hive QL；传统的 MapReduce 编程人员可以在 Mapper 或 Reducer 中通过 Hive QL 查询数据；Hive 编译器会把 Hive QL 编译成一组 MapReduce 任务，从而方便 MapReduce 编程人员进行 Hadoop 应用的开发。遗憾的是目前 Hive 尚不能支持更新操作。

(4) HBase 是一个分布式、可扩展、大数据的存储系统，它通过存储健/值(Key/Value)来工作，是 BigTable 的开源 Java 版本，它和 Google 的 BigTable 使用相同的数据模型，是建立在 HDFS 文件系统之上，为用户提供高可靠性、高性能、列存储、可伸缩、实时读写 NoSQL 的数据库系统。HBase 数据库不同于一般的关系数据库：其一，HBase 数据库是一个适合于存储非结构化数据的数据库；其二，由于 HBase 数据库表示疏松的数据，用户可以给行定义各种不同的列，HBase 数据库是基于列而不是基于行存储的模式。在 HBase 数据库中，用户将数据存储在一个表里，一个数据行拥有一个可选择的键和任意数量的列，主要用于需要随机访问、实时读写的大数据；它支持四种主要的操作，它们是增加或者更新行，查看一个范围内的 cell，获取指定的行，删除指定的行、列或者是列的版本。

Hive 与 HBase 联合使用时，Hive 必须提供预先定义好的模式(Schema)将文件和目录映射到列。

(5) Avro 是一个数据序列化系统，它提供丰富的数据结构、快速可压缩的二进制数据形式、存储持久数据的文件容器、远程过程调用(RPC)、简单的动态语言结合功能等，是一种与编程语言无关的共享数据文件的方式，适用于远程或本地大批量数据交互，在传输的过程中 Avro 对数据二进制序列化后可节约数据存储空间和网络传输带宽。

Avro 代码生成器既不需要读写文件数据，也不需要使用或实现 RPC 协议，只是一个可选的对静态类型语言的实现。

- Avro 系统依赖于模式，数据的读和写是在模式之下完成的，这样就可以减少写入数据的开销，提高序列化的速度并缩减其大小。同时，也可以方便动态脚本语言的使用，因为数据连同其模式都是自描述的。
- 在 RPC 中，Avro 系统的客户端和服务端通过握手协议进行模式的交换，因此当客户端和服务端拥有彼此全部的模式时，不同模式下的相同命名字段、丢失字段和附加字段等信息的一致性问题就得到了很好的解决。

(6) Chukwa 是一个开源的用于监控大型分布式系统的数据收集系统，它构建在 Hadoop 的 HDFS 文件系统和 MapReduce 计算框架之上，继承了 Hadoop 的可伸缩性和鲁棒性。Chukwa 中附带了灵活且强大的工具用于显示、监视和分析数据结果，以便更好地利用所收集的数据。

(7) Pig 是一种操作 Hadoop 的轻量级脚本语言，是一种数据流语言，最初由雅虎公司推出，后来雅虎慢慢退出并将它分享到开源社区，由所有爱好者来维护。Pig 包含两个部分：Pig Interface 和 Pig Latin，主要用来快速轻松处理巨大的数据。Pig 可以非常方便地处理 HDFS 文件系统和 HBase 数据库的数据，和 Hive 一样，Pig 可以非常高效地处理其需要做的工作，通过直接操作 Pig 查询可以节省大量的工作和时间。Pig 与 Hive 功能基本一致，可以视需要选择其一使用。

(8) ZooKeeper 是分布式集群协调者，它是一个分布式服务框架，主要用来解决分布式应用中经常遇到的一些数据管理问题，如统一命名服务、状态同步服务、集群管理、分布式应用配置项的管理等。ZooKeeper 的一个常见使用场景就是担任服务生产者和服务消费者的注册中心，服务生产者将自己提供的服务注册到 ZooKeeper 中心，服务的消费者在进行服务调用的时候先到 ZooKeeper 中查找服务，获取到服务生产者的详细信息之后，再

去调用服务生产者的内容与数据。

5.2.2　HDFS 文件系统

1. HDFS 文件系统定义

HDFS 分布式文件管理系统是 Hadoop 的一个核心模块，负责分布式存储和管理数据，是 Hadoop 体系中数据存储管理的基础，它是一个高度容错的系统，能检测和应对硬件故障，用于在低成本的通用硬件上运行。HDFS 文件系统简化了文件的一致性模型，通过流式数据进行访问，具有高容错性、高吞吐量等优点，并提供了多种访问模式。HDFS 文件系统能做到对上层用户绝对透明，使用者不需要了解内部结构就能得到 HDFS 文件系统提供的服务，并且 HDFS 文件系统提供了一系列的 API，可以让开发者和研究人员快速编写基于 HDFS 文件的应用，提供了高吞吐量应用程序数据访问的功能，适合带有大型数据集的应用程序使用。

整个 Hadoop 的体系结构主要是通过 HDFS 文件来实现对分布式存储的底层支持，并通过分布式数据处理工具 MapReduce 来实现对分布式并行任务处理的程序支持。

2. HDFS 文件系统架构

HDFS 文件系统采用主/从(Master/Slave)结构模型，支持对文件形式的数据管理。一个 HDFS 集群由一个 NameNode 和若干个 DataNode 组成的，NameNode 作为主服务器管理文件系统命名空间和客户端对文件的访问操作，DataNode 管理存储的数据。

从内部来看，HDFS 文件被分成若干个数据块存放在一组 DataNode 上，NameNode 作为主守护进程执行文件系统的命名空间，如打开、关闭、重命名文件或目录等，也负责数据块到具体 DataNode 的映射，NameNode 是所有 HDFS 文件系统元数据的管理者，用户数据永远不会流经 NameNode；DataNode 负责处理服务于客户端的文件读写，并在 NameNode 的统一调度下进行数据库的创建、删除和复制工作。HDFS 架构示意图见图 5-4。

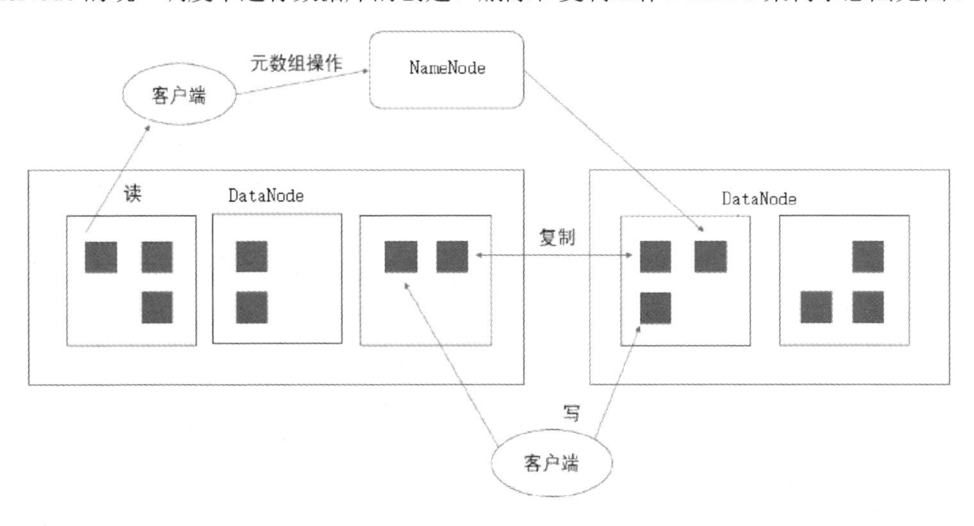

图 5-4　HDFS 架构示意图

(1) Metadata 是元数据，元数据信息包括名称空间、文件到文件数据块的映射、文件数据块到 DataNode 的映射三部分，HDFS 的命名空间包含目录、文件和块。

在 HDFS1.0 体系结构中，整个 HDFS 集群中只有一个命名空间，并且只有唯一一个名称节点，该节点负责对这个命名空间进行管理。HDFS 使用的是传统的分级文件体系，因此用户可以像使用普通文件系统一样创建、删除目录和文件，在目录间转移文件，重命名文件等。

HDFS2.0 则采用联邦体系结构，具有名称服务的水平可伸缩性，即有多个联合的 NameNode 彼此独立，有多个命名空间，每个命名空间由其各自的 NameNode 管理；DataNode 存在于底层存储层，每个 DataNode 注册集群中的所有 NameNode，DataNode 向 NameNode 传输周期性心跳和数据块报告，并处理来自 NameNode 的命令；每个命名空间都有自己独立的块池，池中的块存储在各 DataNode 上，从而使得驻留在 DataNode 中的数据块可以被分组，对应于特定的名称空间。因此，在 HDFS2.0 体系结构中有多个名称空间卷，每个命名空间的卷可以独立运作，如果一个 NameNode 或名称空间被删除，那么驻留在 DataNode 上的相应块池也将被删除。

(2) NameNode 是 HDFS 系统中的管理者，负责管理文件系统的命名空间，维护文件系统的文件树及所有的文件和目录的元数据(记录了每个文件中各个块所在数据节点的位置信息)。它保存了两个核心的数据结构，即 FsImage 和 EditLog。

① FsImage 用于维护文件系统树以及文件树中所有的文件和文件夹的元数据，文件包含文件系统中所有目录和文件 Inode 的序列化形式。其中，每个 Inode 是一个文件或目录的元数据的内部表示，并包含文件的复制等级、修改和访问时间、访问权限、块大小以及组成文件的块，对于目录则存储修改时间、权限和配额元数据。

FsImage 文件没有记录每个块存储在哪个数据节点的信息，而是由名称节点把这些映射信息保留在内存中，当数据节点加入 HDFS 集群时，数据节点会把自己所包含的块列表告知给名称节点，此后会定期执行这种告知操作，以确保名称节点的块映射是最新的。

② 操作日志文件 EditLog 中记录了所有针对文件的创建、删除、重命名等操作记录。

NameNode 的工作过程如下。

① 名称节点的启动。在名称节点启动的时候，它会将 FsImage 文件中的内容加载到内存中，之后再执行 EditLog 文件中的各项操作，使得内存中的元数据和实际数据同步，存在内存中的元数据支持客户端的读操作。所以，一旦在内存中成功建立文件系统元数据的映射，则创建一个新的 FsImage 文件和一个空的 EditLog 文件。

名称节点启动之后，HDFS 中的更新操作会重新写到 EditLog 文件中，因为 FsImage 文件一般都很大(GB 级别的很常见)，如果所有的更新操作都向 FsImage 文件中添加会导致系统运行十分缓慢，而 EditLog 则要小很多，向 EditLog 文件里面写就不会这样，但是每次执行写操作之后且在向客户端发送成功代码之前，EditLog 文件都需要同步更新。

② 名称节点的运行。在名称节点运行期间，HDFS 的所有更新操作都是直接写到 EditLog 中，久而久之 EditLog 文件将会变得很大。虽然这对名称节点运行时候的影响不大，但是当名称节点重启的时候，名称节点需要先将 FsImage 里面的所有内容映像到内存中，然后再一条一条地执行 EditLog 中的记录，所以当 EditLog 文件非常大的时候会导致名称节点启动操作非常慢，而在这段时间内 HDFS 系统处于安全模式，一直无法对外提供

写操作进而影响了用户的使用。

(3) Secondary NameNode 是能在 NameNode 发生故障时进行数据恢复的候补节点。第二名称节点是 HDFS 架构中的一个组成部分，它用来保存名称节点中对 HDFS 元数据信息的备份，以减少名称节点重启的时间。

Secondary NameNode 的工作过程如下。

① Secondary NameNode 会定期和 NameNode 通信，请求其停止使用 EditLog 文件，暂时将新的写操作写到一个新的文件 edit.new 上来，这个操作是瞬间完成的，所以上层写日志的函数完全感觉不到差别。

② Secondary NameNode 通过 Http Get 方式从 NameNode 上获取到 FsImage 和 EditLog 文件，并下载到本地的相应目录下。

③ Secondary NameNode 将下载下来的 FsImage 载入到内存，然后一条一条地执行 EditLog 文件中的各项更新操作，使得内存中的 FsImage 保持最新，这个过程称为 EditLog 和 FsImage 文件合并。

④ Secondary NameNode 执行完第③步操作之后，会通过 post 方式将新的 FsImage 文件发送到 NameNode 节点上。

⑤ NameNode 将从 Secondary NameNode 接收到的新的 FsImage 文件替换旧的 FsImage 文件，同时将 edit.new 文件替换 EditLog 文件，通过这个过程 EditLog 文件就变小了。

(4) DataNode 是 HDFS 文件系统中保存数据的节点。数据节点是分布式文件系统 HDFS 的工作节点，负责数据的存储和读取，它会根据客户端或者是名称节点的调度来进行数据的存储和检索，并且向名称节点定期发送自己所存储的块的列表。每个数据节点中的数据会被保存在各自节点的本地 Linux 文件系统中。

(5) Client 是客户端，是 HDFS 文件系统的使用者，是需要获取分布式文件系统的应用程序。

(6) Block(块)是 HDFS 中的存储单位，Hadoop1.0 中默认为 64MB，Hadoop2.0 中则扩展到了 128 MB。HDFS 采用抽象的块概念带来了以下几个明显的好处。

① 支持大规模文件存储。文件以块为单位进行存储使得一个大规模文件可以被分拆成若干个文件数据块，不同的文件数据块可以被分发到不同的节点上。因此，一个文件的大小不会受到单个节点的存储容量的限制，可以远远大于网络中任意节点的存储容量。

② 简化系统设计。首先，大大简化了存储管理，因为文件的数据块大小是固定的，这样就可以很容易地计算出一个节点可以存储多少文件数据块；其次，方便了元数据的管理，元数据不需要和文件数据块一起存储，可以由其他系统负责管理元数据。

③ 适合数据备份。每个文件数据块都可以冗余存储到多个节点上，大大提高了系统的容错性和可用性。

3. HDFS 文件系统工作原理

现在我们以一个文件 FileA(大小为 100MB，以 64MB 分块)为例，说明 Client 写入 HDFS 文件和读取对应 HDFS 文件的工作原理。假设 HDFS 按默认配置，将 HDFS 文件分布在 Rack1，Rack2，Rack3 三个机架上。

(1) HDFS 文件的客户端写操作。HDFS 的客户端写操作原理见图 5-5。

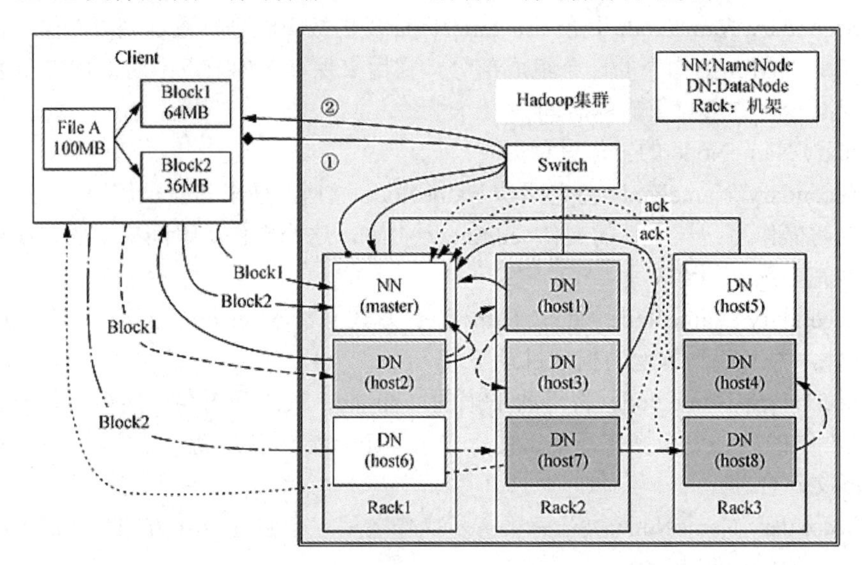

图 5-5 HDFS 客户端写操作原理

HDFS 的客户端写操作过程如下。

① 客户端 Client 通过 DFS 模块向 NameNode 请求上传文件(通过调用 distributedfilesystem.create()，在底层调用 dfsclient.create()，发送通知给 NameNode 创建文件)，NameNode 检查目标文件是否已存在以及父目录是否存在。

② 若目标文件存在以及父目录存在，NameNode 返回可以上传(获取输出流 dfsoutputstream 对象后就可以写数据，空文件时就会调用 clientprotocol.addblock 向 NameNode 申请一个数据块并返回 locatedblock，此对象包含该数据块的所有节点信息，后续即可往其中一个节点写数据)。

③ 客户端请求第一个 Block 上传到哪几个 DataNode 服务器上。

④ NameNode 根据副本存储节点选择规则(本地节点，其他机架一个节点，其他机架另一个节点)返回 3(默认副本数)个 DataNode 节点，假设分别为 DN1、DN2、DN3。

⑤ 客户端通过 fsdataoutputstream 对象请求 DN1 上传数据，DN1 收到请求会继续调用 DN2，然后 DN2 调用 DN3，将这个通信管道建立完成。

⑥ DN1、DN2、DN3 逐级应答客户端。

⑦ 客户端开始以 Packet 为单位往 DN1 上传第一个 Block(先从磁盘读取数据放到一个本地内存缓存)，DN1 收到一个 Packet 就会传给 DN2，DN2 传给 DN3，DN1 每传一个 Packet 就会放入一个应答(ack)队列等待应答。

⑧ 当一个 Block 传输完成之后，客户端再次请求 NameNode 上传第二个 Block 的服务器，重复执行③至⑦步，直至文件上传结束。

(2) HDFS 文件的客户端读操作.HDFS 的客户端读操作原理见图 5-6，HDFS 的读操作过程如下。

① 客户端通过 DFS 模块向 NameNode 请求下载文件(调用 distributedfilesystem.open 打开文件，底层调用 dfsclient.open，并创建 hdfsdatainputStream 输入流对象)，NameNode

通过查询元数据找到数据块所在的 DataNode 地址(通过调用 dfsclient.getblocklocations 获取数据块所在的 DataNode 节点列表)。

② 挑选一台数据块所在的 DataNode(就近原则，然后随机)服务器，请求读取数据。

③ DataNode 开始传输数据给客户端(从磁盘里面读取数据输入流，以 Packet 为单位做校验)。

④ 客户端以 Packet 为单位接收，先在本地缓存，然后写入目标文件。

⑤ 假如 Block 列表读取完了文件还未结束，那么 DFS 会从 NameNode 获取下一批的 Block 的列表，直至读取文件结束。

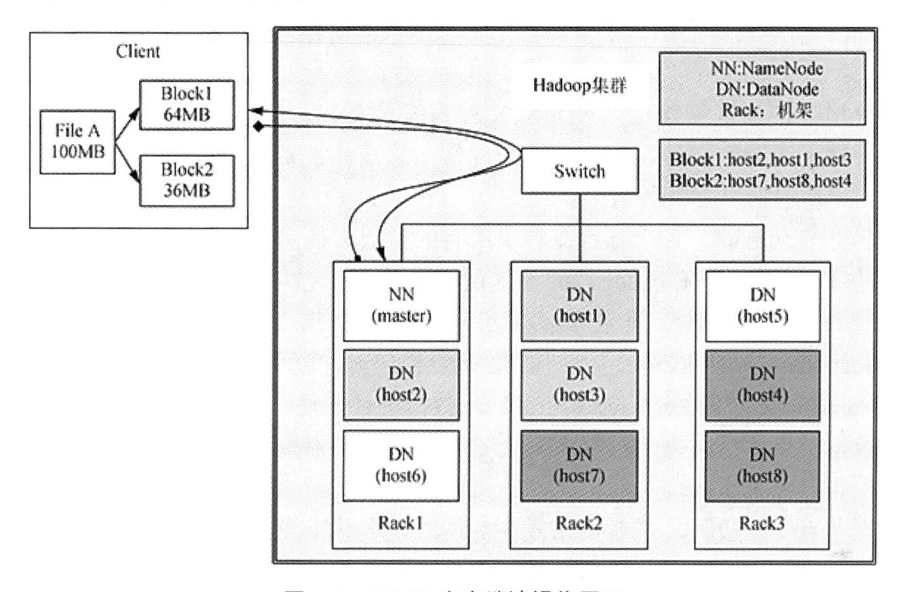

图 5-6　HDFS 客户端读操作原理

(3) HDFS 文件系统存储原理。

① 冗余数据保存。作为一个分布式文件系统，为了保证系统的容错性和可用性，HDFS 文件系统采用了多副本方式对数据进行冗余存储，通常一个数据块的多个副本会被分布到不同的数据节点上，这种多副本方式具有以下几个优点。

- 加快数据传输速度。
- 容易检查数据错误。
- 保证数据可靠性。

② 数据存放策略。

第一个副本：集群内提交放置在上传文件的数据节点；如果是集群外提交，则随机挑选一个磁盘不太满、CPU 不太忙的节点放置。

第二个副本：放置在与第一个副本不同的机架的节点上。

第三个副本：放置在与第一个副本相同机架的其他节点上。

多副本：放置在随机节点上。

③ 数据读取。HDFS 文件系统提供了一个 API 用于确定一个数据节点所属的机架 ID，客户端也可以调用 API 获取自己所属的机架 ID。

当客户端读取数据时，从名称节点获得数据块不同副本的存放位置列表，列表中包含了副本所在的数据节点，然后调用 API 来确定客户端和这些数据节点所属的机架 ID，当发现某个数据块副本对应的机架 ID 和客户端对应的机架 ID 相同时，就优先选择该副本读取数据，如果没有发现就随机选择一个副本读取数据。

④ 数据复制策略。HDFS 文件系统的数据复制采用了流水线复制的策略。文件的数据块向 HDFS 集群中的名称节点发起写请求，名称节点选择一个数据节点列表返回给客户端，同时把列表传给第一个数据节点，客户端把数据首先写入列表中的第一个数据节点，第一个数据节点接收到 4KB 数据时写入本地，并且向列表中的第二个节点发送连接请求，把 4KB 的数据和列表传给第二个节点，第二个节点的工作同第一个节点，依次到最后一个节点。

⑤ 数据错误与恢复策略。HDFS 文件系统具有较高的容错性，可以兼容廉价的硬件，它把硬件出错看作一种常态，而不是异常，并设计了相应的机制检测数据错误和进行自动恢复，主要包括以下几种情形。

- 名称节点出错。名称节点保存了所有的元数据信息，其中最核心的两大数据结构是 FsImage 和 EditLog，如果这两个文件发生损坏，那么整个 HDFS 实例将失效。因此，HDFS 设置了备份机制，把这些核心文件同步复制到备份服务器 Secondary NameNode 上。当名称节点出错时，就可以根据备份服务器 Secondary NameNode 中的 FsImage 和 EditLog 数据进行恢复。
- 数据节点出错。每个数据节点会定期向名称节点发送“心跳”信息，向名称节点报告自己的状态。

当数据节点发生故障，或者网络发生断网时，名称节点就无法收到来自一些数据节点的心跳信息，此时这些数据节点就会被标记为“宕机”，节点上面的所有数据都会被标记为“不可读”，名称节点就不会再给它们发送任何 I/O 请求。

这时，有可能出现一种情形，即由于一些数据节点的不可用导致一些数据块的副本数量小于冗余因子，名称节点会定期检查这种情况，一旦发现某个数据块的副本数量小于冗余因子，就会启动数据冗余复制，为它生成新的副本。

HDFS 和其他分布式文件系统的最大区别就是可以调整冗余数据的位置。

- 数据出错网络传输和磁盘错误等因素，都会造成数据错误。

客户端在读取到数据后，会采用 MD5 和 SHA1 对数据块进行校验，以确定读取到正确的数据。

在文件被创建时，客户端就会对每一个文件的数据块进行信息摘录，并把这些信息写入到同一个路径的隐藏文件里面。当客户端读取文件的时候，会先读取该信息文件，然后利用该信息文件对每个读取的数据块进行校验，如果校验出错客户端就会请求到另外一个数据节点读取该文件的数据块，并且向名称节点报告这个文件的数据块有错误，名称节点会定期检查并且重新复制这个文件数据块。

4. HDFS 文件系统相关技术

(1) 文件命名空间。HDFS 文件系统使用的系统结构是传统的层次结构。在做好相应的配置后，对于上层应用来说，就几乎可以当成是普通文件系统来看待，忽略 HDFS 文件

系统的底层实现。

(2) 权限管理。HDFS 文件系统支持文件权限控制，但是目前的支持相对不足。HDFS 文件系统采用了 UNIX 权限码的模式来表示权限，每个文件或目录都关联着一个所有者用户和用户组以及对应的权限码 RWX。

(3) 元数据管理。NameNode 是 HDFS 文件系统的元数据计算机，在其内存中保存着整个分布式文件系统的两类元数据：文件系统的命名空间，即系统目录树；数据块副本与 DataNode 的映射，即副本的位置。

(4) 单点故障问题。一旦 NameNode 失效，将导致整个 HDFS 文件系统集群无法正常工作，Secondary NameNode 可以部分解决这个问题。除了 Secondary NameNode，其他相对成熟的解决方案还有 Backup Node 方案、DRDB 方案、AvatarNode 方案等。

(5) 数据副本。HDFS 文件系统是用来为大数据提供可靠存储的，这些应用所处理的数据一般保存在大文件中。HDFS 文件系统存储文件时，会将文件分成若干个数据块，每个文件数据块又会按照文件的副本因子进行备份。

(6) 通信协议。HDFS 文件系统是应用层的分布式文件系统，节点之间的通信协议都是建立在 TCP/IP 协议之上的，参与通信的角色包括客户端(Client)、NameNode、SecondaryNamenode、DataNode，其中 SecondaryNamenode 只与 NameNode 交互，其余的三种角色之间可以相互交互。

HDFS 文件系统中各类角色间的通信属于进程间通信，主要还是依靠 RPC 接口，Hadoop RPC 接口主要是定义在 org.apache.hadoop.hdfs.server.protocol 和 org.apache.hadoop.hdfs.protocol 两个包中。其中主要包括以下几个接口。

① ClientProtocol：定义了客户端和 NameNode 之间的交互，客户端对文件系统的所有操作都需要通过这个接口；同时客户端读写文件等操作也需要先通过这个接口与 NameNode 协商，之后再进行数据的读出和写入。

② ClientDataNodeProtocol：客户端与 DataNode 之间的交互，该接口定义的方法主要用于客户端获取数据节点信息时调用，而真正进行数据读写交互的则是我们熟知的流式接口。

③ DataNodeProtocol：DataNode 通过这个接口与 NameNode 通信，同时 NameNode 会通过该接口中方法的返回值向 DataNode 下发指令。注意，这是 NameNode 与 DataNode 通信的唯一方式，DataNode 会通过这个接口向 NameNode 注册、汇报数据块的全量以及增量的存储情况；同时 NameNode 也会通过这个接口中的方法返回值，指挥 DataNode 执行诸如数据块复制、删除以及恢复等操作。

④ InterDataNodeProtocol：DataNode 之间的通信接口，主要用于数据块的恢复以及同步 DataNode 上存储的数据块副本的信息。

⑤ NameNodeProtocol：SecondaryNameNode 与 NameNode 之间的通信接口，因为引入了 HA 机制，checkpoint 操作不再由 SecondaryNameNode 执行，所以这个接口不太需要详细介绍。

⑥ 其他接口：主要包括安全相关的 RefreshAuthorizationPolicyProtocol、RefreshUserMappingsProtocol，HA 相关的接口 HAServiceProtocol 等。

5.2.3 HDFS 文件系统的局限性与高可用模式保障

1. HDFS 文件系统的局限性

(1) NameSpace 的限制。由于 NameNode 在内存中存储所有的元数据(Metadata)，因此单个 NameNode 所能存储的对象(文件+数据块)数目受到 NameNode 所在 JVM 的堆大小(Heap Size)的限制。

例如 50GB 的 Heap 能够存储 20 亿个对象，这 20 亿个对象支持 4000 个 DataNode，12PB 的存储(假设文件平均大小为 40MB)。随着数据的飞速增长，存储的需求也会随之增长，如单个 DataNode 会从 4TB 增长到 36TB，集群的大小会增长到 8000 个 DataNode，存储的需求会从 12PB 增长到大于 100PB 等。

(2) 性能的瓶颈。由于是单个 NameNode 的 HDFS 文件系统架构，因此整个 HDFS 文件系统的吞吐量受限于单个 NameNode 的吞吐量，毫无疑问这也将成为 MapReduce 的瓶颈。

(3) 文件隔离问题。由于 HDFS 文件系统仅有一个 NameNode，无法隔离各个程序，因此 HDFS 文件系统上的一个实验程序就很有可能影响整个 HDFS 文件系统上运行的所有程序。

(4) 集群的可用性。在只有一个 NameNode 的 HDFS 文件系统中，此 NameNode 的宕机无疑会导致整个集群不可用。

(5) NameSpace 和 Block Management 的紧密耦合。当前在 NameNode 中的 NameSpace 和 Block Management 组合的紧密耦合关系会导致如果想要实现另外一套 NameNode 方案比较困难，而且也限制了其他想要直接使用块存储的应用。

2. HDFS 文件系统的高可用模式

HDFS 文件系统的高可用(high availability，HA)是指 7*24 小时不中断服务，简单来说就是保障服务的不中断，能够在大规模的数据场景下确保系统稳定运行，减少突发故障可能带来的数据损失。Hadoop2.0 相对于 Hadoop1.0 而言主要解决了两个问题：单点故障问题和主节点压力过大、内存受限问题。

(1) 单点故障问题。实现高可用最关键的是消除单点故障——采用多个 NameNode，主备切换。HDFS 文件系统的 HA 就是通过双 NameNode 来防止单点故障问题，一旦主 NameNode 出现故障，可以迅速切换至备用的 NameNode。备用 NameNode 作为热备份，在机器发生故障时能够快速进行故障转移，同时在日常维护的时候进行 NameNode 切换。

(2) 主节点压力过大、内存受限问题。Hadoop2.0 采用联邦机制(Federation，元数据分片)解决这个问题，即使用多个 NameNode 管理不同的元数据池(一个 NameNode 节点只能管理一个命名空间)。Federation 即为“联邦”，该特性允许一个 HDFS 文件系统集群中存在多个 NameNode 同时对外提供服务，这些 NameNode 分管一部分目录(水平切分构成一个命名空间，联盟关系，不需要彼此协调)，彼此之间相互隔离，但共享底层的 DataNode 存储资源，数据节点向所有名称节点汇报，属于同一个命名空间的数据块构成一个“块池”(block pool)作为相应 NameNode 的公共资源。

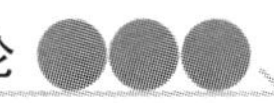

具体来说，就是 HDFS Federation 使用了多个独立的 NameNode/NameSpace 来使得 HDFS 文件系统的命名服务能够水平扩展，HDFS Federation 中的 NameNode 提供了命名空间和数据块管理功能，HDFS Federation 中的 DataNode 被所有的 NameNode 用作公共存储块的地方，每一个 DataNode 都会向所在集群中所有的 NameNode 注册，并且会周期性地发送心跳和数据块信息报告给 NameNode，同时处理来自 NameNode 的指令。

HDFS Federation 的访问方式可以汇总如下。

① 对于 Federation 中的多个命名空间，可以采用客户端挂载表的方式进行数据共享和访问。

② 客户可以访问不同的挂载表来访问不同的子命名空间。

③ 把各个命名空间挂载到全局挂载表(mount-table)中，实现数据全局共享。

④ 同样的命名空间挂载到个人的挂载表中，就成为应用程序可见的命名空间。

5.2.4 HDFS 文件系统操作实例——shell 命令

Hadoop 提供了文件系统的 shell 命令行客户端，客户端命令行使用方法如下。

```
hadoop fs <args>
```

文件系统 shell 包括与 Hadoop 分布式文件系统(HDFS)以及 Hadoop 支持的其他文件系统(如本地 FS、HFTP FS、S3 FS 等)直接交互的各种 shell 命令。所有文件系统的 shell 命令都将路径 URI 作为参数，URI 格式为 scheme://authority/path。

对于 HDFS，该 scheme 是 hdfs，对于本地 FS，该 scheme 是 file，scheme 和 authority 是可选的。

基本语法：

方式一：hadoop fs 具体命令

方式二：hadoop dfs 具体命令

fs 涉及的是一个通用文件系统，可以指向任何的文件系统，如 local、HDFS 等，但是 dfs 仅是针对 HDFS 文件系统的。比如 fs 可以在本地与 Hadoop 分布式文件系统的交互操作中使用，特定的 dfs 指令则只与 HDFS 文件系统有关，即分布式环境情况下 fs 与 dfs 并无区别，但在本地环境中 fs 才是本地文件，dfs 就不能用了。

注意：hdfs dfs 命令与 hadoop dfs 命令作用相同，更为推荐使用 hdfs dfs 命令，因为 hadoop dfs 命令使用时内部会转换为 hdfs dfs 命令。

1. HDFS 查看命令

```
hdfs dfs
usage:hadoop fs [generic options]
    [-AppendToFile <localsrc> ... <dst>]
    [-cat [-ignoreCrc] <src> ...]
    [-checksum <src> ...]
    [-chgrp [-R] GROUP PATH...]
    [-chmod [-R] <MODE[,MODE]... | OCTALMODE> PATH...]
    [-chown [-R] [OWNER][:[GROUP]] PATH...]
```

```
    [-copyFromLocal [-f] [-p] <localsrc> ... <dst>]
    [-copyToLocal [-p] [-ignoreCrc] [-crc] <src> ... <localdst>]
    [-count [-q] <path> ...]
    [-cp [-f] [-p] <src> ... <dst>]
    [-createSnapshot <snapshotDir> [<snapshotName>]]
    [-deleteSnapshot <snapshotDir><snapshotName>]
    [-df [-h] [<path> ...]]
    [-du [-s] [-h] <path> ...]
    [-expunge]
    [-get [-p] [-ignoreCrc] [-crc] <src> ... <localdst>]
    [-getmerge [-nl] <src><localdst>]
    [-help [cmd ...]]
    [-ls [-d] [-h] [-R] [<path> ...]]
    [-mkdir [-p] <path> ...]
    [-moveFromLocal <localsrc> ... <dst>]
    [-moveToLocal <src><localdst>]
    [-mv <src> ... <dst>]
    [-put [-f] [-p] <localsrc> ... <dst>]
    [-renameSnapshot <snapshotDir><oldName><newName>]
    [-rm [-f] [-r|-R] [-skipTrash] <src> ...]
    [-rmdir [--ignore-fail-on-non-empty] <dir> ...]
    [-setrep [-R] [-w] <rep><path> ...]
    [-stat [format] <path> ...]
    [-tail [-f] <file>]
    [-test -[defsz] <path>]
    [-Text [-ignoreCrc] <src> ...]
    [-touchz <path> ...]
    [-usage [cmd ...]]
```

2. HDFS 其他基本操作

(1) 创建目录。

```
hdfs dfs -mkdir /user
hdfs dfs -mkdir /user/<username>
```

在 HDFS 文件系统中创建一个名为 path 的目录，如果它的上级目录不存在也会被同时创建，如同 Linux 中的 mkidr –p。

```
hdfs dfs -mkdir -p /user/file
```

(2) 将本地文件或目录(如/home/grid/redis-2.8.12.tar.gz)上传到 HDFS 文件系统中的路径(/user/file)。

```
hdfs dfs -put /home/grid/redis-2.8.12.tar.gz /user/file
hdfs dfs -put etc/Hadoop input
```

(3) 将文件或目录从 HDFS 文件系统中的路径(/user/file/redis-2.8.12.tar.gz)复制到本地文件路径(/user/local)。

```
hdfs dfs -get /user/file/redis-2.8.12.tar.gz /user/local
```

(4) 查看目录下内容，包括文件名、权限、所有者、大小和修改时间。

```
hdfs dfs -ls /user/file
```

(5) 与 ls 相似，但递归地显示子目录下的内容。

```
hdfs dfs -ls  -R /user/file
```

(6) 显示 path 下所有文件磁盘使用情况，用字节大小表示，文件名用完整的 HDFS 协议前缀表示。

```
hdfs dfs -du /user/file
```

(7) 与-du 相似，但它还显示全部文件或目录磁盘使用情况。

```
hdfs dfs -du -s /user/file
```

(8) 在 HDFS 文件系统中，将文件或目录从 HDFS 文件的源路径移动到目标路径。

```
hdfs dfs -mv /user/file/redis-2.8.12.tar.gz /user
```

(9) 在 HDFS 文件系统中，将/user/redis-2.8.12.tar.gz 文件或目录复制到/user/file。

```
hdfs dfs -cp /user/redis-2.8.12.tar.gz /user/file
```

(10) 删除一个文件或目录。

```
hdfs dfs -rm -skipTrash /user/redis-2.8.12.tar.gz
```

(11) 删除一个文件或递归删除目录

```
hdfs dfs -rmr -skipTrash /user/redis-2.8.12.tar.gz
```

3. HDFS 其他扩展操作

(1) 显示文件内容到标准输出上。

```
hdfs dfs -cat /user/file/test.txt
```

(2) 创建一个文件。时间戳为当前时间，如果文件本就存在则失败，除非原文件长度为 0。

```
hdfs dfs -touchz /user/file/test.txt
```

(3) 显示文件所占块数(%b)、文件名(%n)、块大小(%n)、复制数(%r)、修改时间(%y%Y)。

```
hdfs dfs -stat /user/file/file
```

(4) 显示文件最后的 1KB 内容到标准输出。

```
hdfs dfs -tail /user/file/test.txt
```

(5) 显示 cmd 命令的使用信息，你需要把命令的〝-〞去掉。

```
hdfs dfs -help tail
```

(6) 统计文件(夹)数量。

```
hdfs dfs -count /user
hadoop jar share/hadoop/mapreduce/hadoop-mapreduce-examples-2.8.0.jar
grep input output 'dfs[a-z.]+¡®
hdfs dfs -get output output
```

5.2.5 MapReduce

1. MapReduce 定义

MapReduce 是一种计算模型，用以进行大数据量的计算。其中：Map(映射)对数据集上的独立元素进行指定的操作，生成“键—值”对(Key-Value Pair)形式的中间结果；Reduce(归约)则对中间结果中相同“键”的所有“值”进行归约，以得到最终结果。即，MapReduce 实现了两个功能：Map 把一个函数应用于集合中的所有成员，然后返回一个基于该处理的结果集；Reduce 则是对多个进程或者独立系统并行执行，将多个 Map 的处理结果集进行分类和归纳。MapReduce 这样的功能划分，非常适合在大量计算机组成的分布式并行环境中进行数据处理。

MapReduce 有以下几个特点。

(1) 易于使用。MapReduce 将程序员与系统层细节隔离开来，即使是对于完全没有接触过分布式程序的程序员来说也能很容易地掌握。

(2) 良好的伸缩性。每增加一台服务器，就能将该服务器的计算能力接入到集群中，并且 MapReduce 集群的构建大多选用价格便宜、易于扩展的低端商用服务器。

(3) 大规模数据处理。应用程序可以通过 MapReduce 在 1000 个以上节点的大型集群上运行。

2. MapReduce 处理机制

举例：统计 54 张扑克牌中有多少张♠？

最直观的做法：自己从 54 张扑克牌中一张一张地分辨并数出 13 张♠。

MapReduce 的做法及步骤如下。

Step1：给在座的所有牌友(比如 4 个人)尽可能地平均分配这 54 张牌。

Step2：让每个牌友数自己手中的牌有几张是♠，比如老张是 3 张，老李是 5 张，老王是 1 张，老蒋是 4 张，然后每个牌友把♠的数目分别汇报给你。

Step3：你把所有牌友的♠数目加起来，得到最后的结论：一共 13 张♠。

这个例子告诉我们，MapReduce 的两个主要功能是 Map(发牌)和 Reduce(分别计算和汇总)。

Client：你。

Map：把统计♠数目的任务分配给每个牌友分别计数，并记录所发出的牌的情况。

Reduce：每个牌友不需要把♠牌递给你，而是让他们把各自的♠数目告诉你。

你来汇总。

因此，MapReduce 的处理过程见图 5-7。

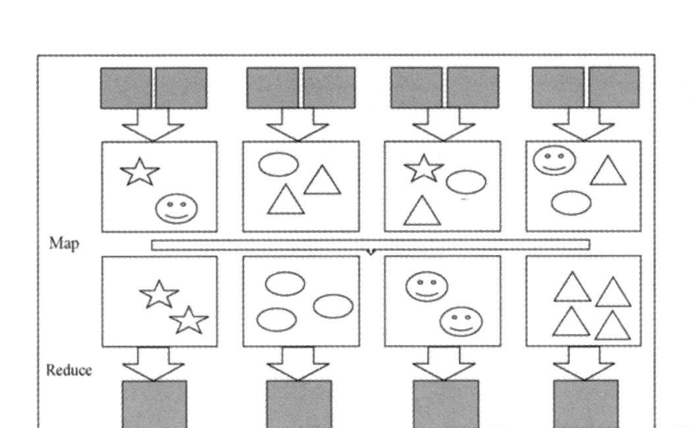

图 5-7　MapReduce 的处理过程

MapReduce 的处理过程大致可以描述为以下几个步骤。

Step1：输入数据(HDFS 文件)。通过 Split(分片)的方式，HDFS 文件被分发到各个节点上(“片/块”是 Map 任务最小的输入单位)。分片是在文件基础上衍生出来的概念，可通俗地理解成一个文件可以切分为多少个片段，每个片段包括了文件名、开始位置、长度、位于哪些主机等信息。

Step2：每个 Map 任务处理一个 Split 分片数据。

Step3：Map 任务输出中间数据，写入本地磁盘。该中间结果由 Reduce 任务处理后才产生最终输出结果，而且一旦作业完成，Map 的输出结果就可以删除。

Step4：将 Map 输出作为输入传给 Reducer 的过程称为 Shuffle(Shuffle 意为洗牌，一般包含本地化混合、分区、排序、复制及合并等)，在 Shuffle 过程中节点之间进行数据交换。

Step5：拥有同样 Key 值的中间数据，即键值对，被送到同样的 Reduce 任务中。

Step6：Reduce 执行任务后，输出结果存储到 HDFS 文件中。

其中，前 4 步为 Map 过程，后 2 步为 Reduce 过程。

3. MapReduce 架构

MapReduce 架构同 HDFS 文件系统一样，也采用了主/从(Master/Slave，M/S)架构，如图 5-8 所示，它主要由以下几个组件组成：Client、JobTracker、TaskTracker 和 Task。

- Client：用户编写的 MapReduce 程序通过 Client 提交到 JobTracker 端，同时用户可以通过 Client 提供的一些 API 接口查看作业运行状态。在 Hadoop 内部用“作业”(Job，客户端需要执行的一个工作单元，包括：输入数据、MapReduce 程序和配置信息)表示 MapReduce 程序，一个 MapReduce 程序可以对应若干个作业，而每个作业被分解成若干个 Map/Reduce 任务(Task)。
- JobTracker：主要负责资源监控和作业调度。JobTracker 监控所有 TaskTracker 和作业的健康状况，一旦发现失败情况后会将相应的任务转移到其他节点；同时 JobTracker 会跟踪任务的执行进度、资源使用量等信息，并将这些信息告诉给任务调度器，而任务调度器会在某些资源出现空闲时选择合适的任务使用这些资源。在 Hadoop 中，任务调度器(如 Yarn 中的先进先出调度器、容量调度器、公平调度器)是一个可插拔的模块，用户可以根据自己的需要设计相应的调度器。

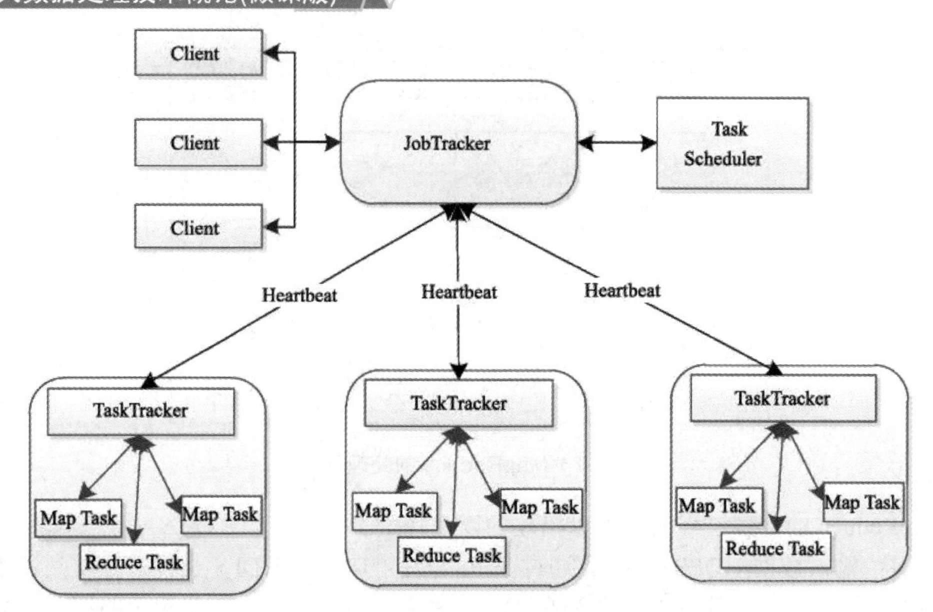

图 5-8　MapReduce 架构

- TaskTracker：它周期性地通过心跳(Heartbeat)将本节点上资源的使用情况和任务的运行进度汇报给 JobTracker，同时接收 JobTracker 发送过来的命令并执行相应的操作(例如启动新任务、杀死任务等)。

TaskTracker 使用任务槽(Slot，Hadoop 的资源单位)等量划分本节点计算资源(CPU、内存等)的数量分配。一个 Task 获取到一个 Slot 后才有机会运行，而 Hadoop 任务调度器所起的作用就是将各个 TaskTracker 上的空闲 Slot 分配给 Task 使用。Slot 分为 Map Slot 和 Reduce Slot 两种，分别提供给 MapTask 和 ReduceTask 使用，TaskTracker 通过 Slot 数目限定 Task 的并发度。

- Task：再次强调，HDFS 文件以固定大小的 Block 为基本单位存储数据，而对于 MapReduce 而言其处理基本单位是分片(Split)。分片是一个逻辑概念，它只包含一些元数据信息，比如数据起始位置、数据长度、数据所在节点等，它的划分方法完全由用户自己决定，但是建议 Split 分片的划分大小与 HDFS 文件系统的 Block 大小一致。

需要注意的是，Split 的多少决定了 MapTask 的数目，因为每个 Split 会交由一个 MapTask 处理。

Task 分为 MapTask 和 ReduceTask 两种，均由 TaskTracker 启动。

(1) MapTask 工作过程。整个 MapTask 工作过程分为读(Read)阶段，映射(Map)阶段，收集(Collect)阶段，溢写(Spill)阶段和合并(Combine)阶段。

① 读阶段：MapTask 通过用户编写的 RecordReader，从输入 InputSplit 中解析出一个个 Key/Value。

② 映射阶段：该节点主要是将解析出的 Key/Value 交给用户编写 map 函数处理，并产生一系列新的 Key/Value。

③ 收集阶段：在用户编写 map 函数中，当数据处理完成后一般会调用

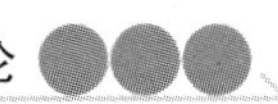

OutputCollector.collect()输出结果。在该函数内部，它会将生成的 Key/Value 分区(调用 Partitioner)，并写入一个环形内存缓冲区中。

④ 溢写阶段：当环形缓冲区满后，MapReduce 会将数据写到本地磁盘上，生成一个临时文件。需要注意的是，将数据写入本地磁盘之前，先要对数据进行一次本地排序，并在必要时对数据进行合并、压缩等操作。

⑤ 合并阶段：当所有数据处理完成后，MapTask 对所有临时文件进行一次合并，以确保最终只会生成一个数据文件。

这里特别需要强调以下两个问题。

- 洗牌(Shuffle)。Map 方法之后、Reduce 方法之前的数据处理过程称之为洗牌(Shuffle)，系统将 Map 输出作为输入传给 Reducer 的过程，是 MapReduce 的核心部分，优化过程主要就是从洗牌处入手。

  洗牌处理流程如下。

  Step1：MapTask 收集 map()方法输出的 Key-Value 对，放到环形缓冲区中。

  Step2：从环形缓冲区不断溢写到本地磁盘文件，可能会溢写多个文件。

  Step3：多个溢写文件会被合并成大的溢写文件。

  Step4：在溢写过程及合并的过程中，都要调用 Partitioner 进行分区和针对 Key 进行排序。

  Step5：ReduceTask 根据自己的分区号，去各个 MapTask 机器上取相应的结果分区数据。

  Step6：ReduceTask 将取到的来自同一个分区不同 MapTask 的结果文件进行归并排序。

  Step7：合并成大文件后，洗牌过程也就结束了，进入 reduce 方法。
- 合并(Combine)与归并(Merge)的区分。例如有两个键值对<〝a〞,1>和<〝a〞,1>：如果合并，会得到<〝a〞,2>，如果归并，会得到<〝a〞,<1,1>>。

(2) ReduceTask 工作过程。整个 ReduceTask 分为复制(Copy)阶段，归并(Merge)阶段，排序(Sort)阶段(Merge 和 Sort 可以合并为一个)，归约(Reduce)阶段。

① 复制阶段：ReduceTask 从各个 MapTask 上远程复制一块数据，如果某一块数据其大小超过一定阈值，则写到磁盘上，否则直接放到内存中。

② 归并阶段：在远程复制数据的同时，ReduceTask 启动了两个后台线程分别对内存和磁盘上的文件进行合并，以防止内存使用过多或磁盘上文件过多。

③ 排序阶段：按照 MapReduce 语义，用户编写 reduce 函数输入数据是按 Key 进行聚集的一组数据。为了将 Key 相同的数据聚在一起，Hadoop 采用了基于排序(默认算法为快速排序)的策略。由于各个 MapTask 已经实现对自己的处理结果进行局部排序，因此，ReduceTask 只需对所有数据进行一次归并排序即可。

④ 归约阶段：reduce 函数将计算结果写到 HDFS 文件上。

4. MapReduce 实例-WordCount

运行环境有以下几类。

- Linux Ubuntu 14.0。

- jdk-7u75-Linux-x64。
- Hadoop-2.6.0-cdh5.4.5。
- Hadoop-2.6.0-eclipse-cdh5.4.5.jar。
- eclipse-Java-juno-SR2-Linux-gtk-x86_64。

在 Java main()主函数中新建一个 Job 对象，由 Job 对象负责管理和运行 MapReduce 的一个计算任务，并通过 Job 的一些方法对任务的参数进行相关的设置。本实例的设置使用继承 Mapper 的 doMapper 类完成 Map 过程中的处理和使用 doReducer 类完成 Reduce 过程中的处理，还设置了 Map 过程和 Reduce 过程的输出类型：Key 的类型为 Text，Value 的类型为 IntWritable。任务的输出和输入路径则由字符串指定，并由 FileInputFormat 和 FileOutputFormat 分别设定。完成相应任务的参数设定后，即可调用 job.waitForCompletion()方法执行任务，其余的工作都交由 MapReduce 框架处理。

(1) MapReduce 框架的作业运行流程。

① ResourceManager：是 Yarn 资源控制框架的中心模块，负责集群中所有资源的统一管理和分配。它接收来自 NM(NodeManager)的汇报，建立 AM(ApplicationMaster)，并将资源派送给 AM。

② NodeManager：简称 NM，NodeManager 是 ResourceManager 在每台机器上的代理，负责容器管理并监控它们的资源使用情况(CPU、内存、磁盘及网络等)，以及向 ResourceManager 提供这些资源使用报告。

③ ApplicationMaster：以下简称 AM，是特定计算框架的一个实例。Yarn 中每个应用都会启动一个 AM，负责向 RM 申请资源，请求 NM 启动 Container，并告诉 Container 做什么事情。

④ Container：资源容器，Container 是 Yarn 中资源的抽象，它封装了某个节点上一定量的资源(CPU 和内存两类资源)，Yarn 中所有的应用都是在 Container 之上运行的。Container 由 ApplicationMaster 向 ResourceManager 申请，由 ResouceManager 中的资源调度器以异步方式分配给 ApplicationMaster；Container 的运行是由 ApplicationMaster 向资源所在的 NodeManager 发起的，Container 运行时需提供内部执行的任务命令(可以是任何命令，比如 Java、Python、C++进程启动命令均可)以及该命令执行所需的环境变量和外部资源(比如词典文件、可执行文件、jar 包等)。

另外，一个应用程序所需的 Container 分为以下两大类。

- 运行 ApplicationMaster 的 Container：这是由 ResourceManager(内部的资源调度器)申请和启动的，用户提交应用程序时可指定唯一的 ApplicationMaster 所需的资源。
- 运行各类任务的 Container：这是由 ApplicationMaster 向 ResourceManager 申请的，并且是为了 ApplicationMaster 与 NodeManager 通信而启动的。

以上两类 Container 可能在任意节点上，它们的位置通常而言是随机的，即 ApplicationMaster 可能与它管理的任务运行在同一个节点上。

(2) 案例详解。

案例背景：采用某电商网站用户对商品的收藏数据集，记录了用户收藏的商品 id 以及收藏日期，名为 buyer_favorite1。

任务：编写 MapReduce 程序(WordCount)，统计文件中单词出现的个数。

问题思路：将 HDFS 文件中的文本作为输入，MapReduce 通过 InputFormat 会将文本进行切片处理，并将每行的首字母相对于文本文件的首地址的偏移量作为输入键值对的 Key，文本内容作为输入键值对的 Value，经过在 map 函数处理输出中间结果如<word,1>的形式，并在 reduce 函数中完成对每个单词的词频统计。

buyer_favorite1 包含：买家 id，商品 id，收藏日期这三个字段，数据以\t 分割，样本数据及格式如下：

view plain "copy

买家 id	商品 id	收藏日期
10181	1000481	2020-04-04 16:54:31
20001	1001597	2020-04-07 15:07:52
20001	1001560	2020-04-07 15:08:27
20042	1001368	2020-04-08 08:20:30
20067	1002061	2020-04-08 16:45:33
20056	1003289	2020-04-12 10:50:55
20056	1003290	2020-04-12 11:57:35
20056	1003292	2020-04-12 12:05:29
20054	1002420	2020-04-14 15:24:12
20055	1001679	2020-04-14 19:46:04
20054	1010675	2020-04-14 15:23:53
20054	1002429	2020-04-14 17:52:45
20076	1002427	2020-04-14 19:35:39
20054	1003326	2020-04-20 12:54:44
20056	1002420	2020-04-15 11:24:49
20064	1002422	2020-04-15 11:35:54
20056	1003066	2020-04-15 11:43:01
20056	1003055	2020-04-15 11:43:06
20056	1010183	2020-04-15 11:45:24
20056	1002422	2020-04-15 11:45:49
20056	1003100	2020-04-15 11:45:54
20056	1003094	2020-04-15 11:45:57
20056	1003064	2020-04-15 11:46:04
20056	1010178	2020-04-15 16:15:20
20076	1003101	2020-04-15 16:37:27
20076	1003103	2020-04-15 16:37:05
20076	1003100	2020-04-15 16:37:18
20076	1003066	2020-04-15 16:37:31
20054	1003103	2020-04-15 16:40:14
20054	1003100	2020-04-15 16:40:16

编写 MapReduce 程序，统计每个买家收藏商品数量。

统计结果数据如下：

买家 id 商品数量

10181 1

20001 2

20042 1

20054 6

20055 1

20056 12

20064 1

20067 1

20076 5

实施步骤如下：

Step1：切换目录到/Apps/Hadoop/sbin 下，启动 Hadoop。

```
cd /apps/hadoop/sbin
./start-all.sh
```

Step2：在 Linux 上，创建一个目录/data/mapreduce1。

```
mkdir -p /data/mapreduce1
```

Step3：切换到/data/mapreduce1 目录下，使用 wget 命令从网址 http://10.51.46.104:60000/allfiles/mapreduce1/buyer_favorite1 下载文本文件 buyer_favorite1。

```
cd /data/mapreduce1
wget  http://10.51.46.104:60000/allfiles/mapreduce1/buyer_favorite1
```

依然在/data/mapreduce1 目录下，使用 wget 命令，从

http://10.51.46.104:60000/allfiles/mapreduce1/hadoop2lib.tar.gz 下载项目要用到的依赖包。

```
wget  http://10.51.46.104:60000/allfiles/mapreduce1/hadoop2lib.tar.gz
```

将 hadoop2lib.tar.gz 解压到当前目录下。

```
tar -xzvf hadoop2lib.tar.gz
```

Step4：将 Linux 本地/data/mapreduce1/buyer_favorite1，上传到 HDFS 文件系统上的/mymapreduce1/in 目录下。若 HDFS 目录不存在，需提前创建。

```
hadoop fs -mkdir -p /mymapreduce1/in
hadoop fs -put /data/mapreduce1/buyer_favorite1 /mymapreduce1/in
```

Step5：打开 Eclipse，新建 Java Project 项目，并将项目名设置为 mapreduce1。

Step6：在项目名 mapreduce1 下，新建 package 包，并将包命名为 mapreduce 。

Step7：在创建的包 mapreduce 下，新建类，并将类命名为 WordCount。

Step8：添加项目所需依赖的 jar 包，右击项目名，新建一个目录 hadoop2lib，用于存

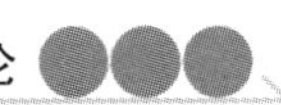

放项目所需的 jar 包。

将 Linux 上/data/mapreduce1 目录下，hadoop2lib 目录中的 jar 包，全部复制到 eclipse 中，mapreduce1 项目的 hadoop2lib 目录下。

选中 hadoop2lib 目录下所有的 jar 包，右击 build path(构建路径)→add to build path(添加到构建路径)。

Step9：编写 Java 代码，并描述其设计思路。

整个程序代码主要包括两部分：Mapper 部分和 Reducer 部分。

Mapper 有 setup()、map()、cleanup()和 run()四个方法。其中，setup()一般是用来进行一些 map()前的准备工作，map()则一般承担主要的处理工作，cleanup()则是收尾工作如关闭文件或者执行 map()后的 Key-Value 分发等，run()方法提供了 setup→map→cleanup()的执行模板。

Mapper 代码：

```
public static class doMapper extends Mapper<Object, Text, Text, IntWritable>{
//第一个 Object 表示输入 Key 的类型；第二个 Text 表示输入 Value 的类型；第三个 Text 表示表示输出键的类型；第四个 IntWritable 表示输出值的类型
public static final IntWritable one = new IntWritable(1); //整型对象，用于计数
        public static text word = new text();
        @Override
        protected void map(Object key, Text value, Context context)
                    throws IOException, InterruptedException //抛出异常
{
        StringTokenizer tokenizer = new StringTokenizer(value.toString(),"\t");
        //StringTokenizer 是 Java 工具包中的一个类，用于将字符串进行拆分
        word.set(tokenizer.nextToken());//返回当前位置到下一个分隔符之间的字符串
        context.write(word, one);//将 word 存到容器中，标记一个数 one，并把 Map 阶段处理的数据发送给 Reduce 阶段作为输入数据，同一个 word 对应的 K-V 对都会被收集到同一个 Reducer 上。
        }
```

在 map 函数中有三个参数，前面两个 Object key，Text value 就是输入的 Key 和 Value，第三个参数 Context context 可以记录输入的 Key 和 Value，例如 context.write(word,one)；此外 Context 还会记录 Map 运算的状态。Map 阶段采用 Hadoop 的默认的作业输入方式，把输入的 Value 用 StringTokenizer()方法截取出的买家 id 字段设置为 Key，设置 Value 为 1，然后直接输出<key,value>。

Reducer 代码

```
public static class doReducer extends Reducer<Text, IntWritable, Text, IntWritable>{
//参数同 Map 一样，依次表示是输入键类型、输入值类型、输出键类型、输出值类型
private IntWritable result = new IntWritable();
        @Override
        protected void reduce(Text key, Iterable<IntWritable> values, Context context)
    throws IOException, InterruptedException {
```

```
    int sum = 0;
    for (IntWritable value : values) {
    sum += value.get();
    }
    //for 循环遍历，将得到的 value 值累加
    result.set(sum);
    context.write(key, result);
    }
    }
```

Map 输出的<key,value>先要经过 Shuffle 过程把相同 Key 值的所有 Value 聚集起来形成<key,values>后交给 Reduce 端。Reduce 端接收到<key,values>之后，将输入的 Key 直接复制给输出的 Key，用 for 循环遍历 value 并求和，求和结果就是 Key 值代表的单词出现的总次数，将其设置为 Value，直接输出<key,value>。

完整代码如下：

```
package mapreduce;
import java.io.IOException;
import java.util.StringTokenizer;
import org.apache.hadoop.fs.Path;
import org.apache.hadoop.io.IntWritable;
import org.apache.hadoop.io.Text;
import org.apache.hadoop.mapreduce.Job;
import org.apache.hadoop.mapreduce.Mapper;
import org.apache.hadoop.mapreduce.Reducer;
import org.apache.hadoop.mapreduce.lib.input.FileInputFormat;
import org.apache.hadoop.mapreduce.lib.output.FileOutputFormat;
public class WordCount {
    public static void main(String[] args) throws IOException,
ClassNotFoundException, InterruptedException {
        Job job = Job.getInstance();
        job.setjobname("WordCount");
        job.setjarbyclass(WordCount.class);
        job.setmapperclass(doMapper.class);
        job.setreducerclass(doReducer.class);
        job.setoutputkeyclass(Text.class);
        job.setoutputvalueclass(IntWritable.class);
        Path in = new
Path("hdfs://localhost:9000/mymapreduce1/in/buyer_favorite1");
        Path out = new Path("hdfs://localhost:9000/mymapreduce1/out");
        FileInputFormat.addinputpath(job, in);
        FileOutputFormat.setoutputpath(job, out);
        System.exit(job.waitforcompletion(true) ? 0 : 1);
    }
    public static class doMapper extends Mapper<Object, Text, Text,
IntWritable>{
        public static final IntWritable one = new IntWritable(1);
        public static Text word = new Text();
        @Override
        protected void map(Object key, Text value, Context context)
```

```
                throws IOException, InterruptedException {
            StringTokenizer tokenizer = new
StringTokenizer(value.toString(), "\t");
                word.set(tokenizer.nextToken());
                context.write(word, one);
        }
    }
    public static class doReducer extends Reducer<Text, IntWritable, Text,
IntWritable>{
        private IntWritable result = new IntWritable();
        @Override
        protected void reduce(Text key, Iterable<IntWritable> values,
Context context)
        throws IOException, InterruptedException {
        int sum = 0;
        for (IntWritable value : values) {
        sum += value.get();
        }
        result.set(sum);
        context.write(key, result);
        }
    }
}
```

⑩ 在 WordCount 类文件中，右击选择 run as→run on hadoop 选项，将 MapReduce 任务提交到 Hadoop 中。

待执行完毕后，打开终端或使用 Hadoop Eclipse 插件，查看 HDFS 文件系统上程序输出的实验结果。

```
hadoop fs -ls /mymapreduce1/out
hadoop fs -cat /mymapreduce1/out/part-r-00000
```

5.2.6 Hadoop 排序

数据排序是许多实际任务在执行时要完成的第一项工作，比如学生成绩评比、数据建立索引等，是先对原始数据进行初步处理以提高程序的地址寻址效率，为进一步的数据操作打好基础。Hadoop 集群的数据处理能力是其显著特色，而排序是 MapReduce 框架中最重要的操作之一，不管逻辑上是否需要该操作，任何应用程序的数据都会被排序，这是 Hadoop 的默认行为。MapTask 和 ReduceTask 都会对数据按照 Key 进行排序，默认是按照字典顺序排序，且实现该排序的方法是快速排序。

传统的串行排序算法设计成并行的排序算法时通常会想到分而治之的策略，即把要排序的数据划成 M 个数据块(可以用 Hash 的方法做到)，然后每个 MapTask 对一个数据块进行局部排序，之后由一个 ReduceTask 对所有数据进行全排序。然而，这种设计思路可以保证在 Map 阶段并行度很高，但在 Reduce 阶段却完全没有并行，所以 MapReduce 框架的排序采用了环形缓冲区(Circular Buffer)技术。

环形缓冲区(Ring Buffer)，也称作环形队列(Circular Queue)、循环缓冲区(Cyclic

Buffer)，环形缓冲区是一种数据结构，用于表示一个固定大小、头尾相连的缓冲区，适合缓存数据流，环形缓冲区的一个有用特性是当一个数据元素被用掉后，其余数据元素不需要移动其存储位置。

- 对于 MapTask，它会将处理的结果暂时放到环形缓冲区中，当环形缓冲区使用率到达一定阈值后，再对缓冲区中的数据进行一次快速排序，并将这些有序数据溢写到磁盘上，而当数据处理完毕后，它会对磁盘上所有文件进行归并排序。
- 对于 ReduceTask，它从每个 MapTask 上远程复制相应的数据文件，如果文件大小超过一定阈值，则溢写到磁盘上，否则存储在内存中；如果磁盘上文件数目达到一定阈值，则进行一次归并排序以便生成一个更大的文件；如果内存中文件大小或者数据超过一定阈值，则进行一次合并后将数据溢写到磁盘上。当所有数据复制完毕后，ReduceTask 统一对内存和磁盘上的所有数据进行一次归并排序。

1. Hadoop 排序思想

1TB 排序通常用于衡量分布式数据处理框架的数据处理能力，TeraSort 就是 Hadoop 中的一个标准排序作业。Hadoop 的 TeraSort 排序算法主要由 4 步组成：抽样→设置分割点→MapTask 对数据记录做标记→ReduceTask 进行局部排序，过程见表 5-1。

表 5-1　Hadoop 的数据排序

序号	步骤名称	具体操作
1	抽样	对等待排序的海量数据进行抽样
2	设置分割点	对抽样数据进行排序，产生断点，以便进行数据分割
3	Map	对输入的数据计算所处断点位置并将数据发给对应 ID 的 Reduce
4	Reduce	Reduce 将获得的数据进行局部排序后输出

根据表 5-1，数据抽样在 JobClient 端进行，首先从输入数据中抽取一部分数据，将这些数据进行排序，然后将它们划分成 *R* 个数据块，找出每个数据块的数据上限和下限(称为分割点或断点)，并将这些分割点保存到分布式缓存中。

(1) 在映射(Map)阶段，每个 MapTask 首先从分布式缓存中读取分割点，并对这些分割点以数组形式建立 Trie 树(两层词典查找树，树的叶子节点上保存有该节点对应的 ReduceTask 编号)，然后正式开始处理数据，对于每条数据在 Trie 树中查找它所属的 ReduceTask 的编号，并保存起来。

(2) 在归约(Reduce)阶段，每个 ReduceTask 从每个 MapTask 中读取其对应的数据进行局部排序，最后将 ReduceTask 处理后的结果按 ReduceTask 编号依次输出。

2. TeraSort 算法关键点

(1) 抽样。Hadoop 自带了很多数据抽样工具，包括 IntercalSmapler、RandomSampler、SplitSampler 等(具体见 org.Apache.Hadoop.mapred.lib)。

抽样举例如下：

抽样数据条数：sampleSize=conf.getLong(〝terasort.partitions.sample〞, 100000);

选取的 Split 个数：samples=Math.min(10,Splits.length);

每个 Split 提取的数据条数：recordsPerSample=sampleSize/samples;

Splits 是所有 Split 组成的数组。

(2)设置分割点。对抽样的数据进行全排序，将获取的“分割点”写到二进制文件文件_partition.lst 中，并将它存放到分布式缓存区中。

举例说明：比如，抽样数据为 b、abc、abd、bcd、abcd、efg、hii、afd、rrr、mnk，经排序后，得到：abc、abcd、abd、afd、b、bcd、efg、hii、mnk、rrr。如果 ReduceTask 个数为 4，则分割点为：abd、bcd、mnk。

(3) MapTask 对数据记录做标记。每个 MapTask 从文件_partition.lst 读取分割点，并创建 Trie 树(假设是 2-Trie，即组织利用前两个字节)。

MapTask 从 Split 中一条一条地读取数据，并通过 Trie 树查找每条记录所对应的 ReduceTask 编号。比如：abd 对应第二个 ReduceTask，mnk 对应第四个 ReduceTask。

(4) ReduceTask 进行局部排序。每个 ReduceTask 进行局部排序，依次输出结果。

5.2.7　Yarn 工作机制

Yarn 框架是 Hadoop 的资源管理器，负责为运算程序提供服务器运算资源，相当于一个分布式的操作系统平台，而 MapReduce 等运算程序则相当于运行于操作系统之上的应用程序。从 MapReduce1.0 框架发展到 Yarn 框架，客户端并没有发生变化，其大部分调用 API 及接口都保持兼容，因此原来针对 Hadoop1.0 开发的代码不用做大的改动，就可以直接放到 Hadoop2.0 平台上运行。

MapReduce1.0 既是一个计算框架，又是一个资源管理调度框架，只能支持 MapReduce 编程模型，而 Yarn 则是一个纯粹的资源调度管理框架，在它上面可以运行包括 MapReduce 在内的不同类型的计算框架，只要编程实现相应的 ApplicationMaster 即可。同时，Yarn 中的资源管理比 MapReduce1.0 更加高效：以容器为单位，而不是以 Slot 为单位。

1. Yarn 组件及其具体功能

Yarn 主要依赖于三个组件来实现功能：第一个组件是资源管理器(ResourceManager，RM)，它是集群资源的仲裁者，负责管理整个集群的资源和资源分配，包括两部分：一个是可插拔式的调度器(Scheduler)，一个是应用程序管理器(ApplicationManager)，用于管理集群中的用户作业；第二个组件是每个节点上的节点管理器(NodeManager，NM)，负责管理该节点上的用户作业和工作流，也会不断发送自己的计算资源容器(Container)的使用情况给 ResourceManager；第三个组件是应用程序管家(ApplicationMaster，AM)，它是用户作业生命周期的管理者，它的主要功能就是向 ResourceManager 申请 Container，并且和 NodeManager 交互，执行和监控具体的 Task。

(1) ResourceManager：负责处理客户端请求，监控 NodeManager，启动 ApplicationMaster，监控资源的分配与调度工作。

(2) NodeManage：负责管理单个节点上的资源，并处理来自 ResourceManager 的命令，并处理来自 ApplicationMaster 的命令。

(3) ApplicationMaster：负责为应用程序申请资源并分配给内部任务，任务的监控与容错。

(4) Container：Container 是 Yarn 中的资源抽象，容器中封装了某个节点上的多维度资源，如内存、CPU、磁盘、网络等，ResourceManager 为 ApplicationMaster 返回的资源便是用 Container 表示的。Yarn 会为每个任务分配一个 Container，且该任务只能使用该 Container 中描述的资源。

2. Yarn 工作机制

当编写了一个 MapReduce(MR)程序利用 Hadoop jar 命令提交给 Hadoop 时，在提交的 jar 包中会包含一个 main 方法，main 中的 job.waitForCompletion 代码会启动 runjar 的进程，Yarn 的资源调度就是通过 runjar 进程来完成。具体过程如下。

(1) MR 程序提交到客户端所在节点，通过 main 方法执行了 waitForCompletion 方法后创建 YarnRunner，YarnRunner 向 ResourceManager(RM)申请一个 Application 资源。

(2) RM 返回给 Application 资源的提交路径以及 Application_id。

(3) YarnRunner 提交 job 运行所需资源，包括该 Job 所需分片的信息(job.split)、Job 在 Hadoop 集群中的参数配置信息(job.xml)和使用的 jar 包(wc.jar)。这些资源文件需在 job.submit()方法提交成功后才会在.staging 文件中生成(当然里面还包含 crc 校验文件的 sucess 标志文件)。

(4) 资源提交完成后 YarnRunner 向 RM 申请运行 mrappmaster。

(5) RM 会在内部将用户的请求初始化一个 Task，然后放入任务队列里面等待执行。

(6) 等到 NodeManager 空闲后领取到 Task 任务便创建 Container 容器。

(7) Container 容器在里面启动 mrappmaster。

(8) Container 容器读取 Job 资源，获取到了 Job 分片信息，向 RM 申请 MapTask 容器用来执行 Map 任务。

(9) 其他空闲 NodeManager 在空闲后领取任务创建对应分片个数的 Container 容器。

(10) 之后 mrappmaster 发送程序脚本启动对应的 Map 任务，YarnChild 即为 Map 任务进程。

(11) 当 Map 任务运行完成落磁盘之后，mrappmaster 会再次向 RM 申请执行 ReduceTask 任务的资源。

(12) Reduce 向 Map 获取分区的数据。

(13) 当 Reduce 任务也运行完成之后，mrappmaster 通知 RM 并注销自己，同时相关的 MapReduce 的资源也释放掉。

注：NM 启动后去 RM 上注册，会不断发送心跳，说明处于存活状态。

3. Yarn 相对于 MapReduce1. 0 具备的优势

(1) 大大减少了承担中心服务功能的 ResourceManager 的资源消耗。

(2) 由 ApplicationMaster 来完成需要大量资源消耗的任务调度和监控工作。

(3) 多个作业对应多个 ApplicationMaster，实现了监控分布化。

5.2.8 Hadoop 文件系统

1. 命名空间(NameSpace)

HDFS 文件系统支持传统的层次型文件组织结构，用户或者应用程序可以创建目录，然后将文件保存在这些目录里。文件系统命名空间的层次结构和大多数现有的文件系统类似，用户可以创建、删除、移动或重命名文件。

NameNode 负责维护文件系统的命名空间，任何对文件系统命名空间或属性的修改都将被 NameNode 记录下来，即 NameNode 负责维护整个 HDFS 文件系统的目录树结构，以及每一个文件所对应的 Block 块信息(Block 的 id，及所在的 DataNode 服务器)。

HDFS 文件系统给客户端提供一个统一的目录树，客户端通过路径来访问文件，形如：HDFS://namenode:port/dir-a/dir-b/dir-c/file.data。

2. Hadoop 支持的文件系统

(1) Hadoop 支持的文件系统。HDFS 文件系统中庞大的数据量以文件形式存储在多台机器上，且这些文件都以冗余的方式来拯救系统免受可能的数据损失。HDFS 文件系统的特点决定了它适用于分布式存储和处理数据，通过 Hadoop 提供的命令接口与 HDFS 文件系统进行交互使得 HDFS 文件可用于并行处理的应用程序。

但是，Java 抽象类 org.Apache.Hadoop.fs.FileSystem 只是定义了 Hadoop 中的一个文件系统接口，事实上 Hadoop 对文件系统提供了更多接口，一般使用 URI 方案来选取合适的文件系统实例进行交互，表 5-2 展示了 Hadoop 支持的广泛文件系统。

表 5-2　Hadoop 支持的文件系统

文件系统	URI 方案	Java 实现	描　述
Local	file	fs.LocalFileSystem	使用了客户端检验和的本地磁盘文件系统。没有使用校验和的本地磁盘文件系统 RawLocalFileSystem
HDFS	HDFS	HDFS.DistributedFileSystem	Hadoop 的分布式文件系统，将 HDFS 文件设计成与 MapReduce 结合使用，可以实现高性能
HFTP	Hftp	HDFS.hftpFileSystem	一个在 HTTP 上提供对 HDFS 文件只读访问的文件系统，通常与 Distcp 结合使用，以实现在不同版本 HDFS 文件系统的集群之间复制数据
HSFTP	hsftp	HDFS.HsftpFileSystem	在 HTTPS 上提供对 HDFS 文件只读访问的文件系统
HAR	har	fs.HarFileSystem	一个构建在其他文件系统之上用于文件存档的文件系统。Hadoop 存档文件系统通常用于将 HDFS 文件系统中的文件进行存档时，以减少 NameNode 内存的使用
HFS(云存储)	kfs	fs.kgs.kosmosFileSystem	CloudStore 类似于 HDFS 文件系统或谷歌的 GFS 文件系统
FTP	ftp	fs.ftp.FTPFileSystem	由 FTP 服务器支持的文件系统

续表

文件系统	URI 方案	Java 实现	描　述
s3(原生)	s3n	fs.s3native.NativeS3FileSystem	由 Amazon S3 支持的文件系统
s3(基于块)	s3	fs.sa.S3FileSystem	由 Amazon S3 支持的文件系统，以块格式存储文件以解决 S3 的 5GB 文件大小限制

(2) Hadoop 文件系统访问实例。

例 1：通过 Hadoop URL 对象访问。

从 Hadoop URL 中读取数据，最简单的方法是使用 Java.net.URL 对象打开数据流，进而从中读取数据，例如通过 URLStreamHandler 实例以标准输出方式显示 Hadoop 文件系统的文件，代码如下：

```
public class URLCat{
   static {
      // JVM 只能调用一次该方法，因此第三方组件如已声明一个
URLStreamHandlerFactory 实例将无法再使用该方法从 Hadoop 中读取数据
      URL.setURLStreamHandlerFactory(new FsUrlStreamHandlerFactory());
   }
   public static void main(String[] args) throws Exception{
      InputStream in=null;
      try{
         in=new URL(args[0]).openStream();
         // 输入流和输出流之间复制数据
         // 4096-设置复制的缓冲区大小，false-设置复制结束后是否关闭数据流
         IOUtils.copyBytes(in,System.out,4096,false);
      }finally{
         IOUtils.closeStream(in);
      }
   }
}
```

下面是一个运行示例：

% Hadoop URLCat HDFS://localhost/user/tom/lianxi.txt。

例 2：通过 Hadoop Path 对象访问。

Hadoop 文件系统中通过 Hadoop Path 对象来代表文件，可以将一条路径视为一个 Hadoop 文件系统 URI。

获取 FileSystem 实例有两种方法：

public static FileSystem get(Configuration conf) throws IOException;

public static FileSystem get(URI uri,Configuration conf) throws IOException。

Configuration 对象封装了客户端或服务器的配置，通过设置配置文件读取类路径来实现(如 conf/core-site.xml)。第一个方法返回的是默认文件系统，第二个方法通过给定的 URI 方案和权限来确定要使用的文件系统。

有了 FileSystem 实例后，可调用 open 函数来读取文件的输入流，代码如下：

```
public FSDataInputStream open(Path f) throws IOException
public abstract FSDataInputStream open(Path f, int bufferSize) throws
IOException
```

如直接使用 FileSystem 以标准格式显示 Hadoop 文件系统中的文件，代码如下：

```
public class FileSystemCat{
   public static void main(String[] args) throws IOExcption{
      String uri=args[0];
      Configuration conf=new Configuration();
      FileSystem fs = FileSystem.get(URI.create(uri),conf);
      InputStream in=null;
      try{
         in=fs.open(new Path(uri));
         IOUtils.copyBytes(in,System.out,4096,false);
      }finally{
         IOUtils.closeStream(in);
      }
   }
}
```

下面是一个运行示例：

% Hadoop FileSystemCat HDFS://localhost/user/tom/lianxi.txt

例 3：流式数据文件的访问。

FileSystem 对象中的 open()方法返回的是 FSDataInputStream 对象，该类继承了 Java.io.DataInputStream 接口，并支持随机访问，由此可以从流的任意位置读取数据。

示例如下：

```
package org.Apache.Hadoop.fs;
public class FSDataInputStream extends DataInputStreamimplements
Seekable,PositionedReadable{
......
}
```

其中，Seekable 接口支持在文件中找到指定位置，并提供一个查询当前位置相对于文件起始位置偏移量的查询方法 getPos()。

```
public interface Seekable{
   void seek(long pos) throws IOException;
   long getPos() throws IOException;
   boolean seekToNewSource(long targetPos) throws IOException;
}
```

流式数据文件的随机访问要注意以下两点。

① 调用 seek()定位大于文件长度的位置会导致 IOException 异常，与 Java.io.InputStream 中的 skip()不同，seek()可以移到文件中任意一个绝对位置，skip()则只能相对于当前位置定位到另一个新位置。

例如：将一个文件写入标准输出两次，在第一次写完之后，定位到文件的起始位置再次以流方式读取该文件，代码如下：

```
public class FileSystemDoubleCat{
    String uri=args[0];
    Configuration conf=new Configuration();
    FileSystem fs=FileSystem.get(URI.create(uri),conf);
    FSDataInputStream in=null;
    try{
        in=fs.open(new Path(uri));
        IOUtils.copyBytes(in,System.out,4096,false);
        in.seek(0);
        IOUtils.copyBytes(in,System.out,4096,false);
    }finally{
        IOUtils.closeStream(in);
    }
}
```

运行示例：

% Hadoop FileSystemDoubleCat HDFS://local/user/tom/quangle.txt

② FSDataInputStream 也继承了 PositionedReadble 接口，从一个指定偏移量处读取文件的一部分，示例如下：

```
public interface PositionedReadable{
    public int read(long position, byte[] buffer, int offset, int length)
throws IOException;
    public void readFully(long position, byte[] buffer, int offset, int
length) throws IOException;
    public void readFully(long position, byte[] bufer) throws IOException;
}
```

其中，read()方法从文件的指定 position 处读取至多为 length 字节的数据并存入缓冲区 buffer 指定的偏移量 offset 处，返回的是实际读到的字节数。

所有这些方法会保留当前偏移量，因此它们提供了在“读取的文件可能是元数据的主体”时访问文件的其他部分的便利方法。

(3) Hadoop 文件写入数据。

① 最简单的方法是给准备创建的文件指定一个 Path 对象，然后返回一个用于写入数据的输出流，示例如下：

```
public FSDataOutputStream create(Path f) throws IOException;
```

② 还有一个重载方法 Progressable 用于传递回调接口，如此一来就可以把数据写入数据节点的进度通知到用户的应用，示例如下：

```
package org.Apache.Hadoop.util;
public interface Progressable{
    public void progress();
}
```

③ 另一个新建文件的方法是使用 Append()方法在一个已有文件末尾追加数据，示例如下：

```
public FSDataOutputStream Append(Path f) throws IOException
```

该追加操作允许一个 writter 打开文件后在访问文件的最后偏移量处追加数据，可以在某些应用时创建无边界文件。

例如显示如何将本地文件复制到 Hadoop 文件系统，每次 Hadoop 调用 progress()方法时打印一个时间点来显示整个运行过程，示例如下：

```
public class FileCopyWithProgress{
   public static void main(String[] args) throws IOException{
      String localSrc=args[0];
      String dst=args[1];
      InputStream in = new BufferedInputStream(new
FileInputStream(localSrc));
      Configuration conf=new Configuration();
      FileSystem fs=FileSystem.get(URI.create(dst),conf);
      OutputStream out=fs.create(new Path(dst),new Progressable(){
         public void progress(){
            System.out.print(".");
         }
      });
      IOUtils.copyBytes(in,out,4096,true);
   }
}
```

运行示例：

% Hadoop FileCopyWithProgress input/docs/1400-8.txt HDFS://localhost/user/tom/1400-8.txt

④ FSDataOutputStream 也有一个查询文件当前位置的方法，示例如下：

```
package org.Apache.Hadoop.fs;
public class FSDataOutputStream extends DataOutputStream implements
Syncable{
   public long getPos() throws IOException{
   }
}
```

(4) 通过 FileSystem 实例创建目录，示例如下：

```
boolean mkdirs(Path f) throws IOException
```

该方法可以一次性新建所有必要但还没有的父目录，如果目录都已创建成功，则返回 true。

(5) 一些特殊 Hadoop 对文件系统的访问支持。

① 要想列出本地文件系统根目录下的文件，输入命令：%Hadoop fs file:///。

② Hadoop 提供了一个名为 libHDFS 的 C/C++语言库，该语言库是 Java FileSystem 接口类的一个镜像，它可以使用 Java 原生接口(JNI)调用 Java 文件系统客户端。

③ 用户空间文件系统(Filesystem in Userspace，FUSE)允许把按照用户空间实现的文件系统整合成一个 UNIX 文件系统，通过使用 Hadoop 的 Fuse-DFS 功能模块可以对任意一个 Hadoop 文件系统作为一个标准文件系统进行挂载。

特别需要指出的是，Hadoop 文件系统的接口是通过 Java API 提供的，所以其他非 Java 应用程序访问 Hadoop 文件系统会比较麻烦。例如：Thriftfs(一个跨语言的服务部署框架，主要用于各个服务之间的 RPC 通信，典型的 C/S 结构)定制功能模块中的 Thrift API，需要通过为 Hadoop 文件系统包装一个 Apache Thrift 服务来弥补这个不足，从而使得任何具有 Thrift 绑定的语言都能轻松地与 Hadoop 文件系统进行交互。

5.3 Hadoop 应用分析

5.3.1 Hadoop 应用场景

美国著名科技博客 GigaOM 的专栏作家 Derrick Harris 在 2012 年的一篇文章中总结了 10 个 Hadoop 的应用场景，具体如下。

(1) 在线旅游：目前全球范围内 80%的在线旅游网站都在使用 Cloudera 公司提供的 Hadoop 发行版，SearchBI 网站曾经报道过的 Expedia 也在其中。

(2) 移动数据：Cloudera 运营总监称，美国有 70%的智能手机数据服务背后都是由 Hadoop 来支撑的，也就是说，包括数据的存储以及无线运营商的数据处理等，都是在利用 Hadoop 技术。

(3) 电子商务：这一场景应该是非常确定的，eBay 就是最大的实践者之一。国内的电商在 Hadoop 技术上也是储备颇为雄厚的。

(4) 能源开采：美国 Chevron 公司是全美第二大石油公司，他们的 IT 部门主管介绍了 Chevron 使用 Hadoop 的经验，他们利用 Hadoop 进行数据的收集和处理，这些数据是海洋的地震数据，以便于他们找到油矿的位置。

(5) 节能：另外一家能源服务商 Opower 也在使用 Hadoop，为消费者提供节约电费的服务，其中对用户电费单进行了预测分析。

(6) 基础架构管理：这是一个非常基础的应用场景，用户可以用 Hadoop 从服务器、交换机以及其他设备中收集并分析数据。

(7) 图像处理：创业公司 Skybox Imaging 使用 Hadoop 来存储并处理图片数据，从卫星中拍摄的高清图像中探测地理变化。

(8) 诈骗检测：这个场景用户接触的比较少，一般金融服务或者政府机构会用到。利用 Hadoop 来存储所有的客户交易数据，包括一些非结构化的数据，能够帮助机构发现客户的异常活动，预防欺诈行为。

(9) IT 安全：除企业 IT 基础机构的管理之外，Hadoop 还可以用来处理机器生成数据以便甄别来自恶意软件或者网络中的攻击。

(10) 医疗保健：医疗行业也会用到 Hadoop，像 IBM 的 Watson 就会使用 Hadoop 集群作为其服务的基础，包括语义分析等高级分析技术。医疗机构可以利用语义分析为患者提供医护人员，并协助医生更好地为患者进行诊断。

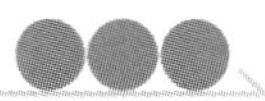

5.3.2　Hadoop 企业级应用

1. Hadoop 企业级应用概况

Hadoop 凭借其突出的优势，已经在各个领域得到了广泛的应用，而互联网领域是其应用的主阵地，Hadoop 的应用架构见图 5-9。

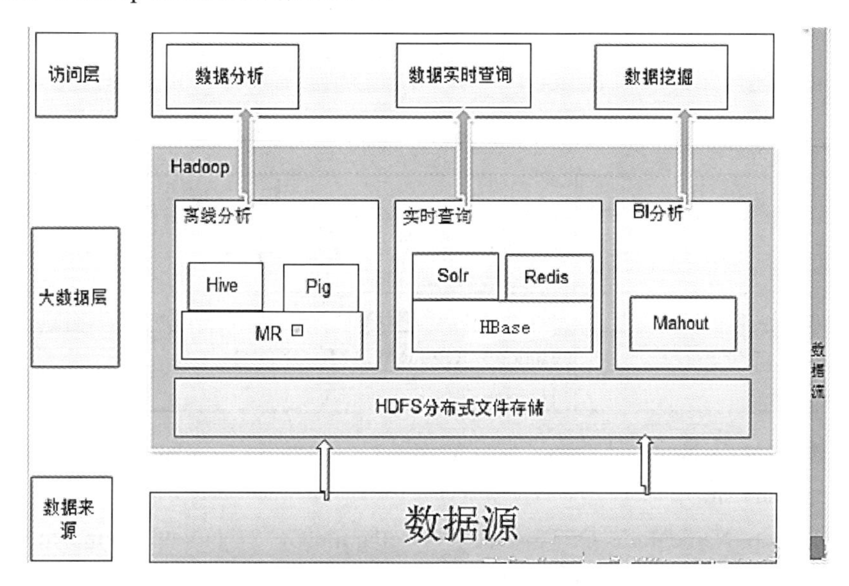

图 5-9　Hadoop 应用架构图

具体成功实施的案例举例如下。

(1) 2007 年，雅虎在 Sunnyvale 总部建立了 M45(一个包含了 4000 个处理器和 1.5PB 容量的 Hadoop 集群系统)。目前，雅虎拥有全球最大的 Hadoop 集群，有大约 25000 个节点，主要用于支持广告系统与网页搜索。

(2) Meta 作为全球知名的社交网站，Hadoop 是非常理想的选择，Meta 主要将 Hadoop 平台用于日志处理、推荐系统和数据仓库等方面。

(3) 国内采用 Hadoop 的公司主要有百度、淘宝、网易、华为、中国移动等，其中，淘宝的 Hadoop 集群比较大。

2. Hadoop 企业级应用部署

安装 Hadoop 集群需要将安装软件解压到集群内的所有机器上，通常集群里的一台机器被指定为 NameNode，另一台不同的机器被指定为 JobTracker，这些机器是 Masters；余下的机器既作为 DataNode 也作为 TaskTracker，这些机器是 Slaves。部署时用 Hadoop_HOME 代表安装的根路径，通常集群里所有机器的 Hadoop_HOME 路径相同。

(1) 配置文件。对 Hadoop 的配置通过 conf/目录下的两个重要配置文件完成：

- Hadoop-default.xml -只读的默认配置；
- Hadoop-site.xml -集群特有的配置。

此外，通过设置 conf/Hadoop-env.sh 中的变量为集群特有的值，我们可以对 bin/目录下的 Hadoop 脚本进行控制。

(2) 集群配置。配置 Hadoop 集群时我们需要设置 Hadoop 守护进程的运行环境和 Hadoop 守护进程的运行参数。Hadoop 守护进程指 NameNode/DataNode 和 JobTracker/TaskTracker。

① 配置 Hadoop 守护进程的运行环境。管理员可在 conf/Hadoop-env.sh 脚本内对 Hadoop 守护进程的运行环境做特别指定，至少得设定 JAVA_HOME 使之在每一远端节点上都被正确设置。

管理员可以通过配置选项 Hadoop_*_OPTS 来分别配置各个守护进程，见表 5-3。

表 5-3 Hadoop 守护进程配置选项

守护进程	配置选项
NameNode	Hadoop_NameNode_OPTS
DataNode	Hadoop_DataNode_OPTS
SecondaryNameNode	Hadoop_SECONDARYNameNode_OPTS
JobTracker	Hadoop_JOBTRACKER_OPTS
TaskTracker	Hadoop_TASKTRACKER_OPTS

例如，配置 NameNode 时，为了使其能够并行回收垃圾(ParallelGC)，要把下面的代码加入到 Hadoop-env.sh：

```
export Hadoop_NameNode_OPTS="-XX:+UseParallelGC ${Hadoop_NameNode_OPTS}"
```

其他可定制的常用参数还包括：

- Hadoop_LOG_DIR -守护进程日志文件的存放目录，如果不存在会被自动创建；
- Hadoop_HEAPSIZE -最大可用的堆大小，单位为 MB，比如 1000MB。这个参数用于设置 Hadoop 守护进程的堆大小，默认大小是 1000MB。

② 配置 Hadoop 守护进程的运行参数。这部分涉及 Hadoop 集群的重要参数，这些参数在 conf/Hadoop-site.xml 中指定，见表 5-4。

表 5-4 Hadoop 守护进程的运行参数

参 数	取 值	备 注
fs.default.name	NameNode 的 URI。	HDFS://主机名/
mapred.job.tracker	JobTracker 的主机(或者 IP)和端口。	主机:端口。
dfs.name.dir	NameNode 持久存储名称空间及事务日志的本地文件系统路径。	当这个值是一个逗号分隔的目录列表时，NameTable 数据将会被复制到所有目录中做冗余备份
dfs.data.dir	DataNode 存放块数据的本地文件系统路径，逗号分隔的列表	当这个值是逗号分隔的目录列表时，数据将被存储在所有目录下，通常分布在不同设备上
mapred.system.dir	MapReduce 框架存储系统文件的 HDFS 路径。 比如/hadoop/mapred/system/	这个路径是默认文件系统(HDFS)下的路径，须从服务器和客户端上均可访问

续表

参　数	取　值	备　注
mapred.local.dir	本地文件系统下逗号分隔的路径列表，MapReduce 临时数据存放的地方	多路径有助于利用磁盘 i/o
mapred.tasktracker.{map|reduce}.tasks.maximum	某一 TaskTracker 上可运行的最大 MapReduce 任务数，这些任务将同时各自运行	默认为 2(2 个 Map 和 2 个 Reduce)，可依据硬件情况更改
dfs.hosts/dfs.hosts.exclude	许可/拒绝 DataNode 列表	如有必要，用这个文件控制许可的 DataNode 列表
mapred.hosts/mapred.hosts.exclude	许可/拒绝 TaskTracker 列表	如有必要，用这个文件控制许可的 TaskTracker 列表

通常，上述参数被标记为 final 以确保它们不被用户应用更改。

(3) 配置主/从节点。在 conf/Slaves 文件中列出所有 Slave 的主机名或者 IP 地址，一行一个。

(4) 配置日志。Hadoop 使用 Apache log4j 来记录日志，它由 Apache Commons Logging 框架来实现，编辑 conf/log4j.properties 文件可以改变 Hadoop 守护进程的日志配置(日志格式等)。

(5) 配置历史日志。作业的历史文件集中存放在 Hadoop.job.history.location，这个也可以是在分布式文件系统下的路径，其默认值为${Hadoop_LOG_DIR}/history。

JobTracker 的 Web UI 上有历史日志的 Web UI 链接，历史文件在用户指定的目录 Hadoop.job.history.user.location 也会记录一份，这个配置的默认值为作业的输出目录，这些文件被存放在指定路径下的_logs/history/目录中。因此，默认情况下日志文件会在 mapred.output.dir/_logs/history/下。如果将 hadoop.job.history.user.location 指定为值 none，系统将不再记录此日志。

① 用户可使用以下命令在指定路径下查看历史日志汇总：

```
$ bin/Hadoop job -history output-dir
```

这条命令会显示作业的细节信息以及失败和终止的任务细节。

② 关于作业的更多细节，比如成功的任务以及对每个任务所做的尝试次数等，可以用下面的命令查看：

```
$ bin/Hadoop job -history all output-dir
```

一旦完成全部必要的配置，就将这些文件分发到所有机器的 Hadoop_CONF_DIR 路径下，通常是${Hadoop_HOME}/conf。

3. Hadoop 的机架感知

HDFS 和 MapReduce 的组件是能够感知机架的。

NameNode 和 JobTracker 通过调用管理员配置模块中的 APIresolve 来获取集群里每个 Slave 的机架 id，该 API 将 Slave 的 DNS 名称(或者 IP 地址)转换成机架 id。使用哪个模块通过配置项 topology.node.switch.mapping.impl 来指定，模块的默认实现会调用 topology.script.file.name 配置项指定的一个的脚本/命令，如果 topology.script.file.name 未被设置，所有传入的 IP 地址模块都会返回/default-rack 作为机架 id。

在 MapReduce 部分还有一个额外的配置项 mapred.cache.task.levels，该参数决定 Cache 的级数(在网络拓扑中)，例如，默认值是 2 会建立两级的 Cache，一级针对主机(主机→任务的映射)，另一级针对机架(机架→任务的映射)。

4. Hadoop 集群的启动与停止

(1) 启动 Hadoop 集群。启动 Hadoop 集群需要启动 HDFS 集群和 MapReduce 集群。

① 格式化一个新的分布式文件系统：

```
$ bin/hadoop namenode -format
```

② 在分配的 NameNode 上，运行下面的命令启动 HDFS 文件系统：

```
$ bin/start-dfs.sh
```

bin/start-dfs.sh 脚本会参照 NameNode 上${Hadoop_CONF_DIR}/Slaves 文件的内容，在所有列出的 Slave 上启动 DataNode 守护进程。

③ 在分配的 JobTracker 上，运行下面的命令启动 MapReduce：

```
$ bin/start-mapred.sh
```

bin/start-mapred.sh 脚本会参照 JobTracker 上${Hadoop_CONF_DIR}/Slaves 文件的内容，在所有列出的 Slave 上启动 TaskTracker 守护进程。

(2) 停止 Hadoop 集群。

① 在分配的 NameNode 上，执行下面的命令停止 HDFS 文件系统：

```
$ bin/stop-dfs.sh
```

bin/stop-dfs.sh 脚本会参照 NameNode 上${Hadoop_CONF_DIR}/Slaves 文件的内容，在所有列出的 Slave 上停止 DataNode 守护进程。

② 在分配的 JobTracker 上，运行下面的命令停止 MapReduce：

```
$ bin/stop-mapred.sh
```

bin/stop-mapred.sh 脚本会参照 JobTracker 上${Hadoop_CONF_DIR}/Slaves 文件的内容，在所有列出的 Slave 上停止 TaskTracker 守护进程。

课后练习题

1. 选择题

(1) 云计算的典型服务模式包括以下哪三种(　　)。

A. SaaS　　B. IaaS　　C. PaaS　　D. MaaS

(2) 启动 Hadoop 所有进程的命令是(　　)。

A. start-all.sh　　B. start-HDFS.sh　　C. start-Hadoop.sh　　D. start-dfs.sh

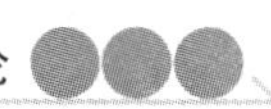

(3) 以下对 Hadoop 的说法错误的是(　　)。

A. Hadoop2.0 增加了 NameNode HA 和 Wire-compatibility 两个重大特性

B. Hadoop 的核心是 HDFS 和 MapReduce

C. Hadoop 是基于 Java 语言开发的，只支持 Java 语言编程

D. Hadoop MapReduce 是针对谷歌 MapReduce 的开源实现，通常用于大规模数据集的并行计算

(4) 以下哪个不是 Hadoop 的特性(　　)。

A. 成本高　　B. 高可靠性

C. 高容错性　　D. 支持多种编程语言

(5) 以下名词解释不正确的是(　　)。

A. Hive：一个基于 Hadoop 的数据仓库工具，用于对 Hadoop 文件中的数据集进行数据整理、特殊查询和分析存储

B. HDFS：分布式文件系统，是 Hadoop 项目的两大核心之一，是谷歌 GFS 的开源实现

C. ZooKeeper：针对谷歌 Chubby 的一个开源实现，是高效可靠的协同工作系统

D. HBase：提供高可靠性、高性能、分布式的行式数据库，是谷歌 BigTable 的开源实现

(6) 对新一代资源管理调度框架 Yarn 的理解正确的是(　　)。

A. Yarn 的体系结构包含三个组件：ResourceManager、NodeManager、ApplicationMaster

B. MapReduce2.0 是运行在 Yarn 之上的计算框架，由 Yarn 来为 MapReduce 提供资源管理调度服务

C. Yarn 可以实现“一个集群多个框架”，即在一个集群上部署一个统一的资源调度管理框架

D. Yarn 既是资源管理调度框架，也是一个计算框架

(7) HDFS 的命名空间不包含(　　)。

A. 块　　B. 文件　　C. 目录　　D. 字节

(8) 对 HDFS 通信协议的理解错误的是(　　)。

A. 名称节点和数据节点之间则使用数据节点协议进行交互

B. HDFS 通信协议都是构建在 IoT 协议基础之上的

C. 客户端通过一个可配置的端口向名称节点主动发起 TCP 连接，并使用客户端协议与名称节点进行交互

D. 客户端与数据节点的交互是通过 RPC(Remote Procedure Call)来实现的

(9) 采用多副本冗余存储的优势不包含(　　)。

A. 节约存储空间　　B. 保证数据可靠性

C. 加快数据传输速度　　D. 容易检查数据错误

(10) 下列说法正确的是(　　)。

A. HDFS HA 可用性不好

B. 第二名称节点是热备份

C. 第二名称节点无法解决单点故障问题

D.HDFS HA 提供高可用性，可以实现可扩展性、系统性能和隔离性

(11) HDFS Federation 设计不能解决“单名称节点”存在的(　　)问题。

A. 性能更高效　　B. 单点故障问题

C. 良好的隔离性　　D. HDFS 集群扩展性

(12) HDFS HA(High Availability)是为了解决单点故障问题(　　)。

A. 对　　B. 错

(13) 在 HDFS 联邦(HDFS Federation)中，设计了多个相互独立的名称节点，使得 HDFS 的命名服务能够水平扩展(　　)。

A. 对　　B. 错

(14) 相对于 Hadoop1.0 而言，Hadoop2.0 主要增加了 HDFS HA 和 HDFS Federation 等特性(　　)。

A. 对　　B. 错

2. 简答题

(1) 什么是 Hadoop？它的特点有哪些？

(2) 简要说明 HDFS 文件系统架构。

(3) 简要说明 HDFS 文件系统中 Block 的含义。

(4) 简要说明 HDFS 的读操作原理。

(5) 简要说明 HDFS 的写操作原理。

(6) 简要说明 MapReduce 的处理过程。

第 6 章　Common 与 Hadoop 项目源码结构

HDFS 文件访问与大数据生态导学

HDFS 文件访问指令解析导学

本章学习目标

- 掌握 Common 的功能和主要工具包。
- 理解 Hadoop 项目源码结构。
- 掌握 Hadoop 环境的创建。
- 了解 Hadoop 的开源工具。

重点难点

- Common 的功能和主要工具包。
- Hadoop 项目源码结构与 Hadoop 的开源工具。

引导案例

Hadoop 项目主要包括 4 个模块，其中 Hadoop Common 为其他 Hadoop 模块提供基础设施；HDFS 文件系统是一个高可靠、高吞吐量的分布式文件系统；Hadoop MapReduce 是一个分布式的计算框架，包括任务调度和集群资源管理；Hadoop Yarn 是一个新的 MapReduce 资源调度管理框架。

搭建一个大数据环境，首先离不开 Hadoop 集群的搭建，作为一个分布式存储和计算平台，Hadoop 官网提供了三种安装模式，分别为：

(1) 单机模式：单机模式最主要的目的是在本机调试 MapReduce 代码；

(2) 伪分布式模式：用多个线程模拟多台真实机器，即模拟真实的分布式环境；

(3) 完全分布式模式：用多台机器(或启动多个虚拟机)来完成部署集群。

通常我们学习使用伪分布模式，使用虚拟机创建几台虚拟服务器，分配不同的 IP 地址，每一个节点的安装与配置是相同的，故在 Master 上完成安装与配置后将安装目录复制到其他节点即可。

在 Linux 上安装 Hadoop 之前，需要先安装两个程序：

(1) JDK 1.6 或更高版本；

(2) SSH(安全外壳协议)，推荐安装 OpenSSH。

原因如下：

(1) Hadoop 是用 Java 开发的，Hadoop 的编译及 MapReduce 的运行都需要使用 JDK；

(2) Hadoop 需要通过 SSH 来启动 salve 列表中各台主机的守护进程，因此 SSH 也是必须安装的，即使是安装伪分布式版本(因为 Hadoop 并没有区分集群式和伪分布式)。对于伪分布式，Hadoop 会采用与集群相同的处理方式，即依次序启动文件 conf/Slaves 中记载的主机上的进程，只不过伪分布式中 salve 为 localhost(即为自身)，所以对于伪分布式 Hadoop，SSH 一样是必须的。

(资料来源：本书作者整理编写)

6.1 Common 概述

Common 是为 Hadoop 其他子项目提供支持的常用工具，它主要包括 FileSystem、RPC 和串行化库，它们为在廉价的硬件上搭建云计算环境提供基本的服务，并且为运行在该平台上的软件开发提供了所需的 API。

Common 程序包下的主要模块包括以下几个。

- org.apache.hadoop.conf，配置相关类。配置类在 Hadoop 中一直都是一个比较基本的类，很多配置设置的数据都需要从配置文件中去读取。Hadoop 中配置文件很多，HDFS 和 MapReduce 各一个，还可以用用户自定义的配置文件。系统开放了许多的 get/set 方法来获取和设置其中的属性。
- org.apache.hadoop.fs，Hadoop 文件系统。从 Hadoop 的文件系统中会看到 Linux 文件系统的影子，里面包括了文件(File)的各种基本操作，还有很多对文件特殊的操作实现，比如权限控制、目录、文件组织等。Hadoop 定义了一个和 VFS 虚拟文件系统非常像的抽象文件系统，基于这个 Hadoop 抽象文件系统派生了拥有各个具体功能的文件子系统，比如内存文件系统，校验系统等。
- org.apache.hadoop.io，Hadoop I/O 系统。输入输出系统在任何一个系统都是非常重要的设计。Hadoop I/O 实现了一个特有的序列化系统，它不同于 Java 自带的序列化实现，Hadoop 的序列化机制具有快速、紧凑的特点，非常适合于 Hadoop 的使用场景；还有一个独特创新就是 I/O 中的解压缩设计，可以通过 JNI 的形式调用第三方的压缩算法，比如 Google 的 SnAppy 框架。
- org.apache.hadoop.ipc，Hadoop 远程过程调用的实现，这个模块的设计有很多值得学习的地方。Java 的 RPC 最直接的体现就是 RMI 的实现，但是这个设计显得有些简陋，因为 JMI 的不可定制性限制了它的使用。所以，Hadoop 根据自己系统特点，重新设计了一套独有的 RPC 体系，在 Java NIO 的基础上用了 Java 动态代理的思想，RPC 的服务端和客户端都是通过代理方式取得。
- org.apache.hadoop.log，日志帮助类。主要用于打印日志到文件，对于一些接口或没有界面测试的功能适用。
- org.apache.hadoop.metrics，反映运行时内部的各个信息，以方便进行监控，辅助运维。
- org.apache.hadoop.http 和 org.Apache.Hadoop.net，是 Hadoop 对网络层次相关的封装。
- org.apache.hadoop.util 是 Common 中的公共方法类，checkSum 校验和的验证方法就包含于此。

6.2　Hadoop 项目源码结构

1. Hadoop 源码项目结构

主要包括：

(1) src：源码所在目录，核心模块包括 core、hdfs、mapred(基础公共库、HDFS 实现、MapReduce 实现)。

(2) conf：配置文件尽可能模块化、动静分离。

(3) lib：依赖的三方库(编译好的 jar 包+其他语言生成的动态库)。

(4) bin：运行以及管理 Hadoop 集群相关的脚本。

Hadoop 包之间的依赖关系比较复杂，原因是 HDFS 提供了一个分布式文件系统，该系统提供 API，可以屏蔽本地文件系统和分布式文件系统，甚至像 Amazon S3 这样的在线存储系统。这就造成了分布式文件系统的实现，或者是分布式文件系统的底层的实现依赖于某些高层的功能，功能的相互引用造成了蜘蛛网型的依赖关系。一个典型的例子就是 conf 包，conf 用于读取系统配置，它依赖于 fs，主要是读取配置文件的时候需要使用文件系统，而部分的文件系统的功能，在包 fs 中被抽象了。

Hadoop 顶层包(Package)图和它们的功能见表 6-1。

表 6-1　Hadoop 包功能列表

包	功能
tool	提供一些命令行工具，如 DistCp，Archive
MapReduce	Hadoop 的 MapReduce 实现
fileCache	提供 HDFS 文件的本地缓存，用于加快 MapReduce 的数据访问速度
fs	文件系统的抽象，可以理解为支持多种文件系统实现的统一文件访问接口
HDFS	HDFS，Hadoop 的分布式文件系统实现
ipc	一个简单的 IPC 的实现，依赖于 IO 提供的编解码功能
io	表示层。将各种数据编码/解码，方便于在网络上
net	封装部分网络功能，如 DNS，socket
security	用户和用户组信息
conf	系统的配置参数
metrics	系统统计数据的收集，属于网管范畴
util	工具类
record	根据数据描述语言(DDL)自动生成它们的编解码函数，目前可以提供 C++和 Java
http	基于 Jetty 的 HTTP Servlet，用户通过浏览器可以观察文件系统的一些状态信息和日志
log	提供 HTTP 访问日志的 HTTP Servlet

2. Hadoop 包依赖关系

具体的依赖关系见表 6-2。

表 6-2　Hadoop 包依赖关系列表

包	依赖关系
tool	MapReduce,fs,HDFS,ipc,io,security,conf,util
MapReduce	fileCache,fs,HDFS,ipc,io,net,metrics,security,conf,util
fileCache	fs,conf,util
fs	HDFS,ipc,io,net,metrics,security,conf,util
HDFS	fs,ipc,io,http,net,metrics,security,conf,util
ipc	io,net,metrics,security,conf,util
io	ipc,fs,conf,util
net	ipc,fs,conf,util
security	io,conf,util
conf	fs,io,util
metrics	util
util	mapred,fs,io,conf
record	io.writable.*
http	log,conf,util
log	util

其主要的包通常可以划分为以下三类。

(1) 编程模型相关。

org.apache.hadoop.mapred.jobcontrol:　相互依赖关系的作业 dmg。

org.apache.hadoop.mapred.lib:　用户应用 mr 框架的 base api。

org.apache.hadoop.mapred.join:　map-side join。

org.apache.hadoop.mapred.pipes:　C/C++ 编写 mr。

org.apache.hadoop.mapreduce:　新版接口。

(2) 计算框架相关。

org.apache.hadoop.mapred　核心的实现代码。

org.apache.hadoop.fileCache　将用户应用中的文件分发到各个节点。

org.apache.hadoop.mapred.tools　授权策略、acl 等。

org.apache.hadoop.mapreduce.split　inputFormat 的生成相应的输入 Split。

org.apache.hadoop.mapreduce.server.jobtracker　JobTrack 可看到的 TaskTrack 的状态信息和资源使用情况。

org.apache.hadoop.mapreduce.server.tasktracker　TaskTracker 的一些辅助类。

(3) 安全机制相关。

org.apache.hadoop.mapreduce.security.*　安全相关

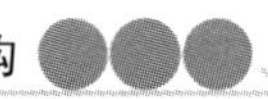

延伸学习：Hadoop 新旧 API 的区别，mapred 代表的是 Hadoop 旧版 API，而 MapReduce 代表的是 Hadoop 新版 API，Hadoop 新旧 API 版本的区别如下。

- 新旧 API 不兼容。所以，以前用旧 API 写的 Hadoop 程序，如果旧 API 不可用之后需要重写。
- 新的 API 倾向于使用抽象类，而不是接口，使用抽象类更容易扩展，在新的 API 中，Mapper 和 Reducer 是抽象类。
- 新的 API 广泛使用上下文对象(Context Object)，并允许用户代码与 MapReduce 系统进行通信。
- 新的 API 同时支持“推”和“拉”式的迭代。在这两个新老 API 中，键/值记录对被推 Mapper 中，但除此之外，新的 API 允许把记录从 map()方法中拉出，这也适用于 Reducer。分批处理记录就是应用“拉”式的一个例子。
- 新的 API 统一了配置。旧的 API 有一个特殊的 JobConf 对象用于作业配置，这是一个对于 Hadoop 的 Configuration 对象的扩展，在新的 API 中，这种区别没有了，所以作业配置通过 Configuration 来完成；新版作业控制的执行由 Job 类来负责，而不是旧版的 JobClient，并且旧版 JobConf 和 JobClient 在新的 API 已经取消。
- 新的 API 输出文件的命名也略有不同，Map 的输出命名为 part-m-nnnnn，而 Reduce 的输出命名为 part-r-nnnnn，这里 nnnnn 指的是从 0 开始的部分编号。
- 新的 API 放在 org.apache.hadoop.mapreduce 包(和子包)中，旧版本的 API 依旧放在 org.Apache.Hadoop.mapred 中。

6.3　Hadoop 运行环境搭建

6.3.1　Hadoop 的用户权限与集群操作常用命令

1. Hadoop 的用户与权限

在管理 Hadoop 集群时，不推荐使用 root 用户去操作，我们可以通知运维创建一个 Hadoop 用户专门用于维护和管理集群。搭建 Hadoop 集群环境不仅 Master 和 Slaves 安装的 Hadoop 路径要完全一样，也要求用户和组也要完全一致(为了集群资源的调度使用)。

Hadoop 的用户和用户组使用的是 Linux 中的用户组，每个用户都属于一个用户组，系统可以对一个用户组中的所有用户进行集中管理。权限管理如下。

(1)　su(superuser)。su 表示切换用户，如输入 su 命令后回车表示切换当前的用户到 root 用户，或者输入 su-root(或者其他用户名)，这里加了“-”以后表示也切换当前的环境变量到新用户的环境变量。

(2)　su root(或者其他用户名)。表示不切换环境变量到当前用户下。

(3)　sudo 表示获取临时的 root 权限命令。如：sudo gedit /etc/shadow，表示临时使用 root 权限来编辑/etc/shadow 密码文件，因为/etc/shadow 密码文件需要使用 root 权限才能打开与编辑。这里使用了 sudo 命令临时使用 root 权限来做一些普通账户无法完成的工作。

(4) sudo -i 表示以 root 身份登录。进程的实际用户 ID 和有效用户 ID 都变成了 root，主目录也切换为 root 的主目录。

2. Hadoop 集群操作常用命令

hadoop-daemon.sh：用于启动当前节点的进程。

hadoop-daemons.sh：用于启动所有节点的进程。

(1) HDFS 文件相关指令。

① 启动 NameNode 指令。

```
sbin/hadoop-daemon.sh start namenode
```

② 启动 DataNode 指令。

```
sbin/hadoop-daemon.sh start datanode
```

③ 启动多个 DataNode 指令。

```
sbin/hadoop-daemons.sh start datanode
```

④ 一次性启动 NameNode 和 DataNode 指令。

```
sbin/start-dfs.sh
```

⑤ 高可用集群 NameNode 节点切换指令。

```
hadoop-daemon.sh stop zkfc
hadoop-daemon.sh start zkfc
```

(2) Yarn 相关指令。

① 启动 Resource Manager 指令。

```
sbin/yarn-daemon.sh start resourcemanager
```

② 启动 Node Manager 指令。

```
sbin/yarn-daemon.sh start nodemanager
```

③ 启动多个 NodeManager 指令。

```
sbin/yarn-daemons.sh start nodemanager
```

④ 一次性启动 ResourceManager 和所有 NodeManager 指令。

```
sbin/start-yarn.sh
```

⑤ 启动 Job Histroty Server 指令。

```
sbin/mr-jobhistory-daemon.sh start historyserver
```

(3) 查看服务相关指令。用于 Hadoop 主备查询和切换。

① 主备查询指令。

```
hdfs haadmin -getservicestate nn1
yarn rmadmin -getservicestate rm1
```

② 主备切换指令。

在 Hadoop 的各种 HA(High Availablity，即高可用，7*24 小时不中断服务)中，有个强制切换的隐藏属性，可以通过命令行切换 HA，需要去运行：

```
hdfs haadmin -transitiontoactive/transitiontostandby nn2
yarn rmadmin -transitiontoactive/transitiontostandby rm2
```

但是，这种方式在启用了 ZooKeeper Failover Controller(ZKFC)做自动失效恢复的状态下是不允许修改的，需要加个 forcemanual。

```
hdfs haadmin -transitiontoactive/transitiontostandby nn2 --forcemanual
```

不过这样做的后果是 ZKFC 将停止工作，不会再有自动故障切换的保障。当然有时候，Hadoop 的 NN 在 ZKFC 正常工作的情况下也会出现两个 standby，诸如 Hive 和 Pig 会直接报一个“Operation category READ is not supported in state standby”错误，这时候就必须手动强制切换了，强制切换完以后，重新启动 ZKFC。应该来说，进入安全模式再切换会比较稳妥一些。

6.3.2　Hadoop 运行环境搭建

环境准备：jdk 压缩包，Hadoop 压缩包。

1. 使用 VMvare 创建两个虚拟机，并安装分布式操作系统

例如选择安装 ubuntu16.04(或 CentOS 6.5 版本)分布式操作系统，需要注意打开 CMOS 设置中的“虚拟化设置”选项，并关闭全部虚拟机的防火墙。

(1) 因为默认的虚拟机主机名都是 ubuntu，所以为了便于虚拟机的识别，创建完成虚拟机后对虚拟机名进行修改，把用于主节点的虚拟机名称设为 Master，把作为从节点的虚拟机名称设为 Slave1。

修改主机名使用如下命令。

```
hadoop@master:~$ sudo gedit /etc/hostname
```

例如把原主机名 ubuntu 改为 Master(在从节点主机上则改为 Slave1)。

(2) 为了虚拟机之间能 ping 通，需要修改虚拟机的 IP 地址。这里以在 Master 机器操作为例子，从节点的虚拟机也要进行一致的操作。

```
hadoop@master:~$ sudo gedit /etc/hosts
```

将/etc/hosts 中的 xx-virtual-machine 修改为刚刚改过的主机名 Master，同时将前面的 IP 地址改为实际的 IP 地址。Slave1 的 IP 地址就是从虚拟机 Slave1 的真实 IP 地址，同样在 Slave1 虚拟机上也要进行这一步操作。

附，查询虚拟机的 IP 地址使用命令。

```
Hadoop@Master:~$ ifconfig -a
```

(3) 关闭虚拟机的防火墙。一般来说，ubuntu 默认都是安装防火墙软件 ufw(简单防火墙，Uncomplicated FireWall)的，使用命令 hadoop@master:~$ sudo ufw version，如果出现

ufw 的版本信息，则说明已有 ufw。

使用命令 hadoop@master:~$ sudo ufw status 查看防火墙开启状态：如果是 active 则说明开启，如果是 inactive 则说明关闭。

开启/关闭防火墙(默认设置是〝disable〞)。

```
hadoop@master:~$ sudo ufw enable|disable
```

使用 hadoop@master:~$ sudo ufw disble 来关闭防火墙，并再次用 hadoop@master:~$ sudo ufw status 查看防火墙是否关闭。

2. 安装 jdk(所有虚拟机都要安装配置)

将 jdk 的压缩文件拖进 Master 和 Slave1 虚拟机中，解压缩(右击 file，选择 extract here)，或者使下命令。

```
hadoop@master:~$ tar -zxvf  jdk1.8.0_161.tar.gz(使用自己的压缩文件名)
```

配置 jdk 环境使用如下命令。

```
hadoop@master:~$ sudo gedit /etc/profile
```

将 jdk 的路径添加到文件后面(根据自己的文件路径，这里 jdk1.8.0_161 文件夹的路径是/home/hadoop/java)。

```
export JAVA_HOME=/home/hadoop/Java/jdk1.8.0_161
export Jre_HOME=/home/hadoop/Java/jdk1.8.0_161/jre
export CLASSPATH=.:$JAVA_HOME/lib:$Jre_HOME/lib:$CLASSPATH
export PATH=$JAVA_HOME/bin:$Jre_HOME/bin:$JAVA_HOME:$PATH
```

保存文件后退出，为了使配置立即生效，使用如下命令。

```
hadoop@master:~$ source /etc/profile
```

或者重启虚拟机，使用如下命令。

```
hadoop@master:~$ shutdown -r now。
```

检查路径下的 jdk 是否安装成功，键入如下命令。

```
hadoop@master:~$ java -version
```

出现版本信息，则表示配置成功。

3. 安装 SSH(Secure Shell Protocol)服务

SSH 是建立在应用层和传输层基础上的安全协议，利用 SSH 协议可以有效防止远程管理过程中的信息泄露问题。安装过程如下。

(1) 首先确保虚拟机的网络连通(能连上网)。

(2) 更新源列表。

```
hadoop@master:~$ sudo apt-get update。
```

(3) 安装 SSH。

```
hadoop@master:~$ sudo apt-get install open ssh-server”
```

输入 y→回车→安装完成。

(4) 查看 SSH 服务是否启动。

打开“终端窗口”，执行如下命令。

```
hadoop@master:~$ sudo ps -e |grep ssh
```

若显示 sshd，则说明服务已经启动，如果没有则启动 SSH，输入如下命令。

```
hadoop@master:~$ sudo service ssh start
```

SSH 服务就会启动。

配置 SSH 的原因：Hadoop 名称节点需要启动集群中所有机器的 Hadoop 守护进程，这个过程需要通过 SSH 登录来实现。Hadoop 并没有提供 SSH 输入密码登录的形式，因此为了能够顺利登录每台机器，需要将所有机器配置为名称节点可以无密码登录它们。

4. 建立 SSH 无密码登录本机

SSH 生成密钥有 DSA 密钥对、DSA 公钥私钥对两种生成方式，默认情况下采用 RSA 方式(因为 DSA 只能用于数字签名，而无法用于加密，RSA 既可作为数字签名，也可以作为加密算法)。

(1) 创建 SSH-Key，这里默认采用 RSA 方式。

```
hadoop@serverOne:~$ ssh-keygen -t rsa -P ""   //P 大写，后面跟""。
```

回车后会在~/.ssh/下生成 id_rsa 和 id_rsa.pub 这两个成对出现的文件，如图 6-1 所示。

```
hadoop@serverOne:~$ ssh-keygen -t rsa -P ""
Generating public/private rsa key pair.
Enter file in which to save the key (/home/hadoop/.ssh/id_rsa):
Your identification has been saved in /home/hadoop/.ssh/id_rsa.
Your public key has been saved in /home/hadoop/.ssh/id_rsa.pub.
The key fingerprint is:
SHA256:rea5JJhsjQMo+Wv4G69BCZWWpZ52Cq57AkfDMgZItJo hadoop@serverOne
The key's randomart image is:
+---[RSA 2048]----+
|+o.+.            |
|o.=.             |
|o+.              |
|+B+o     .       |
|E+B..   S .      |
|+=.= =    .      |
|.+= B o +        |
|+ o* . = .       |
|o*=o.   +.       |
+----[SHA256]-----+
```

图 6-1　创建 SSH-Key

(2) 进入~/.ssh/目录下，将 id_rsa.pub 追加到 authorized_keys 授权文件中。

```
hadoop@serverOne:~$ cd ~/.ssh
hadoop@serverOne: ~/.ssh$ ls
```

开始是没有 authorized_keys 文件的，可以先查看授权情况，根据情况再授权，如图 6-2 所示。

```
hadoop@serverOne: ~/.ssh
hadoop@serverOne:~$ cd ~/.ssh
hadoop@serverOne:~/.ssh$ ls
id_rsa  id_rsa.pub  known_hosts
hadoop@serverOne:~/.ssh$
```

图 6-2　查看 SSH 授权

若未授权，则可以完成授权，如图 6-3 所示。

```
hadoop@serverOne:~$ cat id_rsa.pub >> authorized_keys
```

```
hadoop@serverOne:~/.ssh$ cat id_rsa.pub >> authorized_keys
hadoop@serverOne:~/.ssh$
```

图 6-3　SSH 授权

完成后就可以无密码登录本机了。

(3) 登录 localhost。执行如下命令，结果如图 6-4 所示。

```
hadoop@serverOne:~/ .ssh$ssh localhost,
```

图 6-4　登录 localhost

(4) 执行退出命令。当 SSH 远程登录到其他机器后，控制的是远程的机器，需要执行退出命令才能重新控制本地主机。

```
hadoop@serverOne:~$ exit
```

注意：(1)～(4)步在 Master 和 Slave1 两台虚拟机上都要配置。

(5) 配置 Master 无密码登录 Slave1。在 Master 主机中输入命令复制一份公钥到 home 中。

```
cp .ssh/id_rsa.pub ~/id_rsa_master.pub
```

把 Master 的 home 目录下的 id_rsa_Master.pub 复制到 Slave1 的 home 下(可以先拖到 Windows 桌面上，再拖进 Slave1 虚拟机中)。

在 Slave1 的 home 目录下分别输入如下命令。

```
cat id_rsa_master.pub >> .ssh/ authorized_keys
```

至此实现了 Master 对 Slave1 的无密码登录。

以下步骤只在 Master 上进行(除了 Hadoop 的环境变量，配置在 Slave1 上也要进行)。

5. 安装 Hadoop

(1) 将 Hadoop 压缩包拖进 Master 虚拟机中，解压(这里解压的路径是/home/hadoop/

hadoop-2.7.3)

(2) 在 hadoop-2.7.3 文件夹里面先创建如下 4 个文件夹。

hadoop-2.7.3/hdfs

hadoop-2.7.3/hdfs/tmp

hadoop-2.7.3/hdfs/name

hadoop-2.7.3/hdfs/data

(3) 配置 Hadoop 的配置文件。进入配置文件的路径，请使用自己的路径。

```
hadoop@master:~$ cd /home/hadoop/hadoop-2.7.3/etc/hadoop
```

查看该路径下的文件列表。

```
hadoop@master:~/hadoop-2.7.3/etc/hadoop$ ls
```

文件列表中的 core-site.xml、hadoop-env.sh、yarn-env.sh、hdfs-site.xml、mapred-site.xml 5 个文件是我们需要配置的，这 5 个文件的说明见表 6-3。

表 6-3　Hadoop 的配置文件

序号	配置文件名	配置对象	主要内容
1	core-site.xml	集群全局参数	用于定义系统级别的参数，如 HDFS URI 、Hadoop 的临时目录等
2	hadoop-env.sh	Hadoop 运行环境	用来定义 Hadoop 运行环境相关的配置信息
3	yarn-env.sh	集群资源管理系统参数	配置 ResourceManager ，NodeManager 的通信端口，Web 监控端口等
4	hdfs-site.xml	HDFS	如名称节点和数据节点的存放位置、文件副本的个数、文件的读取权限等
5	mapred-site.xml	MapReduce 参数	包括 JobHistory Server 和应用程序参数两部分，如 Reduce 任务的默认个数、任务所能够使用内存的默认上下限等

① 配置 core-site.xml 文件。

```
hadoop@master:~/hadoop-2.7.3/etc/hadoop$sudo gedit core-site.xml
```

在<configuration></configuration>中加入以下代码。

```
<!—hadoop.tmp.dir 是 hadoop 文件系统依赖的基础配置，很多路径都依赖它。如果 hdfs-site.xml 中不配置 NameNode 和 DataNode 的存放位置，默认就放在这个路径中-->
<property>
<name>Hadoop.tmp.dir</name>
<value>file:/home/hadoop/hadoop-2.7.3/hdfs/tmp</value>
</property>
<property>
<name>io.file.buffer.size</name>
<value>131072</value>
</property>
<property>
```

```
<name>fs.defaultFS</name>
<value>hdfs:///localhost:9000</value>
</property>
<!-- fs.default.name - 这是一个描述集群中 NameNode 节点的 URI(包括协议、主机名称、端口号)，集群里面的每一台机器都需要知道 NameNode 的地址。DataNode 节点会先在 NameNode 上注册，这样它们的数据才可以被使用。独立的客户端程序通过这个 URI 跟 DataNode 交互，以取得文件的块列表-->
```

注意： 第一个属性中的 value 和我们之前创建的/hadoop-2.7.3/hdfs/tmp 路径要一致。

② 配置 hadoop-env.sh 文件。

```
hadoop@master:~/hadoop-2.7.3/etc/hadoop$sudo gedit hadoop-env.sh
```

将 JAVA_HOME 文件配置为本机 JAVA_HOME 路径。

③ 配置 yarn-env.sh 文件。

```
hadoop@master:~/hadoop-2.7.3/etc/hadoop$sudo gedit yarn-env.sh
```

将其中的 JAVA_HOME 修改为本机 JAVA_HOME 路径。

④ 配置 hdfs-site.xml 文件。

```
hadoop@master:~/hadoop-2.7.3/etc/hadoop$sudo gedit hdfs-site.xml
```

在<configuration></configuration>中加入以下代码。

```
<!-- dfs.replication -它决定着系统里面文件的数据块的数据备份个数，这里只有一个 Slave1，所以取值 1。对于一个实际的应用，它应该被设为 3(这个数字并没有上限，但更多的备份可能并没有作用，而且会占用更多的空间)-->
<property>
<name>dfs.replication</name>
<value>1</value>
</property>
<property>
<name>dfs.namenode.name.dir</name>
<value>file:/home/hadoop/hadoop-2.7.3/hdfs/name</value>
<final>true</final>
</property>
<property>
<name>dfs.datanode.data.dir</name>
<value>file:/home/hadoop/hadoop-2.7.3/hdfs/data</value>
<final>true</final>
</property>
<property>
<name>dfs.namenode.secondary.http-address</name>
<value>master:9001</value>
</property>
<property>
<name>dfs.WebHDFS.enabled</name>
<value>true</value>
</property>
<property>
<name>dfs.permissions</name>
```

```
<value>false</value>
</property>
<!-- dfs.data.dir - 这是 DataNode 节点被指定要存储数据的本地文件系统路径。
DataNode 节点上的这个路径没有必要完全相同，因为每台机器的环境很可能是不一样的。但如果每台机器上的这个路径都是统一配置的话，会使工作变得简单一些。默认的情况下，它的值是 hadoop.tmp.dir，这个路径只能用于测试的目的，因为它很可能会丢失掉一些数据，所以这个值最好还是被覆盖。
dfs.name.dir - 这是 NameNode 节点存储 Hadoop 文件系统信息的本地系统路径。这个值只对 NameNode 有效，DataNode 并不需要使用到它。上面对于/temp 类型的警告，同样也适用于这里。在实际应用中，它最好被覆盖掉-->
```

注意：其中第二个 dfs.namenode.name.dir 和 dfs.datanode.data.dir 的 value 和之前创建的/hdfs/name 和/hdfs/data 路径一致；因为这里只有一个从主机 Slave1，所以 dfs.replication 设置为 1。

⑤　复制 mapred-site.xml.template 文件，并命名为 mapred-site.xml。

```
hadoop@master:~/hadoop-2.7.3/etc/hadoop$cp mapred-site.xml.template
mapred-site.xml
```

配置 mapred-site.xml，在标签<configuration>中添加以下代码。

```
<property>
<name>mapreduce.framework.name</name>
<value>yarn</value>
</property>
<!-- mapred.job.tracker -JobTracker 的主机(或者 IP)和端口。-->
<property>
<name>mapred.job.tracker</name>
<value>localhost:9001</value>
</property>
```

Hadoop 2.x 引入了一种新的执行机制(MapReduce2.0)，这种新机制建立在 Yarn 系统上，用于执行的框架通过 mapreduce.framework.name 属性进行设置。

mapreduce.framework.name 取值包括以下情况。

- local，表示本地的作业运行器。
- classical，表示经典的 MR 框架(也称 MapReduce1.0，它使用一个 JobTracker 和多个 TaskTracker)。
- yarn，表示新的 Yarn 框架。

⑥　配置 yarn-site.xml 文件。

```
hadoop@master:~/hadoop-2.7.3/etc/hadoop$sudo gedit yarn-site.xml
```

在<configuration>标签中添加以下代码

```
<property>
<name>yarn.resourcemanager.address</name>
<value>master:18040</value>
</property>
<property>
<name>yarn.resourcemanager.scheduler.address</name>
```

```
<value>master:18030</value>
</property>
<property>
<name>yarn.resourcemanager.webapp.address</name>
<value>master:18088</value>
</property>
<property>
<name>yarn.resourcemanager.resource-tracker.address</name>
<value>master:18025</value>
</property>
<property>
<name>yarn.resourcemanager.admin.address</name>
<value>master:18141</value>
</property>
<property>
<name>yarn.nodemanager.aux-services</name>
<value>mapreduce_Shuffle</value>
</property>
<property>
<name>yarn.nodemanager.auxservices.mapreduce.shuffle.class</name>
<value>org.Apache.Hadoop.mapred.shufflehandler</value>
</property>
```

⑦ 配置 Slaves 文件。

```
hadoop@master:~/hadoop-2.7.3/etc/hadoop$sudo gedit slaves
```

把原本的 localhost 删掉，改为 Slave1。

⑧ 配置 Hadoop 的环境，就像配置 jdk 一样。

```
hadoop@master:~/hadoop-2.7.3/etc/hadoop$sudo gedit /etc/profile
```

根据 Hadoop 文件夹的路径配置，如以路径/home/hadoop/hadoop-2.7.3 为例

```
hadoop@master:~/hadoop-2.7.3/etc/hadoop$
export hadoop_HOME=/home/hadoop/hadoop-2.7.3
export PATH="$hadoop_HOME/bin:$hadoop_HOME/sbin:$PATH"
export hadoop_CONF_DIR=$hadoop_HOME/etc/hadoop
```

键入命令如下使配置立即生效。

```
hadoop@master:~/hadoop-2.7.3/etc/hadoop$ source /etc/profile
```

⑨ 接下来，将 Hadoop 传到 Slave1 虚拟机上面去，并初始化 Hadoop。

```
hadoop@master:~/hadoop-2.7.3/etc/hadoop$scp -r hadoop-2.7.1 hadoop@slave1:~/
```

注意：Hadoop 是虚拟机的用户名，是创建 Slave1 时设定的。

传过去后，在 Slave1 上面同样对 Hadoop 进行路径配置，和步骤⑧一样，然后初始化 Hadoop。

```
hadoop@master:~/hadoop-2.7.3/etc/hadoop$hdfs name -format
```

⑩开启配置 yarn-env.sh 文件，可以使用如下两种方法。

```
start-all.sh
```

或者

```
start-dfs.sh
start-yarn.sh。
```

最后，分别在 Mater 和 Slave1 上面键入 jps 检验集群是否安装成功。

```
hadoop@master:~$ jps
hadoop@slave1:~$ jps
```

6. 用自带的样例测试 Hadoop 集群能不能正常工作，使用如下命令。

```
hadoop  jar  /home/hadoop/hadoop-2.7.3/share/hadoop/mapreduce/hadoop-
mapreduce-examples-2.7.3.jar pi 10 10
```

注：此样例用来求圆周率，pi 是类名，第一个 10 表示 Map 次数，第二个 10 表示随机生成点的次数(与计算原理有关)。

6.4 Hadoop 开源工具

从整体上来学习 Hadoop 毕竟还是有点难度的，但已经有一些开源的工具替我们做了很多，如前文介绍的 Hadoop 生态圈，这里对仅对其中的 Pig 和 Hive 以及 HBase 等做简单的使用介绍。

1. Pig

Pig 是 Yahoo 为了让研究员和工程师能够更简单地挖掘大规模数据集而开发的，为大型数据集的处理提供了更高层次的抽象。

MapReduce 使程序员能够自定义连续执行的 map 和 reduce 函数，但是数据处理通常需要多个 MapReduce 过程才能实现，所以将数据处理要求改写成 MapReduce 模式很复杂。相比而言，Pig 提供了更丰富的数据结构，还提供了一套强大的数据变换操作。

Pig 包括两部分：用于描述数据流的语言，称为 Pig Latin；用于运行 Pig Latin 程序的执行环境。

Pig 采用两种模式运行：单 JVM 中的本地环境和 Hadoop 集群上的分布式执行环境。

一个 Pig Latin 程序由一系列的操作(Operation)和变换(Transformation)组成。每个操作或变换对输入进行处理，然后产生输出结果，这些操作整体上描述了一个数据流，Pig 执行环境把数据流翻译成可执行的内部表示，并运行它。

示例如下。

(1) 加载数据，并按照 as 后指定的格式加载。

```
records=load '/home/user/input/temperature1.txt' as (year: chararray,
temperature: int);
```

(2) 打印 records 对象。

```
dump records;
```

```
describe records;
```

(3) 过滤掉 temperature!=999 的数据。

```
valid_records = filter records by temperature!=999;
```

(4) 按 year 分组。

```
grouped_records = group valid_records by year;
dump grouped_records;
describe grouped_records;
```

(5) 取最大数。

```
max_temperature=foreach grouped_records generate
group,MAX(valid_records.temperature);
```

备注：valid_records 是字段名，在上一语句的 describe 命令结果中可以查看到 group_records 的具体结构。

```
dump max_temperature;
```

需要注意的是，与传统数据库比较：

- Pig Latin 是一种数据流编程语言，而 SQL 是一种描述性编程语言；
- Pig 不支持事务和索引，不支持低延时查询。

2. Hive

Hive 是一个构建在 Hadoop 上的数据仓库框架，它的设计目的是让精通 SQL 的技能分析师能够对 Meta 存放在 HDFS 文件系统的大规模数据集进行查询。

Hive 会把查询转换为一系列在 Hadoop 集群上运行的 MapReduce 作业。Hive 把数据组织为表，通过这种方式为存储在 HDFS 文件系统的数据赋予结构，元数据如同表模式一样存储在名为 Metastore 的数据库中。

示例：

(1) 创建表。

```
create table csdn (username string,passw string,mailaddr string) row
format delimited fields terminated by '#';
```

(2) 加载本地文件进 csdn 表。

```
load data local inpath '/home/development/csdnfile' overwrite into table
csdn;
```

(3) 执行查询并将结果输出至本地目录。

```
insertoverwrite local directory '/home/development/csdntop' select passw,
count(*) as passwdnum from csdn group by passw order by passwdnum desc;
```

需要注意的是，与传统数据库比较：

- Hive 数据仓库介于 Pig 和传统 RDBMS 之间，Hive 的查询语言采用 HiveQL，它是基于 SQL 的。

- Hive 对数据的验证并不在加载数据时进行而是在查询时进行，称为“读时模式”，而传统的数据库是“写时模式”。
- Hive 也不支持事物和索引，不支持低延时查询。

3. ZooKeeper

ZooKeeper 是 Hadoop 的分布式协调服务，诞生于雅虎(Yahoo)公司。

ZooKeeper 提供了一组工具，使我们在构建分布式引用时能够对部分失败进行处理。

4. Sqoop

Sqoop 是一个开源工具，它允许用户将数据从关系型数据库抽取到 Hadoop 中用以进一步处理，抽取处理的数据可以被 MapReduce 程序使用，也可以被其他类似于 Hive 的工具使用。一旦形成分析结果，Sqoop 便可以将这些结果导回数据库，供其他客户端使用。

课后练习题

(1) 简要说明 Hadoop 的用户与权限。

(2) 什么是 SSH？配置 SSH 的原因是什么？

第 7 章　MapReduce 执行框架与项目源码结构

MapReduce 源码结构导学

本章学习目标

- 理解 MapReduce 工作流程。
- 掌握 MapReduce 执行框架。
- 掌握 Map 与 Reduce 的原理和软件框架。
- 掌握 MapReduce 项目源码结构。

重点难点

- MapReduce 工作流程与执行框架。
- Map 与 Reduce 的原理和软件框架以及 MapReduce 项目源码结构。

引导案例

Hadoop 是 Google MapReduce 的一个 Java 实现。MapReduce 是一种简化的分布式编程模式，让程序自动分布到一个由普通机器组成的超大集群上并发执行。就如同 Java 程序员可以不考虑内存泄露一样，MapReduce 的 run-time 系统会解决输入数据的分布细节，跨越机器集群的程序执行调度，处理机器的失效，并且管理机器之间的通信请求。这样的模式允许程序员可以不需要有什么并发处理或者分布式系统的经验，就可以处理超大的分布式系统资源。

MapReduce 是一个分布式运算程序的编程框架，核心功能是将用户编写的业务逻辑代码和自带默认组件整合成一个完整的分布式运算程序，并发运行在 Hadoop 集群上，即 MapReduce 就是一种简化并行计算的编程模型，降低了开发并行应用的入门门槛。

既然是做计算的框架，那么表现形式就是有个输入(input)，MapReduce 操作这个输入，通过本身定义好的计算模型，得到一个输出(output)。

作为 Hadoop 程序员，你要做的事情如下。

(1) 定义 Mapper，处理输入的 Key-Value 对，输出中间结果。

(2) 定义 Reducer，可选，对中间结果进行归约，输出最终结果。

(3) 定义 InputFormat 和 OutputFormat，可选，InputFormat 将每行输入文件的内容转换为 Java 类供 Mapper 函数使用，不定义时默认为 String。

(4) 定义 main 函数，在里面定义一个 Job 并运行它。

(资料来源：本书作者整理编写)

7.1　MapReduce 工作流程

7.1.1　MapReduce 作业执行流程

从整体层面上看，客户端提交 MapReduce 作业(Job)，有以下 5 个独立的实体参与执行。

- Yarn 资源管理器(Resource Manager，RM)：负责协调集群上计算机资源(所有应用程序计算资源)的分配。
- Yarn 应用管理器(Application Master，AM)：负责调度协调 MapReduce 作业的任务。
- 容器(Container)：Yarn 为将来的资源隔离而提出的框架，每一个任务对应一个 Container，且只能在该 Container 中运行，该容器由资源管理器进行调度(Schedule)，且由节点管理器进行管理。
- Yarn 节点管理器(NodeManager，NM)：负责启动和监视集群中机器上的计算容器，即管理每个节点上的资源和任务，主要有两个作用：定期向 AM 汇报该节点的资源使用情况和各个 Container 的运行状态；接收并处理 AM 的任务启动、停止等请求。
- 分布式文件系统(通常是 HDFS)：用来在其他实体间共享作业文件。

Client 编写好 Job 后，可以在 Job 对象上面调用 submit()方法或者 waitForCompletion()方法来运行一个 MapReduce 作业，由资源管理器 Yarn 执行调度，见图 7-1。

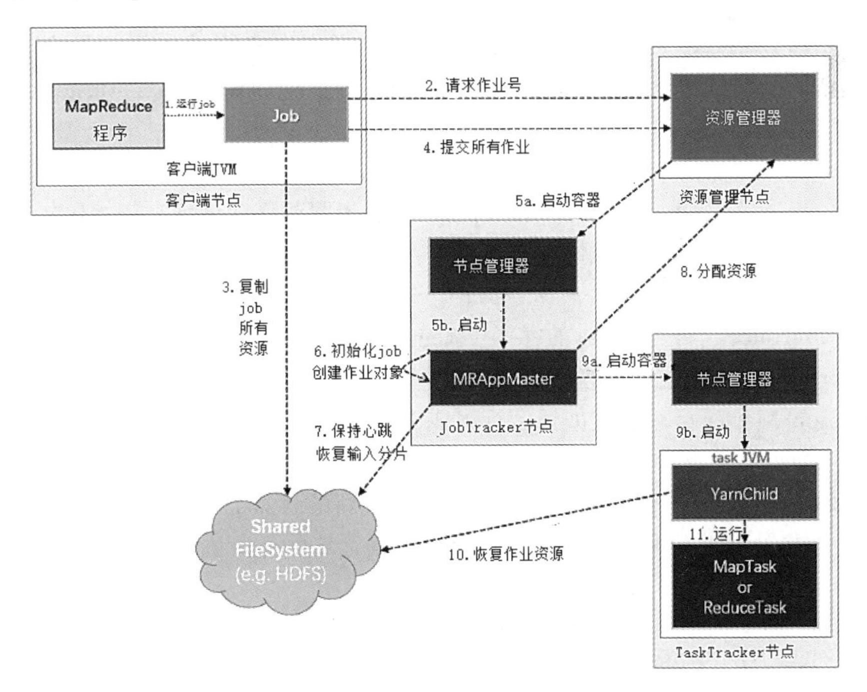

图 7-1　MapReduce 作业执行流程

MapReduce 作业调度大致可以分为作业提交(Job Submission)、作业初始化(Job Initialization)、任务分配(Task Assignment)、任务执行、任务进度和状态的更新、作业完成(Job Completion)几个阶段。

1. 作业提交

在 Job 对象上面调用 submit()方法，在内部创建一个 JobSubmitter 实例，然后调用该实例的 submitJobInternal()方法。如果使用 waitForCompletion()方法来进行提交作业，该方法每隔 1 秒轮询作业的进度，如果进度有所变化，将该进度报告给控制台(Console)。当作业成功完成，作业计数器被显示出来。否则，导致作业失败的错误被记录到控制台。

JobSubmitter 所实现的作业提交过程如下。

(1) 向资源管理器请求一个 Application ID，该 ID 被用作 MapReduce 作业的 ID。

(2) 检查作业指定的输出(Output)目录。例如，如果该输出目录没有被指定或者已经存在，作业不会被提交且一个错误被抛出给 MapReduce 程序。

(3) 为作业计算输入分片(Input Splits)。如果分片不能被计算(可能因为分片输入路径不存在)，该作业不会被提交且一个错误被抛出给 MapReduce 程序。

(4) 复制作业运行必备的资源，包括作业 JAR 文件，配置文件以及计算的输入分片，到一个以作业 ID 命名的共享文件系统目录中。作业 JAR 文件以一个高副本因子(A High Replication Factor)进行复制(由 mapreduce.client.submit.file.replication 属性控制，默认值为 10)，所以在作业任务运行时，在集群中有很多的作业 JAR 副本供节点管理器来访问。

(5) 通过在资源管理器上调用 Submitapplication()来提交作业。

2. 作业初始化(Job Initialization)

当资源管理器接受 submitApplication()方法的调用，它把请求提交给 Yarn 调度器(Scheduler)。调度器分配一个容器(Container)并在其中启动 Application Master 进程，该进程被节点管理器管理。

MapReduce 作业的 Application Master 是一个 Java 应用，它的主类是 MRAppMaster。它通过创建一定数量的簿记对象(Bookkeeping Object)跟踪作业进度来初始化作业，该簿记对象接受任务报告的进度和完成情况。接下来，Application Master 从共享文件系统中获取客户端计算的输入分片，然后它为每个分片创建一个 Map 任务，同样创建由 mapreduce.job.reduces 属性控制的多个 Reduce 任务对象(或者在 Job 对象上通过 setnumreducetasks()方法设置)。任务 ID 在此时分配。

Applcation Master 必须决定如何运行组成 MapReduce 作业的任务。如果作业比较小，Application Master 可能选择在和它自身运行的 JVM 上运行这些任务。这种情况发生的前提是 Application Master 判断分配和运行任务在一个新的容器上的开销超过并行运行这些任务所带来的回报，据此和顺序地在同一个节点上运行这些任务进行比较。这样的作业被称为 Uberized，或者作为一个 Uber 任务运行。

默认的情况下，一个小的作业指拥有少于 10 个 Mapper，只有一个 Reducer，且单个输入的 Size 小于 HDFS Block 的，这些值可以通过输入 mapreduce.job.ubertask.maxmaps、mapreduce.job.ubertask.maxreduces、mapreduce.job.ubertask.maxbytes 命令进行设置。Uber

任务必须显式地将 mapreduce.job.ubertask.enable 设置为 True

最后，在任何任务运行之前，Application Master 调用 OutputCommiter 的 setupJob()方法。系统默认使用 FileOutputCommiter，它为作业创建最终的输出目录和任务输出来创建临时工作空间(Temporary Working Space)。

3. 任务分配(Task Assignment)

如果作业没有资格作为 Uber 任务来运行，那么 Application Master 为作业中的 Map 任务和 Reduce 任务向资源管理器请求容器。首先要为 Map 任务发送请求，该请求优先级高于 Reduce 任务的请求，因为所有的 Map 任务必须在 Reduce 的排序阶段(Sort Phase)能够启动之前完成。Reduce 任务的请求至少有 5%的 Map 任务已经完成才会发出(可配置)。

Reduce 任务可以运行在集群中的任何地方，但是 Map 任务的请求有数据本地约束(Data Locality Constraint)，调度器尽力遵守该约束。在最佳情况下，任务的输入是数据本地的(Data Local)，也就是任务运行在分片驻留的节点上；或者任务可能是机架本地的(Tack Local)，也就是和分片在同一个机架上，而不是同一个节点上。

需要注意的是：有一些任务既不是数据本地的，也不是机架本地的，该任务从不同机架上而不是从任务本身运行的节点上获取数据。

对于特定的作业，可以通过查看作业计数器(Job's Counters)来确定任务的位置级别(Locality Level)。

请求也为任务指定内存需求和 CPU 数量。默认每个 Map 和 Recude 任务被分配 1024MB 的内存和一个虚拟的核(Virtual Core)。这些值可以通过如下属性(mapreduce.map.memory.mb、mapreduce.reduce.memory.mb、mapreduce.map.CPU.vcores 和 mapreduce.reduce.CPU.vcores)在每个作业基础上进行配置。

4. 任务执行

一旦资源调度器在一个特定的节点上为一个任务分配一个容器所需的资源，Application Master 通过连接节点管理器来启动这个容器。任务通过一个主类为 YarnChild 的 Java 应用程序来执行，在它运行任务之前会将任务所需的资源本地化，包括作业配置、JAR 文件以及一些在分布式缓存中的文件，最后它运行 Map 或者 Reduce 任务。

YarnChild 在一个指定的 JVM 中运行，所以任何用户自定义的 map 和 reduce 函数的 Bug(或者甚至在 YarnChild 上的)都不会影响到节点管理器，比如造成节点管理的崩溃或者挂起。

每个任务能够执行计划(Setup)和提交(Commit)动作，它们运行在和任务本身相同的 JVM 当中，由作业的 OutputCommitter 来确定。对于基于文件的作业，提交动作把任务的输出从临时位置移动到最终位置。提交协议确保当推测执行可用时在复制的任务中只有一个被提交，其他的都被取消掉。

5. 进度和状态的更新

MapReduce 作业是长时间运行的批处理作业(Long-running Batch Job)，运行时间从几十秒到几小时，由于可能运行时间很长，所以用户得到该作业的处理进度反馈是很重要的。

作业和任务都含有一个状态，包括运行状态、Map 和 Reduce 的处理进度、作业计数器的值，以及一个状态消息或描述。这些状态会在作业的过程中改变，当一个任务运行时它会保持进度的跟踪(就是任务完成的比例)：对于 Map 任务，就是被处理的输入的比例；对于 Reduce 任务，系统仍然能够估算已处理的 Reduce 输入的比例。

MapReduce 通过把 ReducerTask 阶段分为复制、排序、归约三个阶段，从而对应了洗牌的三个阶段实现进度跟踪。例如，如果一个任务运行 Reducer 完成了一半的输入，该任务的进度就是 5/6，因为它已经完成了复制和排序阶段以及归约阶段完成了一半(1/6)。

任务有一些计数器，它们在任务运行时记录各种事件，这些计数器要么是框架内置的，例如已写入的 Map 输出记录数，要么是用户自定义的。

当 Map 或 Reduce 任务运行时，子进程使用 umbilical 接口和父 Application Master 进行通信。任务每隔 3 秒钟通过 umbilical 接口报告其进度和状态(包括计数器)给 Application Master，Application Master 会形成一个作业的聚合视图。

在作业执行的过程中，客户端每秒通过轮询 Application Master 获取最新的状态(间隔通过 mapreduce.client.progressmonitor.polinterval 设置)。客户端也可使用 Job 的 getStatus()方法获取一个包含作业所有状态信息的 JobStatus 实例。

6. 作业完成(Job Completion)

当 Application Master 接收到最后一个任务完成的通知，它改变该作业的状态为 successful。在 Job 的对象轮询状态下，当它知道作业已经成功完成会发送一条消息告诉用户以及从 waitForCompletion()方法返回，此时作业的统计信息和计数器被打印到控制台。

如果配置了的话，Application Master 也可以发送一条 HTTP 作业通知，当客户端想要接收回调时可以通过 mapreduce.job.end-notification.url 属性进行配置。

最后，当作业完成，Application Master 和作业容器清理他们的工作状态，中间输入会被删除，然后 OutputCommitter 的 commitJob()方法被调用，作业的信息被作业历史服务器存档，以便日后用户查询。

7.1.2 MapReduce 计算过程

MapReduce 内部逻辑的大致流程主要由 Mapper 阶段和 Reducer 阶段完成。

1. Mapper 阶段

每个 Mapper 任务是一个 Java 进程，它会读取 HDFS 文件系统中的文件解析成很多的键值对，经过用户覆盖的 map 方法处理后转换为很多的键值对再输出，整个 Mapper 任务的处理过程又可以分为以下几个阶段。

(1) 把输入文件按照一定的标准进行分片，每个输入片的大小是固定的，每个片段包括了<文件名，开始位置，长度，位于哪些主机>等信息。默认情况下，输入片的大小与数据块(Block)的大小是相同的。如果数据块的大小是默认值 64MB，输入文件有两个，一个是 32MB，一个是 72MB，那么小的文件是一个输入片，大文件会分为两个输入片，一共产生三个输入片。每一个输入片由一个 Mapper 进程处理，这里的三个输入片会有三个 Mapper 进程处理。

(2) 对输入片中的记录按照一定的规则(任务)解析成键值对<k1,v1>，有个默认规则是把每一行文本内容解析成键值对，这里的“键”是每一行的起始位置(单位是字节)，“值”是本行的文本内容。

(3) 调用 Mapper 类中的 map 方法，在第二阶段中解析出来的每一个键值对调用一次 map 方法，如果有 1000 个键值对就会调用 1000 次 map 方法，每一次调用 map 方法会输出零个或者多个键值对<k2,v2>。

(4) 按照一定的规则对第三阶段输出的键值对进行分区，分区是基于键进行的，比如键表示省份(如北京、上海、山东等)，那么就可以按照不同省份进行分区，同一个省份的键值对划分到一个区中。默认情况下只有一个区，分区的数量就是 Reducer 任务运行的数量。

(5) 对每个分区中的键值对进行排序，首先按照键进行排序，对于键相同的键值对按照值进行排序。比如三个键值对<2,2>、<1,3>、<2,1>，键和值分别是整数，那么排序后的结果是<1,3>、<2,1>、<2,2>。如果有第六阶段，那么进入第六阶段；如果没有，则直接输出<k2,Listv2>到本地 Linux 文件中。

(6) 对数据进行归约处理，也就是 Reduce 处理。通常情况下的 Combiner 过程中键相等的键值对会调用一次 reduce 方法，经过这一阶段数据量会减少，归约后的数据<k3,v3>输出到本地 Linux 文件中。本阶段默认是没有的，需要用户自己增加这一阶段的代码。

注意 Map 端的 Shuffle 过程：每个 Map 任务分配一个缓存，MapReduce 默认 100MB 缓存。如设置溢写比例 0.8，分区默认采用哈希函数，排序是默认的操作，排序后可以合并(Combine)，合并不能改变最终结果。

在 Map 任务全部结束之前进行归并，归并得到一个大的文件：

- 放在本地磁盘文件归并时，如果溢写文件数量大于预定值(默认是 3)则可以再次启动 Combiner，少于 3 则不需要，JobTracker 会一直监测 Map 任务的执行，并通知 Reduce 任务来领取数据。多个溢写文件归并成一个或多个大文件，文件中的键值对是排序的；
- 当数据很少时，不需要溢写到磁盘直接在缓存中归并，然后输出给 Reduce。

2. Reducer 阶段

每个 Reducer 任务是一个 Java 进程。Reducer 任务接收 Mapper 任务的输出，归约处理后写入到 HDFS 文件中，可以分为如下图所示的几个阶段。

(1) Reducer 任务会主动从 Mapper 任务复制其输出的键值对。Mapper 任务可能会有很多，因此 Reducer 会复制多个 Mapper 的输出。

(2) 把复制到 Reducer 的本地数据全部进行合并。即把分散的数据合并成一个大的数据，再对合并后的数据排序。

(3)对排序后的键值对调用 reduce 方法。键相等的键值对调用一次 reduce 方法，每次调用会产生零个或者多个键值对，最后把这些输出的键值对<k3,v3>写入到 HDFS 文件中。

注意：Reduce 任务通过 RPC 向 JobTracker 询问 Map 任务是否已经完成，若完成则领取数据，Reduce 领取数据先放入缓存，来自不同 Map 机器的数据先归并，再合并，写入磁盘。

3. MapReduce 的映射与归约任务对照

map 函数的输入来自分布式文件系统的文件数据块，这些文件数据块的格式是任意的，可以是文档，也可以是二进制格式的。文件的数据块是一系列元素的集合，这些元素也是任意类型的，同一个元素不能跨文件数据块存储。map 函数将输入的元素转换成<key, value>形式的键值对，键和值的类型也是任意的，且一个 Map 任务可生成具有相同键的多个<key,value>。

reduce 函数的任务就是将输入的一系列具有相同键的键值对以某种方式组合起来，输出处理后的键值对，输出结果会合并成一个文件。用户可以指定 Reduce 任务的个数(如 *n* 个)，并通知实现系统，然后主控进程通常会选择一个 Hash 函数，Map 任务输出的每个键都会经过 Hash 函数计算，并根据哈希结果将该键值对输入相应的 Reduce 任务来处理。对于处理键为 *k* 的 Reduce 任务的输入形式为<k,list(v)>，输出为<k,v1>。Map 与 Reduce 阶段任务见表 7-1。

表 7-1　Map 与 Reduce 阶段任务表

阶段	函数	输入	输出	说明
Mapper	Map	<k1,v1>，如<行号,"a b c">	List(<k2,v2>) 如： <"a",1><"b",1><"c",1>	1.将小数据集进一步解析成一批<key,value>对，输入 map 函数中进行处理； 2.每一个输入的<k1,v1>会输出一批<k2,v2>。<k2,v2>是计算的中间结果
Reducer	Reduce	<k2,list(v2)>，输入的中间结果<k2,list(v2)>中的 list(v2)表示是一批属于同一个 k2 的 value。	<"a",<1,1,1>>，<k3,v3>， <"a",3>	每个 k 键对应的 v 值先执行归并，再合并，写入磁盘

7.2　MapReduce 执行框架

1. Map 任务的执行框架

Map 任务最终是交给 Map 任务执行器 org.apache.hadoop.mapreduce.mapper 来执行的，它在底层采用 JDK 的泛型编程。

任何 Map 任务在 Hadoop 中都由一个 MapTask 对象所详细描述，MapTask 会最终调用 Mapper 的 run 方法执行它对应的 Map 任务。Mapper 从 Context 中获得一系列的输入数据记录，然后再将这些处理后的记录写入 Context 中，同时输入、输出的数据格式则交由用户来实现/设置的。Context 通过 RecordReader 来获取输入数据，通过 RecordWriter 保存被 Mapper 处理后的数据。抽象的 Map 任务执行框架见图 7-2。

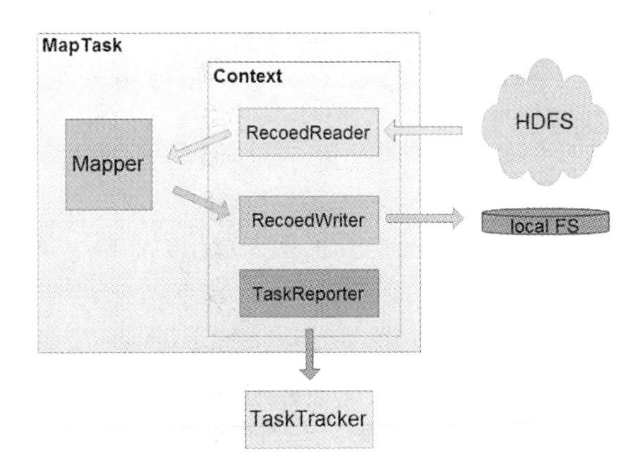

图 7-2 抽象的 Map 任务执行框架

Map 任务的输入文件保存在 InputSplit 中，保存了文件的路径、范围、位置；Map 任务的输出文件信息是在执行过程中动态生成的，因为 Map 任务的结果输出实际上就是 Reduce 任务的输入，它相当于只是全局作业中的一个中间过程，所以这个 Map 任务输出结果的保存对于用户来说是透明的，因此用户只需要关心 Reduce 任务的最后汇总结果即可。

Map 任务执行器相关的 Mapper 类见图 7-3。

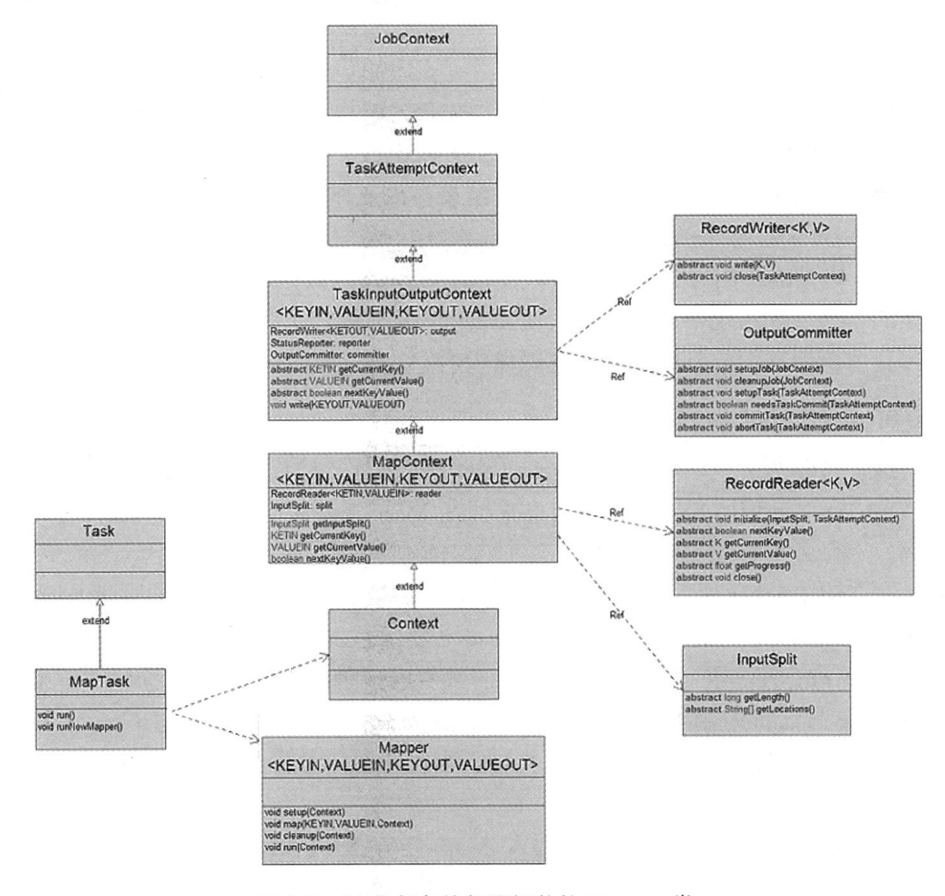

图 7-3 Map 任务执行器相关的 Mapper 类

对于抽象出来的这个 Map 任务执行框架需要补充的是，在 Map 任务对应的上下文执行环境 Context 中有个任务报告器 TaskReporter，它被用来不断向这个 Map 任务的 TaskTracker 报告任务的执行进度。

2. Reduce 任务的执行框架

Reduce 任务执行框架与 Map 任务执行框架大致相似，唯一的不同之处就是它们的数据输入来源、数据输出目的地不一样，见图 7-4。

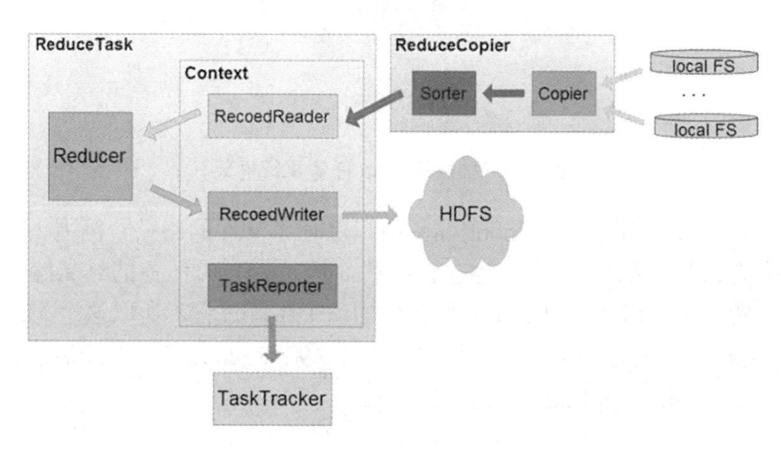

图 7-4　Reduce 任务执行框架

总的说来，Map 任务的输入数据来源于 HDFS 文件，最后的结果输出分布在每一个执行 Map 任务的机器节点的本地文件系统上，而 Reduce 任务的数据来源于每一个执行 Map 任务的机器节点的本地文件系统，它的最终结果存放在作业设置的 HDFS 文件系统某个目录下。

与 Map 略微的不同之处就是构造数据记录读取器的数据来源，Reduce 需要先从其他机器节点的本地文件系统中复制下来，而 Reduce 从 Map 节点复制下来的数据会根据当前节点的内存情况把它们放到内存或本地磁盘中。

3. Map 到 Reduce 的过程(Shuffle)

(1)　运行作业的客户端通过调用 getsplits()计算分片，然后将它们发送到 JobTracker。

(2)　JobTracker 使用其存储位置信息来调度 Map 任务从而在 TaskTracker 上处理这些分片数据。

(3)　在 TaskTracker 上，Map 任务把输入分片传给 InputFormat 的 getrecordreader()方法来获得这个分片的 RecordReader。RecordReader 就像是记录上的迭代器，Map 任务通过调用 Mapper 的 run 方法用一个 RecordReader 来生成记录的键/值对，进而将该键/值对传给 Mapper 的 map 方法作为输入。

(4)　根据自定义的 Mapper 方法，将输入为键值对的数据处理为新的键值对数据，该数据为 Mapper 方法的输出。

(5)　Mapper 方法的输出刚开始是写入 Map 任务所有的环形内存缓冲区，待缓冲内容达到指定阈值(默认 80%)时，会启动一个溢写的后台线程把内容从缓冲区写入磁盘(与此同

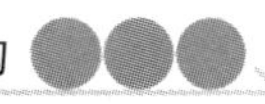

时 Mapper 的输出仍在写入缓冲区中，但如果在此期间缓冲区被填满，则 Map 会被阻塞直到写磁盘过程完成)。

① 在 Map 输出写到缓冲区之前，会进行一个分区(Partition)操作，即 MapReduce 提供 Partitioner 接口，它的作用就是根据 Key 或 Value 及 Reduce 的数量来决定当前的输出数据最终应该交由哪个 ReduceTask 处理，默认对 Key Hash 后再以 ReduceTask 的数量取模。默认的取模方式只是为了平均 Reduce 的处理能力，如果用户自己对 Partitioner 有需求，可以订制并设置到 Job 上。

② 在从缓冲区写到磁盘的过程中会实现一个排序的过程，即完成 MapReduce 的默认排序(若 key 为 IntWritable，则排序为自然数的从小到大排序，若 Key 为 Text，则为字典顺序排序)，这里的排序也是对序列化的字节做的排序。

③ 在 Map 输出写到磁盘的溢写过程中可以加入一次 Combine 操作，将此时同一缓冲区内输出结果的 Key 进行合并，这样可以减少内存写入磁盘的溢写 I/O 操作。Combiner 会优化 MapReduce 的中间结果，所以它在整个模型中会多次使用。

注意： Combiner 的输出是 Reducer 的输入，Combiner 绝不能改变最终的计算结果，所以 Combiner 只应该用于那种 Reduce 的输入 Key/Value 与输出 Key/Value 类型完全一致，且不影响最终结果的场景，比如累加、最大值等。Combiner 的使用一定要慎重，用好对 Job 执行效率有帮助，反之会影响 Reduce 的最终结果。

(6) 待全部的 Mapper 输出均写到磁盘后，Map 会把这多个临时文件合并，即做 Merge 操作，注意这里的 Merge 操作只是简单的合并，如果没有在该处设置 Combiner 是不会对相同 Key 进行压缩的，所以可能会有相同的 Key 出现。Merge 操作就是对于同样的 Key，将其 Value 变为 List，把多个 Value 放在 List 中，这种 Key/Value 的形式就是 Reduce 输入的数据格式。

至此，Map 端的所有工作结束，最终生成的文件也存放在 TaskTracker 能够访问的某个本地目录内。每个 ReduceTask 不断地通过 RPC 从 JobTracker 那里获取 MapTask 是否完成的信息，如果 ReduceTask 得到通知获知某台 TaskTracker 上的 MapTask 执行完成，Shuffle 的后半段过程即开始启动。

(7) Reducer 通过 HTTP 方式得到输出文件的分区。Reduce 进程启动一些数据复制线程(Fetcher)，通过 HTTP 方式请求 MapTask 所在的 TaskTracker 获取 MapTask 的输出文件，并行地获取 Map 输出。因为 MapTask 早已结束，这些文件就由 TaskTracker 在本地磁盘中进行管理。

(8) 合并操作。这里的 Merge 如同 Map 端的 Merge 动作，只是数组中存放的是不同 Map 端复制来的数值。复制过来的数据会先放入内存缓冲区中，这里的缓冲区大小要比 Map 端的更为灵活，它基于 JVM 的堆大小(Heap Size)设置，因为 Shuffle 阶段 Reducer 不运行，所以应该把绝大部分的内存都给 Shuffle 使用。

需要强调的是，Merge 有三种形式：内存到内存、内存到磁盘、磁盘到磁盘。默认情况下第一种形式不启用，当内存中的数据量到达一定阈值，就启动内存到磁盘的 Merge，与 Map 端类似这也是溢写的过程，这个过程中如果设置有 Combiner 也是会启用的，然后在磁盘中生成了众多的溢写文件。

(9) Reducer 会一直进行合并 Merge 操作，直到所有的 Map 的输出结果都被合并完毕为止，在此过程中第二种 Merge 方式一直在运行，直到没有 Map 端的数据时才结束，然后启动第三种磁盘到磁盘的 Merge 方式生成最终的那个文件。

(10) Reducer 的输入文件不断地执行 Merge 后会生成一个“最终文件”，这个文件可能存在于磁盘上，也可能存在于内存中，默认情况下这个文件是存放于磁盘中的。当 Reducer 的输入文件已定，整个 Shuffle 才最终结束。

合并完之后，Reducer 会直接把数据输入 reduce 函数，而不会把最后合并的一个大文件再次写入磁盘，最后的合并可以来自内存和磁盘片段。

在 Reduce 阶段中，对已排序输出的每个键调用 reduce 函数，此阶段的输出直接写到输出文件系统(一般为 HDFS 文件)。如果采用 HDFS 文件系统，由于 TaskTracker 节点也运行数据节点，所以第一个块副本将被写到本地磁盘。

在 Hadoop 这样的集群环境中，大部分 MapTask 与 ReduceTask 的执行是在不同的节点上，很多情况下 Reduce 执行时需要跨节点去拉取其他节点上的 MapTask 结果，此时我们对 Shuffle 过程的期望有以下几点。

- 完整地从 MapTask 端拉取数据到 Reduce 端。
- 在跨节点拉取数据时，尽可能地减少对带宽的不必要消耗。
- 减少磁盘 IO 对 Task 执行的影响。

7.3 Map 和 Reduce 任务与工作流程

MapReduce 设计的一个理念是“计算向数据靠拢”，因为移动数据需要大量的网络传输开销，所以 MapReduce 框架尽量将 Map 程序在 HDFS 文件数据所在的节点运行。从开发角度来说，Hadoop 给开发人员预留了两个接口，即 Map 接口和 Reduce 接口，而整个作业的处理流程是固定的，即用户所能做的就是根据具体的项目需求来找到合适的方法实现自己的 map 函数和 reduce 函数，从而达到目的，即 MapReduce 模型的核心是 map 函数和 reduce 函数，二者都是由应用程序开发者具体实现的。

MapReduce 编程比较容易，程序员只要关注如何实现 map 和 reduce 函数，而不需要处理并行编程中的其他复杂问题，如分布式存储、工作调度、负载均衡、容错处理、网络通信等，这些问题都会由 MapReduce 框架负责处理。

1. MapReduce 的分区

在 MapReduce 中通过指定分区(分区标记 0,1,2...，将记录进行分类分配到对应分区，但并不关心记录的顺序)，会将同一个分区的数据发送到同一个 Reduce 当中进行处理，比如我们为了数据的统计，可以把一批类似的数据发送到同一个 Reduce 当中去，在同一个 Reduce 当中统计相同类型的数据。

Hadoop 采用的派发方式默认是根据散列值派发，当数据进行 Map 转换后根据 Map 后数据的 Key 值进行散列派发，这样的一个弊端就是当数据 Key 的值过于相似且集中时大部分的数据就会分到同一个 Reducer 中，从而造成数据倾斜而影响程序的运行效率。所以，需要我们自己定制 Partitioner，根据自己的要求选择记录的 Reducer。自定义 Partitioner 很

简单，只要自定义一个类，并且继承 Partitioner 类，重写其 getPartition 方法即可，在使用的时候通过调用 Job 的 setPartitionerClass 指定。

2. ReduceTask 的数量

ReduceTask 的数量通过我们自己手动指定，如指定 3 个 ReduceTask(注意，ReduceTask 的数量必须与分区数量相一致)可以设置 job.setNumReduceTasks(3)。

3. MapTask 运行机制以及 Map 任务的并行度

(1) MapTask 运行机制。

① 首先读取数据组件 InputFormat(默认 TextInputFormat)会通过 getSplits 方法对输入目录中的文件进行逻辑切片规划得到 Split，有多少个 Split 就对应启动多少个 MapTask。

② 将输入文件切分为 Split 之后，由 RecordReader 对象(默认 LineRecordReader)进行读取，以\n 作为分隔符读取一行数据，返回<key,value>。Key 表示每行首字符偏移值，Value 表示这一行文本内容。

③ 读取 Split 返回<key,value>。进入用户自己继承的 Mapper 类中，执行用户重写的 map 函数。RecordReader 读取一行，这里就调用一次。

④ Map 逻辑完成之后，将 Map 的每条结果通过 Context.write 进行 Collect 数据收集。在 Collect 中会先对其进行分区处理，默认使用 HashPartitioner。

⑤ 接下来，会将数据写入内存环形缓冲区，缓冲区的作用是批量收集 Map 结果，减少磁盘 I/O 的影响。缓冲区是有大小限制的，默认是 100MB。Key/Value 对以及 Partition 的结果都会被写入缓冲区，包括 Partition、Key 的起始位置、Value 的起始位置以及 Value 的长度。当然写入之前，Key 与 Value 值都会被序列化成字节数组。

⑥ 当溢写线程启动后，需要对这数据空间内的 Key 做排序(Sort)。排序是 MapReduce 模型默认的行为，这里的排序也是对序列化的字节做的排序。

⑦ 合并溢写文件。当 MapTask 的输出结果很多时就可能会撑爆内存，所以需要在一定条件下将缓冲区中的数据临时写入磁盘然后重新利用这块缓冲区，这个从内存往磁盘写数据的过程被称为 Spill，中文可译为溢写。

每次溢写会在磁盘上生成一个临时文件(写之前判断是否有 Combiner)，如果 Map 的输出结果真的很大，有多次这样的溢写发生，磁盘上相应地就会有多个临时文件存在。因为最终的文件只有一个写入磁盘，并且为这个文件提供了一个索引文件记录每个 Reduce 对应数据的偏移量，所以当整个数据处理结束之后开始对磁盘中的临时文件进行 Merge 合并。

至此，Map 整个阶段结束。

(2) MapTask 的一些基础配置实例。

mapred-site.xml 当中设置如下。

设置一：设置环型缓冲区的内存值大小(默认设置如下)。

```
mapreduce.task.io.sort.mb: 100
```

设置二：设置溢写百分比(默认设置如下)。

```
mapreduce.map.sort.spill.percent: 0.80
```

设置三：设置溢写数据目录(默认设置)。

```
mapreduce.cluster.local.dir: ${hadoop.tmp.dir}/mapred/local
```

设置四：设置一次最多合并多少个溢写文件(默认设置如下)。

```
mapreduce.task.io.sort.factor: 10
```

4. ReduceTask 工作机制以及并行度

(1) Reduce 的三个阶段。Reduce 大致分为复制(Copy)、排序(Sort)、归约(Reduce)三个阶段，重点在前两个阶段。

复制阶段包含一个 EventFetcher 来获取已完成的 Map 列表，由 Fetcher 线程去复制数据，在此过程中会启动两个 Merge 线程，分别为 inMemoryMerger 和 onDiskMerger，分别将内存中的数据归并到磁盘和将磁盘中的数据进行归并。

待数据复制完成之后，开始进行排序阶段，排序阶段主要是执行 FinalMerge 操作。

纯粹的排序阶段完成之后就是归约阶段，调用用户定义的 reduce 函数进行处理。

(2) 详细步骤。

① 复制阶段，简单地拉取数据。Reduce 进程启动一些数据复制线程(Fetcher)，通过 HTTP 方式请求 Maptask 获取属于自己的文件。

② 归并阶段。这里的归并如同 Map 端的归并动作，只是数组中存放的是不同 Map 端复制来的数值。复制过来的数据会先放入内存缓冲区中，这里的缓冲区大小要比 Map 端的更为灵活。归并有三种形式：内存到内存，内存到磁盘，磁盘到磁盘。默认情况下第一种形式不启用。当内存中的数据量到达一定阈值，就启动内存到磁盘的归并，与 Map 端类似这也是溢写的过程，这个过程中如果设置有 Combiner 也是会启用的，然后在磁盘中生成了众多的溢写文件，第二种归并方式一直在运行，直到没有 Map 端的数据时才结束，然后启动第三种磁盘到磁盘的归并方式生成最终的文件。

③ 合并排序。把分散的数据合并成一个大的数据后，还会再对合并后的数据排序。

④ 对排序后的键值对调用 reduce 方法，键相等的键值对调用一次 reduce 方法，每次调用会产生零个或者多个键值对，最后把这些输出的键值对写入到 HDFS 文件中。

5. MapReduce 工作流程

MapReduce 的工作流程可简单概括为以下 10 个工作步骤。

Step1：MapReduce 在客户端启动一个作业。

Step2：Client 向 JobTracker 请求一个 JobID。

Step3：Client 将需要执行的作业资源复制到 HDFS 文件系统上。

Step4：Client 将作业提交给 JobTracker。

Step5：JobTracker 在本地初始化作业。

Step6：JobTracker 从 HDFS 文件作业资源中获取作业输入的分割信息，根据这些信息将作业分割成多个任务。

Step7：JobTracker 把多个任务分配给在与 JobTracker 心跳通信中请求任务的 TaskTracker。

Step8：TaskTracker 接收到新的任务之后会首先从 HDFS 文件系统上获取作业资源，包括作业配置信息和本作业分片的输入。

Step9：TaskTracker 在本地登录子 JVM。

Step10：TaskTracker 启动一个 JVM 并执行任务，并将结果写回 HDFS 文件。

6. Map 和 Reduce 应用注意事项

(1) 不同的 Map 任务之间不会进行通信。

(2) 不同的 Reduce 任务之间也不会发生任何信息交换。

(3) 用户不能显式地从一台机器向另一台机器发送消息。

(4) 所有的数据交换都是通过 MapReduce 框架自身去实现的。

7.4　MapReduce 项目源码结构

MapReduce 核心功能是将用户编写的业务逻辑代码和自带默认组件整合成一个完整的分布式运算程序，并发运行在一个 Hadoop 集群上。

7.4.1　MapReduce 作业

MapReduce
作业解析

在 Job 对象上面调用 submit()方法或者 waitForCompletion()方法来运行一个 MapReduce 作业，这些方法隐藏了背后大量的处理过程。

从整体层面上看，有以下 5 个独立的实体参与 MapReduce 的核心功能。

- 客户端提交 MapReduce 作业。
- Yarn 资源管理器(Yarn Resource Manager)负责协调集群上计算机资源的分配。
- Yarn 节点管理器(Yarn Node Manager)负责启动和监视集群中机器上的计算容器(container)。
- MapReduce 的 Application Maste 负责协调 MapReduce 作业的任务。MRAppMaster 和 MapReduce 任务运行在容器中，该容器由资源管理器进行调度(Schedule)，且由节点管理器进行管理。
- 分布式文件系统(通常是 HDFS)，用来在其他实体间共享作业文件。

Hadoop 背后运行一个 MapReduce 作业的步骤参见 7.1.1 节 MapReduce 作业执行流程。

延伸学习：MapReduce 的作业(Job)/任务(Task)进度跟踪

MapReduce 的任务进度不总是可测的，但是它会告诉 Hadoop 一个任务在做的一些事情，这就是进度和状态的更新。

例如，任务的写输出记录是有进度的，即使不能用总进度的百分比(因为它自己也可能不知道到底有多少输出要写，也可能不知道需要写的总量)来表示，进度报告也非常重要，Hadoop 不会使任何一个报告进度的任务失败。

又例如任务有一些计数器，它们在任务运行时记录各种事件，这些计数器要么是框架内置的，例如已写入的 Map 输出记录数，要么是用户自定义的。

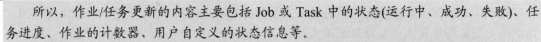

所以，作业/任务更新的内容主要包括 Job 或 Task 中的状态(运行中、成功、失败)、任务进度、作业的计数器、用户自定义的状态信息等。

常用的进度跟踪手段包括：读取输入记录、写出输出记录、发送状态信息(Reporter 或 TaskAttempContext 的 setStatus()方法)、增加计数器(Reporter 的 incrCounter()或 Counter 的 increment()方法)、调用 Reporter 或 TaskAttempContext 的 progress()等。

下面是作业进度和状态更新中构成进度的常规操作，具体包括以下几个。

- 读取输入记录(在 Mapper 或者 Reducer 中)。
- 写输出记录(在 Mapper 或者 Reducer 中)。
- 设置状态描述(由 Reporter 或 TaskAttempContext 的 setStatus()方法设置)。
- 计数器的增长(使用 ReporterincrCounter()方法或者 Counter 的 increment()方法)。
- 调用 Reporter 或者 TaskAttemptContext 的 progress()方法。

(1) 当 Map 或 Reduce 任务运行时，子进程使用 Umbilical 接口和父 Application Master 进行通信。任务每隔三秒钟通过 Umbilical 接口报告其进度和状态(包括计数器)给 Application Master，Application Master 会形成一个作业的聚合视图。

(2) 在作业执行的过程中，客户端每秒通过轮询 Application Master 获取最新的状态(间隔通过 MapReduce.Client.progressmonitor.polinterval 设置)；客户端也可使用 Job 的 getStatus()方法获取一个包含作业所有状态信息的 JobStatus 实例。

(3) 作业完成(Job Completion)。

当 Application Master 接收到最后一个任务完成的通知，它改变该作业的状态为 successful。当 Job 对象轮询状态，它知道作业已经成功完成，所以它打印一条消息告诉用户以及从 waitforcompletion()方法返回。此时，作业的统计信息和计数器被打印到控制台。

Application Master 也可以发送一条 HTTP 作业通知，如果配置了的话。当客户端想要接受回调时，可以通过 MapReduce.job.end-notification.url 属性进行配置。

(4) 当作业完成后，Application Master 和作业容器清理它们的工作状态(中间输入会被删除)，然后 OutputCommiter 的 commitjob()方法被调用。作业的信息被作业历史服务器存档，以便日后用户查询。

7.4.2 MapReduce 项目源码结构

1. 客户端

MapReduce 的过程首先是由客户端提交一个 Java 任务开始的。提交任务主要是通过 JobClient.runJob(JobConf)静态函数实现：

```
public static RunningJob runJob(JobConf job) throws IOException {
  //首先生成一个 JobClient 对象
  JobClient jc = new JobClient(job);
  ......
  //调用 submitJob 来提交一个任务
  running=jc.submitJob(job);
  JobID jobId=running.getID();
  ......
```

```
  while (true) {
    //while 循环中不断得到此任务的状态，并打印到客户端 Console 中
  }
  return running;
}
```

其中 JobClient 的 submitJob 函数的实现如下。

```
public RunningJob submitJob(JobConf job) throws FileNotFoundException,
InvalidJobConfException, IOException {
  //从 JobTracker 得到当前任务的 id
  JobID jobId=jobSubmitClient.getNewJobId();
  //准备将任务运行所需要的要素写入 HDFS 文件
  //(1)任务运行程序所在的 jar 封装成 job.jar
  //(2)任务所要处理的输入分片(Input Split)信息写入 job.split
  //(3)任务运行的配置项汇总写入 job.xml
  Path submitJobDir=new Path(getSystemDir(), jobId.toString());
  Path submitJarFile=new Path(submitJobDir, "job.jar");
  Path submitSplitFile=new Path(submitJobDir, "job.Split");
  //此处将-libjars 命令行指定的 jar 上传至 HDFS 文件系统
  configureCommandLineOptions(job, submitJobDir, submitJarFile);
  Path submitJobFile=new Path(submitJobDir, "job.xml");
  ……
  //通过 input format 的格式获得相应的输入分片，默认类型为 FileSplit
InputSplit[] Splits =job.getInputFormat().getSplits(job,
job.getnummaptasks());
  // 生成一个写入流，将输入分片的信息写入 job.Split 文件
  FSDataOutputStream out=FileSystem.create(fs,submitSplitFile, new
FsPermission(JOB_FILE_PERMISSION));
  try {
    //写入 job.Split 文件的信息包括：Split 文件头，Split 文件版本号，Split 的个数，
接着依次写入每一个输入分片的信息
    //对于每一个输入分片写入：Split 类型名(默认 FileSplit)，Split 的大小，Split 的
内容(对于 FileSplit，写入文件名，此 Split 在文件中的起始位置)，Split 的位置
(location)信息(即在哪个 DataNode 上)
    writeSplitsFile(Splits, out);
  } finally {
    out.close();
  }
  job.set("mapred.job.Split.file", submitSplitFile.toString());
  //根据 Split 的个数设定 MapTask 的个数
  job.setNumMapTasks(Splits.length);
  // 写入 job 的配置信息入 job.xml 文件
  out=FileSystem.create(fs, submitJobFile,
      new FsPermission(JOB_FILE_PERMISSION));
  try {
    job.writeXml(out);
  } finally {
    out.close();
  }
  //真正的调用 JobTracker 来提交任务
```

```
  JobStatus status=jobSubmitClient.submitJob(jobId);
  ......
}
```

2. JobTracker

JobTracker 作为一个单独的 JVM 运行，其运行的 main 函数主要调用有下面两部分。

(1) 调用静态函数 startTracker(new JobConf())创建一个 JobTracker 对象。

(2) 调用 JobTracker.offerService()函数提供服务。

在 JobTracker 的构造函数中，会生成一个 taskScheduler 成员变量来进行 Job 的调度，默认为 JobQueueTaskScheduler，也即按照 FIFO 的方式调度任务。

在 offerService 函数中，则调用 taskScheduler.start()，在这个函数中，为 JobTracker(即 taskScheduler 的 TaskTrackerManager)注册了以下两个 Listener。

- JobQueueJobInProgressListener jobQueueJobInProgressListener 用于监控 Job 的运行状态。
- EagerTaskInitializationListener eagerTaskInitializationListener 用于对 Job 进行初始化。

EagerTaskInitializationListener 中有一个线程 JobInitThread，它不断得到 JobInitQueue 中的 JobInProgress 对象，调用 JobInProgress 对象的 InitTasks 函数对任务进行初始化操作。

客户端调用了 JobTracker.submitjob 函数，此函数首先生成一个 JobInProgress 对象，然后调用 addjob 函数，其中有如下的逻辑：

```
synchronized (jobs) {
  synchronized (taskScheduler) {
    jobs.put(job.getProfile().getJobID(), job);
    //对 JobTracker 的每一个 listener 都调用 jobAdded 函数
    for (JobInProgressListener listener : jobInProgressListeners) {
      listener.jobAdded(job);
    }
  }
}
```

EagerTaskInitializationListener 的 jobAdded 函数就是向 JobInitQueue 中添加一个 JobInProgress 对象，于是自然触发了此 Job 的初始化操作，由 JobInProgress 的 initTasks 函数完成：

```
public synchronized void initTasks() throws IOException {
  ......
  //从 HDFS 文件系统中读取 job.Split 文件从而生成输入分片(input Split)
  String jobFile=profile.getJobFile();
  Path sysDir=new Path(this.jobtracker.getSystemDir());
  FileSystem fs=sysDir.getFileSystem(conf);
  DataInputStream SplitFile =fs.open(new
Path(conf.get("mapred.job.Split.file")));
  JobClient.RawSplit[] Splits;
  try {
    Splits=JobClient.readSplitFile(SplitFile);
```

```
  } finally {
    SplitFile.close();
  }
  //MapTask 的个数就是输入分片的个数
  numMapTasks=Splits.length;
  //为每个 MapTasks 生成一个 TaskInProgress 来处理一个输入分片
  maps=new TaskInProgress[nummaptasks];
  for(int i=0; i < nummaptasks; ++i) {
    inputLength +=Splits[i].getDataLength();
    maps[i]=new TaskInProgress(jobId, jobFile,Splits[i],jobtracker, conf,
this, i);
  }
  //对于 MapTask，将其放入 nonRunningMapCache，它是一个 Map<Node,
List<TaskInProgress>>，也即，对于 MapTask 来讲，其将会被分配到自己的输入分片所在的
Node 上。nonRunningMapCache 将在 JobTracker 向 TaskTracker 分配 MapTask 的时候
使用
  if (nummaptasks > 0) {
    nonRunningMapCache = createCache(Splits, maxLevel);
  }
  //创建 Reduce Task
  this.reduces=new TaskInProgress[numreducetasks];
  for (int i=0; i < numreducetasks; i++) {
    reduces[i]=new TaskInProgress(jobId, jobfile,nummaptasks,
i,jobtracker, conf, this);
    //ReduceTask 放入 nonRunningReduces，其将在 JobTracker 向 TaskTracker 分配
ReduceTask 的时候使用
    nonRunningReduces.add(reduces[i]);
  }
  //创建两个 Cleanup Task，一个用来清理 Map，一个用来清理 Reduce
  cleanup=new TaskInProgress[2];
  cleanup[0]=new TaskInProgress(jobId, jobFile, Splits[0],jobtracker,
conf, this, nummaptasks);
  cleanup[0].setJobCleanupTask();
  cleanup[1]=new TaskInProgress(jobId, jobFile,
nummaptasks,numReduceTasks, jobtracker, conf, this);
  cleanup[1].setJobCleanupTask();
  //创建两个初始化 Task，一个初始化 Map，一个初始化 Reduce
  setup=new TaskInProgress[2];
  setup[0]=new TaskInProgress(jobId, jobFile, Splits[0],jobtracker, conf,
this, nummaptasks + 1 );
  setup[0].setJobSetupTask();
  setup[1]=new TaskInProgress(jobId, jobFile, nummaptasks,numReduceTasks
+ 1, jobtracker, conf, this);
  setup[1].setJobSetupTask();
  tasksInited.set(true);//初始化完毕。
  ……
}
```

3. TaskTracker

TaskTracker 也是作为一个单独的 JVM 来运行的，在其 main 函数中，主要是调用了

new TaskTracker(conf).run()，其中 run 函数主要调用了：

```
State offerService() throws Exception {
  long lastHeartbeat=0;
  //TaskTracker 是一直在的
  while (running && !shuttingDown) {
    ……
    long now=System.currentTimeMillis();
    //每隔一段时间就向 JobTracker 发送心跳(HeartBeat)
    long waitTime=heartbeatInterval - (now - lastHeartbeat);
    if (waitTime>0) {
      synchronized(finishedCount) {
        if (finishedCount[0]==0) {
          finishedCount.wait(waitTime);
        }
        finishedCount[0]=0;
      }
    }
    ……
    //发送 Heartbeat 到 JobTracker，得到 Response
    HeartbeatResponse heartbeatResponse = transmitHeartBeat(now);
    ……
   //从 Response 中得到此 TaskTracker 需要做的事情
    TaskTrackerAction[] actions=heartbeatResponse.getActions();
    ……
    if (actions!=null){
      for(TaskTrackerAction action: actions) {
        if (action instanceof LaunchTaskAction) {
          //如果是运行一个新的 Task，则将 Action 添加到任务队列中
          addToTaskQueue((LaunchTaskAction)action);
        } else if (action instanceof CommitTaskAction) {
          CommitTaskAction commitAction=(CommitTaskAction)action;
          if (!commitResponses.contains(commitAction.getTaskID())) {
            commitResponses.add(commitAction.getTaskID());
          }
        } else {
          tasksToCleanup.put(action);
        }
      }
    }
  }
  return State.NORMAL;
}
```

其中，transmitHeartBeat 主要逻辑如下。

```
private HeartbeatResponse transmitHeartBeat(long now) throws IOException
{
  //每隔一段时间，在心跳中要返回给 JobTracker 一些统计信息
  boolean sendCounters;
  if (now>(previousUpdate+COUNTER_UPDATE_INTERVAL)) {
```

```
    sendCounters=true;
    previousUpdate=now;
  }
  else {
    sendCounters=false;
  }
  ......
  //报告给 JobTracker，此 TaskTracker 的当前状态
  if (status==null) {
    synchronized (this) {
      status=new TaskTrackerStatus(taskTrackerName,
localHostname,httpPort,
cloneAndResetRunningTaskStatuses(sendCounters),failures,maxCurrentMapTas
ks,                              maxCurrentReduceTasks);
    }
  }
  ......
  //当满足下面的条件的时候，此 TaskTracker 请求 JobTracker 为其分配一个新的 Task 来
运行：
  //(1)当前 TaskTracker 正在运行的 MapTask 的个数小于可以运行的 MapTask 的最大个数
  //(2)当前 TaskTracker 正在运行的 ReduceTask 的个数小于可以运行的 ReduceTask 的最
大个数
  boolean askForNewTask;
  long localMinSpaceStart;
  synchronized (this) {
    askForNewTask=(status.countMapTasks() < maxCurrentMapTasks ||
status.countReduceTasks()< maxCurrentReduceTasks) && acceptNewTasks;
    localMinSpaceStart=minSpaceStart;
  }
  ......
  //向 JobTracker 发送心跳，这是一个 RPC 调用
  HeartbeatResponse heartbeatResponse=jobClient.heartbeat(status,
justStarted, askForNewTask, heartbeatResponseId);
  ......
  return heartbeatResponse;
}
```

4. JobTracker

当 JobTracker 被 RPC 调用来发送心跳的时候，JobTracker 的 Heartbeat(TaskTrackerStatus status,boolean initialContact, boolean acceptNewTasks, short responseId)函数被调用：

```
public synchronized HeartbeatResponse heartbeat(TaskTrackerStatus status,
boolean initialContact, boolean acceptNewTasks, short responseId) throws
IOException {
  ......
  String trackerName=status.getTrackerName();
  ......
  short newResponseId=(short)(responseId + 1);
  ......
  HeartbeatResponse response=new HeartbeatResponse(newResponseId, null);
```

```
  List<TaskTrackerAction> actions=new ArrayList<TaskTrackerAction>();
  //如果 TaskTracker 向 JobTracker 请求一个 Task 运行
  if (acceptNewTasks) {
    TaskTrackerStatus taskTrackerStatus = getTaskTracker(trackerName);
    if (taskTrackerStatus==null) {
      LOG.warn("Unknown task tracker polling; ignoring: " + trackerName);
    } else {
      //Setup 和 Cleanup 的 Task 优先级最高
      List<Task> tasks=getSetupAndCleanupTasks(taskTrackerStatus);
      if (tasks==null ) {
        //任务调度器分配任务
        tasks=taskScheduler.assignTasks(taskTrackerStatus);
      }
      if (tasks!=null) {
        for (Task task : tasks) {
          //将任务放入 Actions 列表，返回给 TaskTracker
          expireLaunchingTasks.addNewTask(task.getTaskID());
          actions.add(new LaunchTaskAction(task));
        }
      }
    }
  }
  ……
  int nextInterval=getNextHeartbeatInterval();
  response.setHeartbeatInterval(nextInterval);
  response.setActions(actions.toArray(new
TaskTrackerAction[actions.size()]));
  ……
  return response;
}
```

默认的任务调度器为 JobQueueTaskScheduler，其 AssignTasks 如下。

```
public synchronized List<Task> assignTasks(TaskTrackerStatus taskTracker)
throws IOException {
  ClusterStatus clusterStatus=taskTrackerManager.getClusterStatus();
  int numTaskTrackers=clusterStatus.getTaskTrackers();
  Collection<JobInProgress>
jobQueue=jobQueueJobInProgressListener.getJobQueue();
  int maxCurrentMapTasks=taskTracker.getMaxMapTasks();
  int maxCurrentReduceTasks=taskTracker.getMaxReduceTasks();
  int numMaps=taskTracker.countMapTasks();
  int numReduces=taskTracker.countReduceTasks();
  //计算剩余的 Map 和 Reduce 的工作量：remaining
  int remainingReduceLoad=0;
  int remainingMapLoad=0;
  synchronized (jobQueue) {
    for (JobInProgress job : jobQueue) {
      if (job.getStatus().getRunState()==JobStatus.RUNNING) {
        int totalMapTasks=job.desiredMaps();
        int totalReduceTasks=job.desiredReduces();
```

```
      remainingMapLoad+=(totalMapTasks - job.finishedMaps());
      remainingReduceLoad+=(totalReduceTasks - job.finishedReduces());
    }
  }
 }
 //计算平均每个 TaskTracker 应有的工作量，remaining/numTaskTrackers 是剩余的工作
量除以 TaskTracker 的个数
 int maxMapLoad=0;
 int maxReduceLoad=0;
 if (numTaskTrackers>0) {
   maxMapLoad=Math.min(maxCurrentMapTasks,(int) Math.ceil((double)
remainingMapLoad/numTaskTrackers));
   maxReduceLoad=Math.min(maxCurrentReduceTasks,(int) Math.ceil((double)
remainingReduceLoad/numTaskTrackers));
 }
 ……
 //Map 优先于 Reduce，当 TaskTracker 上运行的 MapTask 数目小于平均的工作量，则向其
分配 MapTask
 if (nummaps<maxMapLoad) {
   int totalNeededMaps=0;
   synchronized (jobQueue) {
     for (JobInProgress job:jobQueue) {
       if (job.getStatus().getRunState()!=JobStatus.RUNNING) {
         continue;
       }
       Task t=job.obtainNewMapTask(taskTracker, numTaskTrackers,
taskTrackerManager.getNumberOfUniqueHosts());
       if (t!=null) {
         return Collections.singletonList(t);
       }
       ……
     }
   }
 }
 //分配完 MapTask，再分配 ReduceTask
 if (numReduces<maxReduceLoad) {
   int totalNeededReduces=0;
   synchronized (jobQueue) {
     for (JobInProgress job:jobQueue) {
       if (job.getStatus().getRunState()!=JobStatus.RUNNING ||
           job.numReduceTasks==0) {
         continue;
       }
       Task t=job.obtainNewReduceTask(taskTracker, numTaskTrackers,
taskTrackerManager.getNumberOfUniqueHosts());
       if (t!=null) {
         return Collections.singletonList(t);
       }
       ……
     }
```

```
    }
  }
  return null;
}
```

从上面的代码中我们可以知道：JobInProgress 的 obtainNewMapTask 是用来分配 MapTask 的，其主要调用 findNewMapTask，根据 TaskTracker 所在的 Node 从 nonRunningMapCache 中查找 TaskInProgress：JobInProgress 的 obtainNewReduceTask 是用来分配 ReduceTask 的，其主要调用 findNewReduceTask，从 nonRunningReduces 查找 TaskInProgress。

5. TaskTracker

在向 JobTracker 发送心跳后，返回的 Response 中有分配好的任务 LaunchTaskAction，将其加入队列调用 addToTaskQueue，如果是 MapTask 则放入 MapLancher(类型为 TaskLauncher)，如果是 ReduceTask 则放入 ReduceLancher(类型为 TaskLauncher)：

```
private void addToTaskQueue(LaunchTaskAction action) {
  if (action.getTask().isMapTask()) {
    mapLauncher.addToTaskQueue(action);
  } else {
    reduceLauncher.addToTaskQueue(action);
  }
}
```

TaskLauncher 是一个线程，其 run 函数从上面放入的 Queue 中取出一个 TaskInProgress，然后调用 startNewTask(TaskInProgress tip)来启动一个 Task，它又主要调用了 localizeJob(TaskInProgress tip)：

```
private void localizeJob(TaskInProgress tip) throws IOException {
  //首先要做的一件事情是有关 Task 的文件从 HDFS 文件系统复制到 TaskTracker 的本地文件
系统中，包括 job.Split，job.xml 以及 job.jar
  Path localJarFile=null;
  Task t=tip.getTask();
  JobID jobId=t.getJobID();
  Path jobFile=new Path(t.getJobFile());
  ……
  Path localJobFile=lDirAlloc.getLocalPathForWrite( getLocalJobDir
   (jobId.toString())+Path.SEPARATOR+"job.xml", jobFileSize, fConf);
  RunningJob rjob=addTaskToJob(jobId, tip);
  synchronized (rjob) {
    if (!rjob.localized) {
      FileSystem localFs=FileSystem.getLocal(fConf);
      Path jobDir=localJobFile.getParent();
      ……
      //将 job.Split 复制到本地
      systemFS.copyToLocalFile(jobFile, localJobFile);
      JobConf localJobConf=new JobConf(localJobFile);
      Path workDir=lDirAlloc.getLocalPathForWrite((getLocalJobDir
        (jobId.toString())+Path.SEPARATOR+"work"), fConf);
```

```
    if (!localFs.mkdirs(workDir)) {
      throw new IOException("Mkdirs failed to create "+workDir.toString());
    }
    System.setProperty("job.local.dir", workDir.toString());
    localJobConf.set("job.local.dir", workDir.toString());
    // 将 Jar 文件复制到本地 FS 并取消 Jar
    String jarFile=localJobConf.getJar();
    long jarFileSize=-1;
    if (jarFile!=null) {
      Path jarFilePath=new Path(jarFile);
      localJarFile=newPath(lDirAlloc.getLocalPathForWrite
          ( getLocalJobDir(jobId.toString())+Path.SEPARATOR+"jars",
          5*jarFileSize, fConf), "job.jar");
      if (!localFs.mkdirs(localJarFile.getParent())) {
        throw new IOException("Mkdirs failed to create jars directory ");
      }
      //将 job.jar 复制到本地
      systemFS.copyToLocalFile(jarFilePath, localJarFile);
      localJobConf.setJar(localJarFile.toString());
     //将 Job 的 configuration 写成 job.xml
      OutputStream out=localFs.create(localJobFile);
      try {
        localJobConf.writeXml(out);
      } finally {
        out.close();
      }
      // 解压缩 job.jar
      RunJar.unJar(new File(localJarFile.toString()),
new File(localJarFile.getParent().toString()));
    }
    rjob.localized=true;
    rjob.jobConf=localJobConf;
   }
  }
  //真正启动此 Task
  launchTaskForJob(tip, new JobConf(rjob.jobConf));
}
```

当所有的 Task 运行所需要的资源都复制到本地后，则调用 launchTaskForJob，其又调用 TaskInProgress 的 launchTask 函数：

```
public synchronized void launchTask() throws IOException {
    ……
    //创建 Task 运行目录
    localizeTask(task);
    if (this.taskStatus.getRunState()==TaskStatus.State.UNASSIGNED) {
      this.taskStatus.setRunState(TaskStatus.State.RUNNING);
    }
    //创建并启动 TaskRunner，对于 MapTask，创建的是 MapTaskRunner，对于
ReduceTask，创建的是 ReduceTaskRunner
    this.runner=task.createRunner(TaskTracker.this, this);
```

```
    this.runner.start();
    this.taskStatus.setStartTime(System.currentTimeMillis());
}
```

这里需要说明的是：TaskRunner 是一个线程，其 run 函数如下：

```
public final void run() {
    ……
    TaskAttemptID taskid=t.getTaskID();
    LocalDirAllocator lDirAlloc=new LocalDirAllocator("mapred.local.dir");
    File jobCacheDir=null;
    if (conf.getJar()!=null) {
      jobCacheDir=new File(new
Path(conf.getJar()).getParent().toString());
    }
    File workDir = new
File(lDirAlloc.getLocalPathToRead(TaskTracker.getLocalTaskDir(t.getJobID
().toString(),t.getTaskID().toString(),t.isTaskCleanupTask())+
Path.SEPARATOR + MRConstants.WORKDIR, conf). toString());
    FileSystem fileSystem;
    Path localPath;
    ……
    //拼写 Classpath
    String baseDir;
    String sep=System.getProperty("path.separator");
    StringBuffer classPath=new StringBuffer();
    // 以与父进程相同的类路径开始
    classPath.Append(System.getProperty("Java.class.path"));
    classPath.Append(sep);
    if (!workDir.mkdirs()) {
      if (!workDir.isDirectory()) {
        LOG.fatal("Mkdirs failed to create "+workDir.toString());
      }
    }
    String jar = conf.getJar();
    if (jar!=null) {
      // 如果 jar 存在，它进入工作状态
      File[] libs=new File(jobCacheDir, "lib").listFiles();
      if (libs!=null) {
        for (int i=0; i<libs.length; i++) {
          classPath.append(sep);            // 从 jar 向类路径添加库
          classPath.append(libs[i]);
        }
      }
      classPath.append(sep);
      classPath.append(new File(jobCacheDir, "classes"));
      classPath.append(sep);
      classPath.append(jobCacheDir);
    }
    ……
    classPath.append(sep);
```

```
    classPath.append(workDir);
    //拼写命令行的 Java 及其参数
    Vector<String> vargs=new Vector<String>(8);
    File jvm=new File(new File(System.getProperty("Java.home"), "bin"),
"Java");
    vargs.add(jvm.toString());
    String JavaOpts=conf.get("mapred.child.Java.opts", "-Xmx200m");
    JavaOpts=JavaOpts.replace("@taskid@", taskid.toString());
    String [] JavaOptsSplit=JavaOpts.split("");
    String libraryPath=System.getProperty("Java.library.path");
    if (libraryPath==null) {
      libraryPath=workDir.getAbsolutePath();
    } else {
      libraryPath+=sep+workDir;
    }
    boolean hasUserLDPath=false;
    for(int i=0; i<JavaOptsSplit.length ;i++) {
      if(JavaOptsSplit[i].startsWith("-DJava.library.path=")) {
        JavaOptsSplit[i]+=sep+libraryPath;
        hasUserLDPath=true;
        break;
      }
    }
    if(!hasUserLDPath) {
      vargs.add("-DJava.library.path="+libraryPath);
    }
    for (int i=0; i<JavaOptsSplit.length;i++) {
      vargs.add(JavaOptsSplit[i]);
    }
    //添加 Child 进程的临时文件夹
    String tmp=conf.get("mapred.child.tmp","./tmp");
    Path tmpDir=new Path(tmp);
    if (!tmpDir.isAbsolute()) {
      tmpDir=new Path(workDir.toString(),tmp);
    }
    FileSystem localFs=FileSystem.getLocal(conf);
    if (!localFs.mkdirs(tmpDir)&&!localFs.getFileStatus(tmpDir).isDir())
{
      throw new IOException("Mkdirs failed to create "+tmpDir.toString());
    }
    vargs.add("-DJava.io.tmpdir="+tmpDir.toString());
    // 添加类路径
    vargs.add("-classpath");
    vargs.add(classPath.toString());
    //日志文件夹
    long logSize=TaskLog.getTaskLogLength(conf);
    vargs.add("-DHadoop.log.dir="+new
File(System.getProperty("Hadoop.log.dir")).getAbsolutePath());
    vargs.add("-DHadoop.root.logger=INFO,TLA");
    vargs.add("-DHadoop.tasklog.taskid="+taskid);
```

```
    vargs.add("-DHadoop.tasklog.totalLogFileSize="+logSize);
    // 运行 MapTask 和 ReduceTask 的子进程的 MainClass 是 Child。
    vargs.add(Child.class.getName());  // main of Child
    ……
    //运行子进程
    jvmManager.launchJvm(this,
        jvmManager.constructJvmEnv(setup,vargs,stdout,stderr,logSize,
            workDir, env, pidFile, conf));
}
```

6. Child

真正的 MapTask 和 ReduceTask 都是在 Child 进程中运行的，Child 的 main 函数主要逻辑如下：

```
while (true) {
  //从 TaskTracker 通过网络通信得到 JvmTask 对象
  JvmTask myTask=umbilical.getTask(jvmId);
  ……
  idleLoopCount=0;
  task=myTask.getTask();
  taskid=task.getTaskID();
  isCleanup=task.isTaskCleanupTask();
  JobConf job=new JobConf(task.getJobFile());
  TaskRunner.setupWorkDir(job);
  numTasksToExecute=job.getNumTasksToExecutePerJvm();
  task.setConf(job);
  defaultConf.addResource(new Path(task.getJobFile()));
  ……
  //运行 Task
  task.run(job, umbilical);
  if (numTasksToExecute>0&&++numTasksExecuted==numTasksToExecute) {
    break;
  }
}
```

(1) MapTask。如果 Task 是 MapTask，则其 run 函数如下：

```
public void run(final JobConf job, final TaskUmbilicalProtocol umbilical)
throws IOException {
  //用于同 TaskTracker 进行通信，汇报运行状况
  final Reporter reporter=getReporter(umbilical);
  startCommunicationThread(umbilical);
  initialize(job, reporter);
  ……
  //MapTask 的输出
  int numReduceTasks=conf.getNumReduceTasks();
  MapOutputCollector collector=null;
  if (numReduceTasks>0) {
    collector=new MapOutputBuffer(umbilical, job, reporter);
  } else {
    collector=new DirectMapOutputCollector(umbilical, job, reporter);
```

 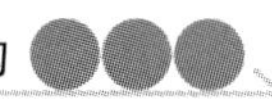

```
  }
  //读取输入分片，按照其中的信息，生成 RecordReader 来读取数据
instantiatedSplit=(InputSplit)
ReflectionUtils.newInstance(job.getClassByName(SplitClass), job);
  DataInputBuffer SplitBuffer=new DataInputBuffer();
  SplitBuffer.reset(Split.getBytes(), 0, Split.getLength());
  instantiatedSplit.readFields(SplitBuffer);
  if (instantiatedSplit instanceof FileSplit) {
    FileSplit fileSplit=(FileSplit) instantiatedSplit;
    job.set("map.input.file", fileSplit.getPath().toString());
    job.setLong("map.input.start", fileSplit.getStart());
    job.setLong("map.input.length", fileSplit.getLength());
  }
//打开输入
  RecordReader
rawIn=job.getInputFormat().getRecordReader(instantiatedSplit, job,
reporter);
  RecordReader in=isSkipping()?new SkippingRecordReader(rawIn,
getCounters(), umbilical):new TrackedRecordReader(rawIn, getCounters());
  job.setBoolean("mapred.skip.on", isSkipping());
  //对于 MapTask，生成一个 MapRunnable，默认是 MapRunner
  MapRunnable runner=ReflectionUtils.newInstance(job.getMapRunnerClass(),
job);
  try {
    //MapRunner 的 run 函数就是依次读取 RecordReader 中的数据，然后调用 Mapper 的
map 函数进行处理
    runner.run(in, collector, reporter);
    collector.flush();
  } finally {
    in.close();                              // close input
    collector.close();
  }
  done(umbilical);
}
```

MapRunner 的 run 函数就是依次读取 RecordReader 中的数据，然后调用 Mapper 的 map 函数进行处理：

```
public void run(RecordReader<K1, V1> input, OutputCollector<K2, V2>
output,Reporter reporter)throws IOException {
  try {
    K1 key=input.createKey();
    V1 value=input.createValue();
    while (input.next(key, value)) {
      Mapper.map(key, value, output, reporter);
      if(incrProcCount) {
        reporter.incrCounter(SkipBadRecords.COUNTER_GROUP,
            SkipBadRecords.COUNTER_MAP_PROCESSED_RECORDS, 1);
      }
    }
  } finally {
```

```
    Mapper.close();
  }
}
```

结果集全部收集到MapOutputBuffer中，其collect函数如下：

```
public synchronized void collect(K key, V value)
    throws IOException {
  reporter.progress();
  ……
  //从此处看，此Buffer是一个Ring的数据结构
  final int kvnext = (kvindex+1)%kvoffsets.length;
  SpillLock.lock();
  try {
    boolean kvfull;
    do {
      //在Ring中，如果下一个空闲位置接上起始位置的话，则表示满了
      kvfull=kvnext==kvstart;
      //在Ring中计算是否需要将Buffer写入硬盘的阈值
      final boolean kvsoftlimit=((kvnext>kvend)?kvnext-
kvend>softRecordLimit:kvend-kvnext<=kvoffsets.length-
softRecordLimit);
      //如果到达阈值，则开始将Buffer写入硬盘，写成Spill文件
      //startSpill主要是notify一个背后线程SpillThread的run()函数，开始调用
sortAndSpill()开始排序，合并，写入硬盘
      if (kvstart==kvend && kvsoftlimit) {
        startSpill();
      }
      //如果Buffer满了，则只能等待写入完毕
      if (kvfull) {
          while (kvstart!=kvend) {
            reporter.progress();
            SpillDone.await();
          }
      }
    } while (kvfull);
  } finally {
    SpillLock.unlock();
  }
  try {
    //如果Buffer不满，则将Key, Value写入Buffer
    int keystart=bufindex;
    keySerializer.serialize(key);
    final int valstart=bufindex;
    valSerializer.serialize(value);
    int valend=bb.markRecord();
    //调用设定的Partitioner，根据Key, Value取得partition id
    final int partition=partitioner.getPartition(key, value, partitions);
    mapOutputRecordCounter.increment(1);
mapOutputByteCounter.increment(valend>=keystart?valend-
keystart:(bufvoid-keystart)+valend);
```

```
    //将 parition id 以及 Key, Value 在 Buffer 中的偏移量写入索引数组
    int ind=kvindex*ACCTSIZE;
    kvoffsets[kvindex]=ind;
    kvindices[ind+PARTITION]=partition;
    kvindices[ind+KEYSTART]=keystart;
    kvindices[ind+VALSTART]=valstart;
    kvindex=kvnext;
  } catch (MapBufferTooSmallException e) {
    LOG.info("Record too large for in-memory buffer:"+e.getMessage());
    SpillSingleRecord(key, value);
    mapOutputRecordCounter.increment(1);
    return;
  }
}
//内存 Buffer 写入硬盘 Spill 文件的函数为 sortAndSpill
private void sortAndSpill() throws IOException {
  ……
  FSDataOutputStream out=null;
  FSDataOutputStream indexOut=null;
  IFileOutputStream indexChecksumOut=null;
  //创建硬盘上的 Spill 文件
  Path filename=mapOutputFile.getSpillFileForWrite(getTaskID(),numSpills,
size);
  out=rfs.create(filename);
  ……
  final int endPosition=(kvend>kvstart)?kvend: kvoffsets.length+kvend;
  //按照 Partition 的顺序对 Buffer 中的数据进行排序
  sorter.sort(MapOutputBuffer.this, kvstart, endPosition, reporter);
  int spindex=kvstart;
  InMemValBytes value=new InMemValBytes();
  //依次将 Parition 一个一个地写入文件
  for (int i= 0;i<partitions;++i) {
    IFile.Writer<K, V> writer=null;
    long segmentStart=out.getPos();
    writer=new Writer<K,V>(job, out, keyClass, valClass, codec);
    //如果 Combiner 为空，则直接写入文件
    if (null==combinerClass) {
    ……
        writer.Append(key,value);
        ++spindex;
      }
     else {
        ……
        //如果 Combiner 不为空，则先 combine，调用 combiner.reduce(…)函数后再写入
文件
        combineAndSpill(kvIter, combineInputCounter);
      }
  }
  ……
}
```

当 Map 阶段结束的时候，MapOutputBuffer 的 Flush 函数会被调用，其也会调用 sortAndSpill 将 Buffer 中的内容写入文件，然后再调用 mergeParts 来合并写入在硬盘上的多个 Spill。

```
private void mergeParts() throws IOException {
   ……
   //对于每一个分区执行
   for (int parts=0;parts<partitions;parts++){
     //创建要合并的段
     List&lt;Segment&lt;K,V&gt;&gt;segmentList=new
ArrayList&lt;Segment&lt;K,V&gt;&gt;(numSpills);
     TaskAttemptID mapId=getTaskID();
      //依次从各个 Spill 文件中收集属于当前 Partition 的段
     for(int i=0;i<numSpills;i++) {
       final IndexRecord indexRecord=getIndexInformation(mapId, i, parts);
       long segmentOffset=indexRecord.startOffset;
       long segmentLength=indexRecord.partLength;
       Segment<K,V> s=new Segment<K,V>(job, rfs, filename[i],
segmentOffset,segmentLength, codec, true);
       segmentList.add(i, s);
     }
     //将属于同一个 Partition 的段归并到一起
     RawKeyValueIterator kvIter=Merger.merge(job, rfs,keyClass, valClass,
segmentList,job.getInt("io.sort.factor",100),new
Path(getTaskID().toString()),
job.getOutputKeyComparator(),reporter);
     //写入合并后的段到文件
     long segmentStart=finalOut.getPos();
     Writer<K,V> writer=new Writer<K,V>(job, finalOut, keyClass,
valClass, codec);
     if (null==combinerClass||numSpills< minSpillsForCombine) {
       Merger.writeFile(kvIter,writer,reporter,job);
     } else {
       combineCollector.setWriter(writer);
       combineAndSpill(kvIter,combineInputCounter);
     }
     ……
   }
}
```

(2) ReduceTask。ReduceTask 的 run 函数如下：

```
public void run(JobConf job,final TaskUmbilicalProtocol umbilical)
  throws IOException {
  job.setBoolean("mapred.skip.on",isSkipping());
  //对于 Reduce，则包含三个步骤：复制，排序，Reduce
  if (isMapOrReduce()) {
    copyPhase=getProgress().addPhase("copy");
    sortPhase=getProgress().addPhase("sort");
    reducePhase=getProgress().addPhase("reduce");
  }
```

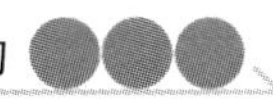

```
  startCommunicationThread(umbilical);
  final Reporter reporter=getReporter(umbilical);
  initialize(job,reporter);
  //Copy 阶段，主要使用 ReduceCopier 的 fetchOutputs 函数获得 Map 的输出。创建多个线
程 MapOutputCopier，其中 copyOutput 进行复制
  boolean isLocal="local".equals(job.get("mapred.job.tracker","local"));
  if (!isLocal) {
    reduceCopier=new ReduceCopier(umbilical,job);
    if (!reduceCopier.fetchOutputs()) {
    ……
    }
  }
  copyPhase.complete();
  //Sort 阶段，将得到的 Map 输出合并，直到文件数小于 io.sort.factor 时停止，返回一个
Iterator 用于访问 Key-Value
  setPhase(TaskStatus.Phase.SORT);
  statusUpdate(umbilical);
  final FileSystem rfs=FileSystem.getLocal(job).getRaw();
  RawKeyValueIterator rIter=isLocal?Merger.merge(job, rfs,
job.getMapOutputKeyClass(),
job.getMapOutputValueClass(),codec,getMapFiles(rfs,true),!conf.getKeepFa
iledTaskFiles(), job.getInt("io.sort.factor",100),new
Path(getTaskID().toString()),job.getOutputKeyComparator(),
reporter):reduceCopier.createKVIterator(job,rfs,reporter);
  mapOutputFilesOnDisk.clear();
  sortPhase.complete();
  //Reduce 阶段
  setPhase(TaskStatus.Phase.REDUCE);
  ……
  Reducer Reducer=ReflectionUtils.newInstance(job.getReducerClass(), job);
  Class keyClass=job.getMapOutputKeyClass();
  Class valClass=job.getMapOutputValueClass();
  ReduceValuesIterator values=isSkipping()?new
SkippingReduceValuesIterator(rIter,
job.getOutputValueGroupingComparator(),keyClass,valClass,job,reporter,um
bilical) : new
ReduceValuesIterator(rIter,job.getOutputValueGroupingComparator(),keyCla
ss,valClass, job,reporter);
  //逐个读出 Key-Value list，然后调用 Reducer 的 reduce 函数
  while (values.more()) {
    reduceInputKeyCounter.increment(1);
    Reducer.reduce(values.getKey(),values,collector,reporter);
    values.nextKey();
    values.informReduceProgress();
  }
  Reducer.close();
  out.close(reporter);
  done(umbilical);
}
```

课后练习题

1. 选择题

(1) MapReduce 计算过程包括(　　)。

A. 输入分片　　B. Map 阶段

C. combiner 阶段(可选)　　D. Shuffle 阶段

E. Reduce 阶段

(2) Hadoop 的四大组件包括(　　)。

A. HDFS　　B. MapReduce　　C. Yarn　　D. Common

2. 简答题

(1) 简要说明 MapReduce 模型工作原理。

(2) 简要说明 map 和 reduce 函数各自承担的任务。

(3) 简要说明 MapReduce 体系结构几个部分承担的工作。

(4) 简要解析 Map(映射)Reduce(归约)之间业务的实现关系。

(5) 简要解析 Shuffle 阶段的实现过程。

第 8 章　Hadoop 数据库访问

Hadoop 数据库访问与 HBase 导学

本章学习目标

- 了解 Hadoop 分布式数据库集群的由来。
- 掌握 NoSQL 的基本知识，包括一致性策略、分区与放置策略、复制与容错技术和缓存技术。
- 掌握 NoSQL 的 4 种主要模型分类及数据库访问技术。
- 掌握典型分布式数据库 HBase 的使用。

重点难点

- NoSQL 的基本知识，包括一致性策略、分区与放置策略、复制与容错技术和缓存技术。
- NoSQL 的 4 种主要模型分类及数据库访问技术。
- 典型分布式数据库 HBase。

引导案例

在过去几年，关系型数据库一直是数据持久化的唯一选择，数据工作者考虑的也只是在这些传统数据库中做筛选，比如 SQL Server、Oracle 或者是 MySQL。但是，随着网络应用程序的规模日渐变大，我们使用 Python、Ruby、Java、.Net 等语言编写应用程序，这些语言有一个共同的特性——面向对象，但是这些数据库同样有一个共同的特性——关系型数据库，这里就牵扯到了“Impedance Mismatch”这个术语：存储结构是面向对象的，但是数据库却是关系的。所以在每次存储或者查询数据时，我们都需要做转换，类似 Hibernate、Entity Framework 这样的 ORM 框架确实可以简化这个过程，但是在对查询有高性能需求时，这些 ORM 框架就捉襟见肘了。

大数据时代我们需要储存更多的数据、服务更多的用户以及需求更多的计算能力，我们需要不停地扩展。扩展分为两类：一种是纵向扩展，即购买更好的机器，更快的磁盘、更大的内存等；另一种是横向扩展，即购买更多的机器组成集群，无疑这成为扩展的主要方向。鉴于这种情况，我们需要新的数据库，因为关系型数据库并不能很好地运行在集群上。不错，你也可能会去搭建关系数据库集群，但是它们使用的是共享存储，这并不是我们想要的类型，于是就有了以 Google、Meta、Amazon 这些公司为首试图开创处理更多传输的 NoSQL 纪元。

NoSQL 打破了长久以来关系型数据库与 ACID 理论大一统的局面。NoSQL 数据存储不需要固定的表结构，通常也不存在连接操作，在大数据存取上具备关系型数据库无法比拟的性能优势。

(资料来源：本书作者整理编写)

8.1 数据库基础知识

8.1.1 对数据库的认识

随着大数据概念的兴起，对于关系型数据库、分布式数据库、MPP 数据库、列式数据库等基于不同范畴的数据库的分类与叫法也层出不穷，各种类型的数据库的区别与联系如下：

1. 关系型数据库与非关系型数据库

(1) 关系型数据库。即处理结构化数据的数据库，标准数据查询语言 SQL 是一种基于关系数据库的语言，这种语言执行关系数据库中数据的检索和操作，可以简单地理解为二维数据库。

(2) 非关系型数据库。即处理非结构化数据的数据库，例如 HTML、XML、图片、音频、视频等不能用传统行列格式的二维表来表示的非结构化数据，又叫 NoSQL 数据库。NoSQL 数据库不支持数据库连接(Join)处理，各个数据都是独立设计的，数据分散在多个服务器上减少了每个服务器上的数据量。

2. 集中式数据库与分布式数据库

(1) 集中式数据库。集中式数据库一般是指对数据进行集中存储的数据库，集中式数据存储的主要特点是能把所有数据保存在一个地方，各地远程终端通过网络访问中央服务器，例如银行的自动提款机(ATM)。

(2) 分布式数据库。狭义上来讲，分布式数据库是将原来集中式数据库中的数据分散存储到多个通过网络连接的存储节点上，以获取更大的存储容量和更高的并发访问量。

广义上来说，以下三种定义都可以称之为分布式数据库。

- 物理数据存储位置分散到各地的数据库。
- 实现了分布式计算的数据库。
- 基于分布式文件系统(如 HDFS)的数据库。

在大数据的概念中，一般把基于分布式文件系统的数据库定义为分布式数据库。

3. 大规模并行处理数据库与主/从数据库

(1) 大规模并行处理数据库。大规模并行处理数据库(Massively Parallel Processing，MPP)，例如 Greenplum 数据库。MPP 数据库仍然属于关系型数据库(底层仍然是 SQL)，是一种新型的数据库集群，重点面向行业大数据，采用无共享(Shared Nothing)架构，每个 Node 节点的地位是完全一样的，通过列存储、粗粒度索引等多项大数据处理技术，再结合 MPP 架构高效的分布式计算模式，完成对分析类应用的支撑。大规模并行处理数据库的运行环境多为低成本 PC Server，具有高性能和高扩展性的特点，在企业分析类应用领域获得极其广泛的应用，这类 MPP 产品可以有效支撑 PB 级别的结构化数据分析，这是传统数据库技术无法胜任的。

(2) 主/从数据库。对于一个小型网站，可能单台数据库服务器就能满足需求，但是在

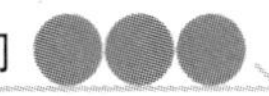

一些大型的网站或者应用(如电商)中，单台的数据库服务器可能难以支撑大的访问压力，升级服务器性能成本又太高，必须要横向扩展从而诞生了主/从(Master/Slave)数据库架构。

主/从数据库其实就是将数据库分为了主、从库，主与从数据库服务器不在一个地理位置上，一个主库用于写数据，多个从库完成读数据的操作，主从库之间通过某种机制进行数据的同步，当发生意外时数据库可以保存。这样做的好处有以下几点。

① 将读操作和写操作分离到不同的数据库上，避免主服务器出现性能瓶颈。

② 主服务器进行写操作时，不影响查询应用服务器的查询性能，降低阻塞，提高并发。

③ 数据拥有多个容灾副本，提高数据安全性，同时当主服务器故障时，可立即切换到其他服务器，提高系统可用性。

读写分离的基本原理就是让主数据库处理事务性的增(Insert)、改(Update)、删(Delete)操作，而从数据库处理查询(Select)操作，数据库复制被用来把事务性操作导致的变更同步到其他从数据库。以 SQL 为例，一个主库负责写数据，多个从库负责读数据，每次有写库操作同步更新到读库，采用日志同步的方式实现主库和多个读库的数据同步。

8.1.2 数据库集群与分布式数据库

分布式数据库分区与存放策略导读

1. 数据库集群

数据库集群，顾名思义，就是利用至少两台或者多台数据库服务器构成一个虚拟单一的数据库逻辑映像，像单数据库系统那样向客户端提供透明的数据服务。

数据库集群和主从数据库最本质的区别是 Data-sharing 和 Nothing-sharing 的区别。集群是共享存储的，每台机器都是独立且完整的系统，这样可以将多个请求分配到不同的服务器上处理，从而减轻单台服务器的压力，主要起到分流的作用，而主从复制中没有任何共享。

2. 分布式数据库

分布式数据库(Distributed Database，DDB)，即物理上分散而逻辑上集中的数据库系统。它是数据库技术与计算机网络相结合的产物，高度依赖高速网络，很好地解决了信息孤岛问题(信息孤岛是指相互之间在功能上不关联互助、信息不共享互换以及信息与业务流程和应用相互脱节的计算机应用系统)。

分布式数据库系统(Distributed Database System，DDBS)和分布式数据库管理系统(Distributed Database Management System，DDBMS)将分布式数据库分为计算层、元数据层和存储层管理。

- 计算层就是单机数据库中的 SQL 层，用来对数据访问进行权限检查、路由访问，以及计算结果等操作。
- 元数据层记录了分布式数据库集群下有多少个存储节点，对应 IP、端口等元数据信息。当分布式数据库的计算层启动时，会先访问元数据层获取所有集群信息，才能正确进行 SQL 的解析和路由等工作。另外，元数据信息存放在元数据层，所以分布式数据库的计算层可以有多个，用于实现性能的扩展。

- 存储层用来存放数据，存储层和计算层在同一台服务器上，但是不要求在同一个进程中。

分布式数据库系统的特点如下。

(1) 物理分布性：数据不是存放在一个站点上。

(2) 逻辑整体性：是与分散式数据库系统的区别。

(3) 站点自治性：是与多处理机的系统的区别。

(4) 数据分布透明性：用户不必知道所操作的数据放在何处。

(5) 集中与自治相结合：各数据库彼此独立自治，又整体集中。

(6) 存在适当的数据冗余度：适当的数据冗余(副本)，在分布式情况下很多时候是方便的。

(7) 事务管理的分布性：分布式事务管理是一个挑战。

3. 数据库集群与分布式数据库系统的区别

(1) 数据库集群有的具有单份数据集，有的具有多份相似的数据集，有的具有多份实时一致的数据集，是将几台服务器集中在一起实现同一数据集业务；而分布式数据库系统往往具有完全不同的数据集，是将几台服务器集中在一起实现不同数据集的业务。

(2) 数据库集群往往是同构的系统，要求集群各节点都具有相同的操作系统和数据库系统版本，甚至补丁包的版本也要求保持一致；而分布式数据库系统可以是异构系统，包含不同的操作系统和不同的数据库系统。

(3) 数据库集群往往建立在高速局域网内，一般在一个网段内；而分布式数据库系统既可以是高速局域网，也可以是跨部门、跨单位的异地远程网络，一般是跨网段的，需要路由支持。

(4) 数据库集群组织紧密，一台节点垮了其他节点可以立即顶上，保证服务延续；而分布式数据库组织松散，一个节点垮了，那这个节点的数据服务就不可用了。

(5) 分布式数据库的数据处理一般需要多个节点分布式执行，协同配合才能出结果；而数据库集群不一定需要分布式协作就能出结果。

(6) 为提升高可用和性能，分布式数据库中的每一个数据节点都可以做成数据库集群。

由此可见，分布式数据库是将不同表存放到不同服务器下的不同数据库中，这样在处理请求的时候，如果需要多个表就需要多个服务器同时处理，从而提高处理速度；分布式数据库解决的是单个请求本身就非常复杂的问题，可以将单个请求分配到多个服务器处理，使用分布式后的每个节点还可以同时使用读写分离(集群)，从而组成节点群。

为保证分布式数据库的高可靠性，每一个数据节点都做成数据库集群，因此目前主流的分布式数据库应该叫作分布式数据库集群。

8.2 NoSQL 技术

NoSQL 原理导学

8.2.1 NoSQL 简介

随着大数据时代的到来以及互联网 Web2.0 网站的兴起，传统的关系型数据库在应付

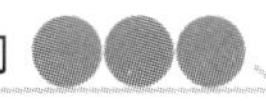

海量数据存储和读取以及超大规模、高并发的 Web2.0 纯动态网站的数据处理方面已经显得力不从心。NoSQL(Not Only SQL)技术的产生就是为了应对这一挑战，NoSQL 的概念最初在 2009 年被提出，是对不同于传统的关系型数据库的数据库管理系统的统称。NoSQL 用于超大规模数据的存储，这些类型的数据存储不需要固定的模式，无需多余操作就可以横向扩展。

NoSQL 泛指非关系型的数据管理技术，它以 Key-Value 的形式存储，和传统的关系型数据库不一样，它不一定遵循传统数据库的一些基本要求，比如说遵循 SQL 标准、ACID(Atomicity，Consistency，Isolation，Durability)属性、表结构等，即不仅仅是用于关系型数据，也可以应用于结构化、半结构化和非结构化数据的存储，故 NoSQL 包括了对所有格式的办公文档、文本、图片、XML、HTML、各类报表、图像和音频/视频信息等的数据管理。

8.2.2　NoSQL 相关技术基础

1. NoSQL 的三大理论基石

(1) CAP 定理。在计算机科学中 CAP 定理又被称作布鲁尔定理(Brewer's Theorem)，它指出对于一个分布式计算系统来说不可能同时满足以下三点，如图 8-1 所示。

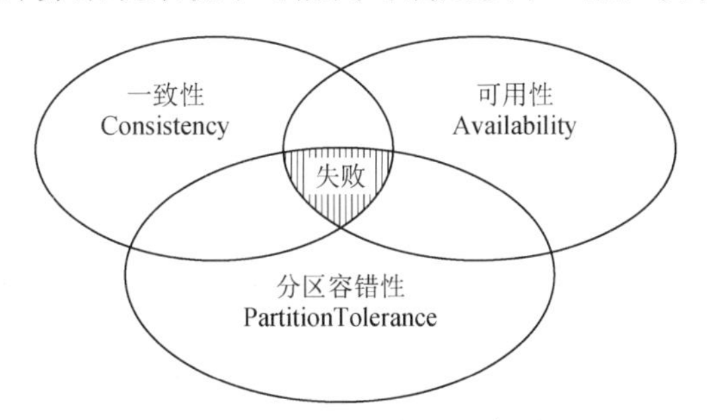

图 8-1 CAP 定理示意图

① 一致性(Consistency)，所有节点在同一时间具有相同的数据。

② 可用性(Availability)，保证每个请求不管成功或者失败都有响应。

③ 分区容错性(Partition Tolerance)，系统中任意信息的丢失或失败不会影响系统的继续运作。

CAP 理论的核心是：一个分布式系统不可能同时很好地满足一致性、可用性和分区容错性这三个需求，最多只能同时较好地满足其中两个。

因此，根据 CAP 原理将 NoSQL 数据库分成了满足 CA 原则、满足 CP 原则和满足 AP 原则三大类。

- CA：单点集群满足一致性、可用性的系统，通常在可扩展性上不太强大。
- CP：满足一致性、分区容错性的系统，通常性能不是特别高。
- AP：满足可用性、分区容错性的系统，通常可能对一致性要求低一些。

由于当前的网络硬件肯定会出现延迟、丢包等问题，所以分区容错性是我们必须实现的，我们只能在一致性和可用性之间进行权衡。

(2) BASE 原理。BASE(Basically Available, Soft-state, Eventual Consistency)的基本含

义是：

- 基本可用(Basically Available)：是指一个分布式系统的一部分发生问题变得不可用时，其他部分仍然可以正常使用，也就是允许分区失败的情形出现。
- 软状态(Soft-state)：是与硬状态(Hard-state)相对应的一种提法。数据库保存的数据是“硬状态”时，可以保证数据一致性，即保证数据一直是正确的；“软状态”是指状态可以有一段时间不同步，具有一定的滞后性。
- 最终一致性(Eventual Consistency)：一致性的类型包括强一致性和弱一致性，二者的主要区别在于高并发的数据访问操作下，后续操作是否能够获取最新的数据。对于强一致性而言，当执行完一次更新操作后，后续的其他读操作就可以保证读到更新后的最新数据；反之，如果不能保证后续访问读到的都是更新后的最新数据，那么就是弱一致性；而最终一致性只不过是弱一致性的一种特例，允许后续的访问操作可以暂时读不到更新后的数据，但是经过一段时间之后，必须最终读到更新后的数据。

(3) 最终一致性。最常见的实现最终一致性的系统是域名系统(DNS)，一个域名更新操作根据配置的形式被分发出去，并结合有过期机制的缓存最终所有的客户端可以看到最新的值。

最终一致性根据更新数据后各进程访问到数据的时间和方式的不同又可以区分为以下5类。

① 因果一致性：如果进程A通知进程B它已更新了一个数据项，那么进程B的后续访问将获得A写入的最新值；而与进程A无因果关系的进程C的访问，仍然遵守一般的最终一致性规则。

② “读己之所写”一致性：可以将它视为因果一致性的一个特例，当进程A自己执行一个更新操作之后自己总是可以访问到更新过的值，绝不会看到旧值。

③ 单调读一致性：如果进程已经访问过数据对象的某个值，那么任何后续访问都不会返回在那个值之前的值。

④ 会话一致性：把访问存储系统的进程放到会话(Session)的上下文中，只要会话还存在系统就保证“读己之所写”一致性。如果由于某些失败情形令会话终止就要建立新的会话，而且系统保证失败情形不会延续到新的会话。

⑤ 单调写一致性：系统保证来自同一个进程的写操作顺序执行。

2. 大数据的分区策略

(1) 分区的定义及作用。

定义：将数据表、索引或索引编排都细分为更小的段，数据库对象的每一个段称为区。表现为将数据表中的数据分段划分，并在不同的位置存放；位置可以是同一块磁盘，也可以是不同的磁盘或者不同的数据库服务器；分区之后数据表面上还是一个表，但是数据散列在不同的位置上，对于磁盘的读写就会分离开来并行进行，减少了单个磁盘的I/O开销，这样就是提高了数据库的性能。

作用：分区操作可以并行执行；分区之间相互独立，系统可用性高；查询操作可以仅查询部分分区而不是整个数据库。

(2)　分区方式。

①　按范围分区。

范围分区：按照数据表中某个值的范围进行分区，根据值的范围决定数据所在分区。

主要特点是能够根据数据的范围，将不同范围的数据存储在不同的分区。

适用于按照时间范围存储数据的系统(如日志)。

②　列表分区。

列表分区：对一系列离散数值分区，分区键由一个单独的列组成。

特点是通过对分区字段的离散值分区，不排序而且分区之间没有关联关系，适用于对数据的离散值控制，只支持单字段(易于查找相应数据，但是可能会存在数据分布不均匀的问题)。

适用于存储重复率比较高的数据系统。

(3)　哈希分区。

哈希分区：用户需要指定分区数量然后系统将分区进行编号，再通过哈希函数指定分区用于存储数据，插入数据时基于分区字段的哈希值自动将记录插入到指定分区。

特点是适用于静态数据、数据存储均匀、数据管理能力弱、易于实施、总体性能最佳等。

适用于存储数据重复率较低的数据系统。

3. 大数据的放置策略

(1)　策略分类。

①　顺序放置策略。

定义：将各节点看作逻辑有序的，对数据副本分配时先将同一数据的所有副本编号，再采用固定映射方式将各副本保存到对应序号的节点上。

特点：较稳定，容错能力强，但发生故障节点较多时，恢复系统开销较大。

②　随机放置策略。

定义：基于哈希函数来决定数据的放置位置。

特点：保证数据分布均匀，数据访问开销大。

(2)　一致性哈希算法。

①　算法原理。

Step1：将整个哈希值空间组织成一个虚拟圆环。如哈希函数 H(key)的值空间为($0\sim2^{23}$-1)，将其按顺时针组织且首尾相接。

Step2：将服务器 IP 或主机名(Hostname)作为关键字输入哈希函数，确定每个节点在哈希环上的位置。

Step3：根据数据 key 用相同的哈希函数计算出哈希值 h 映射到相同的圆环上，从 h 在环上的位置开始顺时针寻找，将遇到的第一台服务器作为数据的存储节点。

②　算法特点。可以适应机器的动态变化，增加或减少机器时无需修改哈希函数。

③　虚拟节点用于解决数据倾斜问题。为了解决因大量数据集中到个别节点上而造成的数据倾斜问题，一致性哈希算法引入了虚拟节点机制，即对每一个服务节点计算多个哈希值，哈希环上的每个计算结果位置都放置一个该服务节点的映像(虚拟节点)。具体做法

是通过在服务器 IP 或主机名的后面增加编号来实现，同时数据定位算法不变，只是多了一步虚拟节点到实际节点的映射，从而解决了机器节点在环上分布不均衡所导致的数据分布不均衡问题。

4. 大数据的复制与容错技术

为应对分布式环境下可能出现的各种故障，数据需要被及时备份，并采取一定的容错技术，分布式数据库依托 HDFS 文件系统实施数据的复制和容错保障。HDFS 文件系统通过多副本机制来保证数据的可靠性，特别是 Hadoop 3.0 引入了纠删码技术(Erasure Coding)，它可以提高 50%以上的存储利用率，并且保证数据的可靠性。

分布式环境下的系统故障类型见表 8-1，大数据的复制与容错技术保证了数据的可靠性。

表 8-1　分布式环境下的系统故障类型

故障类型	故 障 子 类	故 障 语 义
崩溃故障	失忆型崩溃	服务器崩溃(停机)，但停机前工作正常
		服务器只能从初始状态启动，遗忘了崩溃前的状态
	中顿型崩溃	服务器可以从崩溃前的状态启动
	停机型崩溃	服务器完全停机
失职故障	接收型失职	服务器对输入的请求没有响应
		服务器无法接收信件
	发送型失职	服务器无法发送信件
应答故障	返回值故障	服务器对服务请求做出错误反应
		返回值出现错误
	状态变迁故障	服务器偏离正确的运行轨迹
时序故障		服务器反应迟缓，超出规定的时间间隔
随意故障		服务器在任意时间产生的随意错误

5. 大数据的缓存技术

分布式数据库通过高速缓存在内存中管理数据，并提供对数据的一致性保障；采用数据复制技术实现高可用性(将高速内存作为数据对象的存储介质，数据以 Key/Value 形式存储，理想情况下可以获得 DRAM 级的读写性能，主要缓存用户经常访问数据的缓存，数据源为数据库，一般起到对热点数据访问和减轻数据库压力的作用)，具有较优的扩展性与性能组合。具体表现为把数据存放在不同的物理机器上，利用分布式缓存中间件进行处理数据。

常用的分布式缓存中间件大致举例如下。

- Redis。Redis 是以 Key-value 的形式存储数据，是一个非关系型的、分布式开源的、水平可扩展的缓存服务器。应用实例包括缓存(如 Stack Overflow，一个与程序相关的 IT 技术问答网站)、数据库(微博)、消息中间件(微博)等。
- Memcached。Memcached 是由 Danga Interactive 开发并使用开源许可协议的一种

通用的分布式内存缓存系统，也是以 Key-value 的形式存储数据。它的工作机制是在内存中开辟一块空间建立一个哈希表(HashTable)，自主管理这些哈希表。

- SSDB。SSDB 是一个快速的用来存储十亿级别列表数据的开源 NoSQL 数据库，可以替代 Redis 数据库，容量是 Redis 的 100 倍，与 Redis 完美兼容。

分布式数据库将本地缓存扩展到分布式缓存后，关注的重点就从 CPU、内存、缓存之间的数据传输速度差异扩展到了对业务系统、数据库、分布式缓存之间的数据传输速度差异的关注，同时建立一层缓存也便于在不同节点之间进行数据交换。分布式缓存可以横跨多个服务器，可以灵活地进行扩展，见图 8-2。

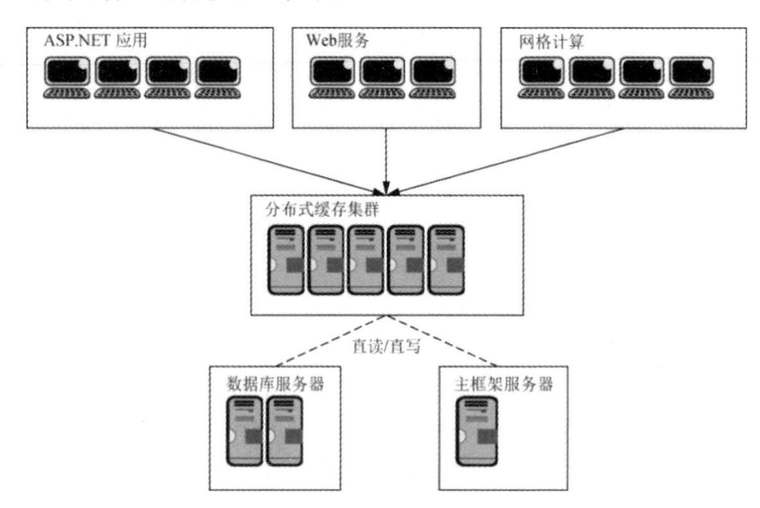

图 8-2　大数据的缓存技术框架

当系统需要满足每秒数万次的读写请求需求时，我们可以用分布式计算、编写优良的程序代码、对海量数据进行分区操作、建立广泛的索引、建立缓存机制、加大虚拟内存、分批处理、使用数据仓库和多维数据库存储、使用负载均衡技术、将数据库的读写分离等等技术来解决数据库对大数据访问的问题。

8.2.3　NoSQL 数据库

1. NoSQL 的类型

(1)　键值存储。Key-Value 键值数据模型是 NoSQL 中最基本的、最重要的数据存储模型，基本原理是在 Key 和 Value 之间建立一个映射关系。

Key-Value 数据模型和传统关系数据模型相比有一个根本的区别，就是在 Key-Value 数据模型中没有模式的概念，在 Key-Value 模型中只要制定好 Key 与 Value 之间的映射，当遇到一个 Key 值时就可以根据映射关系找到与之对应的 Value，其中 Value 的类型和取值范围等属性都是任意的。

(2)　列存储。列存储模式是一种按“列”对数据进行存储的数据组织方式，同时列存储可以将数据存储在“列族”中，存储在一个“列族”中的数据通常是经常被一起查询的相关数据，进一步提升了数据查询的效率。

列存储的数据模型具有支持不完整的关系数据模型、模式灵活、适合大规模海量数据、支持分布式并发处理等特点。

(3) 面向文档存储。面向文档存储是IBM最早提出的，是一种专门用来存储管理文档的数据库模型，它由一系列自包含的文档组成，这意味着所有数据都存储在文档而不是表中。

在面向文档数据库中，文档被看作是数据处理的基本单位，文档可以很长也可以很短，可以复杂也可以简单，不必受到结构的约束，灵活、数据可共享是面向文档存储的特点。

(4) 图形存储。图形存储是将数据以图形的方式进行存储。在构造的图形中，实体被表示为节点，实体与实体之间的关系则被表示为边，对数据的查询就是对图的遍历。

图形存储最卓越的特点就是研究实体与实体间的关系，所以图形存储中有丰富的关系表示。

2. NoSQL 数据库的分类

(1) KV 键值对数据库。

临时性键值存储的代表：MemCached、Redis。

永久性键值存储的代表：ROMA、Redis。

应用场景：内容缓存，主要用于处理大量数据的高访问负载，也用于一些日志系统等等，适合对不涉及过多数据关系、业务关系的数据存储访问，例如储存用户信息(比如会话)、配置文件、参数、购物车等，这些信息一般都和ID(键)挂钩。

数据模型：Key 指向 Value 的键值对通常用哈希表来实现，其数据按照键值对的形式进行组织、索引和存储。

优点：查找速度快。

缺点：数据无结构化，通常只被当做字符串或者是二进制数据。

(2) 面向文档的数据库。

代表：MongoDB、CouchDB

应用场景：Web 应用，旨在将半结构化数据存储为文档的一种数据库。文档数据库通常以 JSON 或 XML 格式存储数据，适用于表结构不明确，且字段在不断增加的场景，例如内容管理系统、信息管理系统的应用。

数据模型：Key-Value 对应的键值对，Value 是结构化的数据。

优点：数据结构要求不严格，表结构可变，不需要像关系型数据库一样预先定义表结构。

缺点：查询性能不高，而且缺乏统一的查询语法。

(3) 面向列的数据库。

代表：Cassandra、HBase、BigTable。

应用场景：分布式的文件系统，以与列相关的存储架构进行数据存储的数据库，主要适合于对批量数据处理和即时查询。

数据模型：以“列族”式存储，将一列数据存储在一起，适合做聚合操作。

优点：查找速度快，可扩展性强，更容易进行分布式扩展。

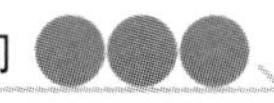

缺点：功能相对局限。

(4) 面向图形的数据库。

代表：Neo4J、InfoGrid。

应用场景：社交网络，推荐系统等，专注于构建关系图谱。

数据模型：图结构。

优点：适合于利用图结构相关的算法，比如最短路径寻址、N 度关系查找等。

缺点：很多时候要对整个图做计算才能得出需要的信息，而且这种结构不太好做分布式的集群方案。

3. NoSQL 数据库的特点

(1) 易扩展：NoSQL 数据库种类繁多，去掉了关系型数据库的关系型特性，数据之间无关系，容易扩展，也无形之间在架构层面上带来了可扩展的能力。

(2) 大数据量高性能：NoSQL 数据库具有非常高的读写能力，尤其在大数据量场景下得益于它的无关系型，数据库的结构简单。

(3) 多样灵活的数据模型：NoSQL 无需事先为要存储的数据建立字段，随时可以存储自定义的数据格式。

8.3　Hadoop 数据库访问

关系型数据库在数据处理上使用 SQL 查询语句，但是在 MapReduce 中实际的数据处理步骤是由用户使用脚本和代码指定的，类似于 SQL 引擎的一个执行计划，利用 MapReduce 可以实现比 SQL 查询更为一般化的数据处理方式，如建立复杂的数据统计模型，或者改变图像数据的格式，而 SQL 就不能很好地适应这些任务。

Hadoop 中数据的来源可以有任何形式，但最终会被转化为以键/值对作为基本数据单元、可以足够灵活处理缺少结构化的数据类型。因此，Hadoop 主要用来对半结构化和非结构化数据进行存储和分析，Hadoop 框架同时提供了对结构化数据的访问途径，一般使用数据库来进行存储和访问。

1. Hadoop 对结构化数据的访问

为了方便 MapReduce 直接访问关系型数据库(如 MySQL、Oracle 等)，Hadoop 提供了 DBInputFormat 和 DBOutputFormat 两个类，并提供了一个访问数据库的简单接口。即通过 DBInputFormat 类读取数据库中表的数据转换到 HDFS 文件中，再由 Hadoop 进行分布式计算、对海量数据进行分析，然后通过 DBOutputFormat 类把 MapReduce 分析产生的结果集导入到数据库中；在搜索引擎的实现中则可以通过 Hadoop 将抓取来的网页进行链接分析、评分计算、建立倒排索引，然后存储到数据库中，通过数据库进行快速搜索。注意：从 DBInputFormat 中读取数据或者通过 DBOutputFormat 写数据都需要实现 DBWritable 接口的序列化类。

DBInputFormat 和 DBOutputFormat 两个类是 Hadoop 从 0.19.0 开始支持的一种输入/输出格式，Hadoop1.0 包含在包 org.Apache.Hadoop.mapred.lib.db 里，主要用来与现有的数据

库系统进行交互，包括 MySQL、PostgreSQL、Oracle 等几个数据库系统。DBInputFormat 和 DBOutputFormat 两个类在 Hadoop 应用程序中通过数据库供应商提供的 JDBC 接口来与数据库进行交互，并且可以使用标准的 SQL 来读取数据库中的记录。

在使用 DBInputFormat 之前，必须将要使用的 JDBC 驱动复制到分布式系统各个节点的$Hadoop_HOME/lib/目录下。

(1) DBInputFormat 类。在 DBInputFormat 类中包含以下 3 个内置类：

- protected class DBRecordReader implements RecordReader<LongWritable,T>：用来从一张数据库表中读取一条条元组记录。
- public static class NullDBWritable implements DBWritable,Writable：主要用来实现 DBWritable 接口。
- protected static class DBInputSplit implements InputSplit：主要用来描述输入元组集合的范围，包括 start 和 end 两个属性，start 用来表示第一条记录的索引号，end 表示最后一条记录的索引号。

其中 DBWritable 接口与 Writable 接口比较类似，也包含 write 和 readFields 两个函数，只是函数的参数有所不同。DBWritable 中的两个函数分别为：

```
public void write(PreparedStatement statement) throws SQLException;
public void readFields(ResultSet resultSet) throws SQLException;
```

这两个函数分别用来给 Java.sql.PreparedStatement 设置参数，以及从 Java.sql.ResultSet 中读取一条记录。

(2) DBInputFormat 类读取数据库记录的过程。DBInputFormat 读取数据库记录，具体步骤如下。

① 使用 DBConfiguration.configureDB(JobConf job,String driverClass,String dbUrl,String userName,String passwd)函数配置 JDBC 驱动、数据源，以及数据库访问的用户名和密码。例如 MySQL 数据库的 JDBC 的驱动为 com.MySQL.JDBC.Driver，数据源可以设置为 JDBC:MySQL://localhost/mydb，其中 mydb 可以设置为所需要访问的数据库。

② 使用 DBInputFormat.setInput(JobConf job,Class<? extends DBWritable> inputClass, String tableName, String conditions, String orderBy, String... fieldNames)函数对要输入的数据进行一些初始化设置，包括输入记录的类名(必须实现了 DBWritable 接口)、数据表名、输入数据满足的条件、输入顺序、输入的属性列。也可以使用重载的函数 setInput(JobConf job, Class<? extends DBWritable> inputClass, String inputQuery, String inputCountQuery)进行初始化，区别在于后者可以直接使用标准 SQL 进行初始化，具体可以参考 Hadoop API 中的讲解。

③ 按照普通 Hadoop 应用程序的格式进行配置，包括 Mapper 类、Reducer 类、输入输出文件格式等，然后调用 JobClient.runJob(conf)。

(3) 使用示例。

假设 MySQL 数据库中有数据库 school，其中的 teacher 数据表定义如下：

```
DROP TABLE IF EXISTS `school`.`teacher`;
CREATE TABLE  `school`.`teacher` (
  `id` int(11) default NULL,
```

```
  `name` char(20) default NULL,
  `age` int(11) default NULL,
  `departmentID` int(11) default NULL
) ENGINE=InnoDB DEFAULT CHARSET=latin1;
```

从 teacher 表中读取所有记录，并以 TextOutputFormat 的格式输出到 dboutput 目录下，输出格式为<"id","name age departmentID">。

首先，给出实现了 DBWritable 接口的 TeacherRecord 类：

```
public class TeacherRecord implements Writable, DBWritable{
       int id;
      String name;
      int age;
      int departmentID;
      @Override
      public void readFields(DataInput in) throws IOException {
             // TODO Auto-generated method stub
             this.id=in.readInt();
             this.name=Text.readString(in);
             this.age=in.readInt();
             this.departmentID=in.readInt();
      }
       @Override
      public void write(DataOutput out) throws IOException {
             // TODO Auto-generated method stub
             out.writeInt(this.id);
             Text.writeString(out, this.name);
             out.writeInt(this.age);
             out.writeInt(this.departmentID);
      }
       @Override
      public void readFields(ResultSet result) throws SQLException {
             // TODO Auto-generated method stub
             this.id=result.getInt(1);
             this.name=result.getString(2);
             this.age=result.getInt(3);
             this.departmentID=result.getInt(4);
      }
       @Override
      public void write(PreparedStatement stmt) throws SQLException {
             // TODO Auto-generated method stub
             stmt.setInt(1, this.id);
             stmt.setString(2, this.name);
             stmt.setInt(3, this.age);
             stmt.setInt(4, this.departmentID);
      }
       @Override
      public String toString() {
             // TODO Auto-generated method stub
```

```
            return new String(this.name+""+this.age+""+this.departmentI
D);
      }
}
```

其次，利用 DBAccessMapper 读取一条条记录：

```
public class DBAccessMapper extends MapReduceBase implements
Mapper<LongWritable,TeacherRecord,LongWritable,Text> {
       @Override
      public void map(LongWritable key,TeacherRecord value,
                    OutputCollector<LongWritable,Text>
collector,Reporter reporter)
                    throws IOException {
            // TODO Auto-generated method stub
collector.collect(new LongWritable(value.id),
 new Text(value.toString()));
      }
}
```

Main 函数如下：

```
public class DBAccess {
      public static void main(String[] args) throws IOException {
            JobConf conf=new JobConf(DBAccess.class);
            conf.setOutputKeyClass(LongWritable.class);
            conf.setOutputValueClass(Text.class);
            conf.setInputFormat(DBInputFormat.class);
            FileOutputFormat.setOutputPath(conf, new Path("dboutput"));
            DBConfiguration.configureDB(conf,"com.mysql.JDBC.Driver",
                      "JDBC:mysql://localhost/school","root","123456");
            String [] fields={"id", "name","age","departmentID"};
            DBInputFormat.setInput(conf,TeacherRecord.class,"teacher",
                      null,"id",fields);
            conf.setMapperClass(DBAccessMapper.class);
            conf.setReducerClass(IdentityReducer.class);
         JobClient.runJob(conf);
      }
}
```

(4) 使用 DBOutputFormat 类向数据库中写记录。DBOutputFormat 将计算结果写回到一个数据库，同样先调用 DBConfiguration.configureDB()函数进行数据库配置，然后调用函数 DBOutputFormat.setOutput (JobConf job,String tableName,String... fieldNames)进行初始化设置，包括数据库表名和属性列名。同样在将记录写回数据库之前要先实现 DBWritable 接口，每个 DBWritable 的实例在传递给 Reducer 中的 OutputCollector 时都将调用其中的 write(PreparedStatement stmt)方法。在 Reduce 过程结束时 PreparedStatement 中的对象将会被转化成 SQL 语句中的 Insert 语句，从而插入到数据库中。

2. Hadoop 对非结构化数据的访问

NoSQL 不像关系数据库那样提供结构化查询语句来访问其中的数据，对于大量的半结

构化数据和非结构化数据，NoSQL 依托 Google 的 BigTable 分布式数据库，Amaze 的 Dynamo 分布式数据库，以及 Apache 的 HBase 分布式数据库等实现访问。

同时，Hadoop 生态系统中各个组件和其他产品之间缺乏统一的、高效的数据交换中介，一般使用 Kafka(分布式发布订阅消息系统)作为企业级大数据分析平台的数据交换枢纽，不同类型的分布式系统可以统一接入到 Kafka，实现和 Hadoop 各个组件之间的不同类型数据的实时高效交换。

8.4　典型的 NoSQL 工具——HBase

8.4.1　HBase 数据库概况

HBase(Hadoop Database)是一个高可靠性、高性能、面向列、可伸缩的分布式存储系统，它参考了谷歌的 BigTable 分布式数据库建模是 BigTable 的开源实现，实现的编程语言为 Java，使用 HBase 技术可以在廉价的 PC 服务器上搭建起大规模结构化的存储集群。

HBase 数据库表的每一行由行键(Row Key)和任意多的列(Column)组成，其中多个列可以组成列族，列族相同的列存储在一起；每个数据单元(Cell)可以拥有数据的多个版本(Version)，使用时间戳来区分。所以，HBase 数据库使用 Map:(行键,列族:列,时间戳)对应一个值。

HBase 数据库使用 HDFS 文件系统作为底层存储结构，利用 Hadoop MapReduce 来处理海量数据，利用 ZooKeeper 作为协同服务。

8.4.2　HBase 数据库的结构

1. 表、行、列和单元格

HBase 数据库中最基本的单位是列，一列或者多列组成一行，并且由唯一的“行键”来确定存储，行与行之间是有序的，按照每行行键(可以是任意的字节数组)的字典序进行排序。一行中的某些列可以被构造成一个“列族”，一个“列族”的所有列(或列)存储在同一个底层(HDFS)的存储文件里，这个文件称为 HFile。HBase 数据库中一个表中有很多行，每一列可能有多个版本，在每一个单元格中存储了不同的值。

“列族”需要在创建表的时候就定义好且数量不宜过多，“列族”名必须由可打印字符组成，此时创建表的时候是不需要事先定义好列名的。对列的引用格式通常为 family: qualifier，qualifier 称为合格者，也可以是任意的字节数组。同一个列族里合格者的名称应该唯一，否则就是在更新同一列，列的数量没有限制，可以有数百万个；列值也没有类型和长度限定，HBase 数据库会对行键的长度做检查，默认应该小于 65536。

例如，一个 HBase 数据库表的示例见表 8-2。

在表 8-2 中，Timestamp 代表时间戳，默认由系统指定，HBase 数据库使用不同的时间戳来区分不同的版本。一个单元格的不同版本的值会按照时间戳降序排列在一起，在读取的时候优先取最新的值；用户可以指定每个值能保存的最大版本数，HBase-0.96 版本默认的最大版本数为 1。

表 8-2　HBase 数据库表结构

RowKey	Timestamp	Column Family	
		URI	Parser
R1	T3	http://blog.csdn.net/iam333	博客，iam333
	T2	http://blog.csdn.net/	博客
	T1	http://download.csdn.net/	资源，下载
R2	T5	www.Google.com	谷歌
	T4	www.baidu.com	百度

HBase 数据库是一个稀疏、多维度、排序的映射表，这张表的索引是行键、列族、列限定符(列族下的每个子列名称，或者称为相关列)和时间戳。

HBase 数据库的存取模式为(表，行键，列族，列，时间戳)→值，我们可以视其为一个“四维坐标”的对应取值，即一个表中的某一行键的某一列族的某一列的某一个版本的值是唯一的。

- 表：HBase 数据库采用表来组织数据，表由行和列组成，列划分为若干个列族。
- 行键：行键是每个行的唯一标识。
- 列族：是基本的访问控制单元。
- 列限定符：列族里的数据通过列限定符来定位。
- 单元格：在 HBase 数据库表中通过行、列族、列限定符来唯一确定一个“单元格”，单元格中的数据无数据类型，被视为字节数组 byte[]。
- 时间戳：每个单元格都保存着同一份数据的多个版本，这些版本采用时间戳来进行索引。
- 值：每个值是一个未经解释的字符串，没有数据类型。

在 HBase 数据库中对行数据的存取操作是原子的，但每一行可以读取任意数目的列，但是目前还不支持跨行的事务访问，也不支持跨数据表的事务访问。

HBase 数据库中同一“列族”下的数据压缩在一起，访问控制磁盘和内存都在“列族”层面进行，支持动态扩展，可以添加一个“列族”或列，所以无需预先定义列的数量以及类型，所有的列均以字符串形式存储。

2. 自动分区

HBase 数据库中扩展和负载均衡的基本单元称作区域(Region)，它在本质上是以“行键”为排序依据的连续存储空间，如果区域过大系统就会把它们动态拆分，相反就把多个区域合并以减少存储文件数量。因为 HBase 数据库的数据实际存储在 HDFS 文件上，所以不需要独立进行管理，只要将读写服务迁移即可实施扩展和负载均衡，这涉及 Master、ZooKeeper 以及区域服务器(Region Server)等多个组件的相互协调。

一个表最开始只有一个区域，用户开始向表中插入数据时系统会检查区域大小，确保不会超过配置的最大值，如果超过会从区域中行键的中间值一分为二，将该区域分为大小大致相等的两个区域。

注意：每个区域只能由一个区域服务器加载，每一台区域服务器可以同时加载多个区域。图 8-3 是表的分区域管理示意图，图中的表实际上是由很多区域服务器加载的区域集合组成的逻辑视图，每台服务器能加载的区域数量和每个区域的最佳大小取决于单台服务器的有效处理能力，目前最佳大小建议为 1GB 至 2GB，同一个区域不会被分拆到多个区域服务器，每个区域服务器存储 10 至 1000 个区域。

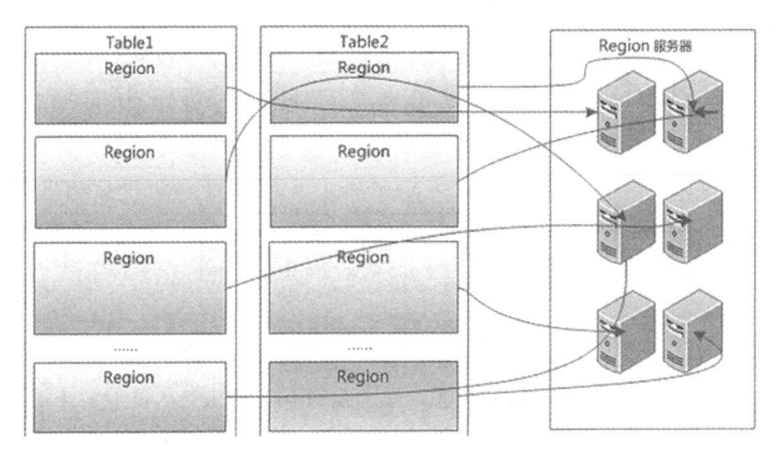

图 8-3　HBase 数据库自动分区域管理

3. HBase 数据库存储格式

HBase 数据库引入了 LSM 树的概念，即日志结构合并树(Log-Structured Merge-Tree)，所以 HBase 数据库存储格式主要由 HFile Hlog 两部分表示。LSM 树的原理是把一棵大树拆分成 *N* 棵小树，首先把 HFile 写入到内存中构建一颗有序小树，随着小树越来越大，内存中的小树会被输出并刷写(Flush)缓冲区到磁盘上。LSM 树本质上就是在读写之间取得平衡，即当读时由于不知道数据在哪棵小树上因此必须遍历全部的小树，但在每棵小树内部的数据却是有序的。

- HFile：HBase 数据库中 KeyValue 数据的存储格式，标识“列族”或列的 HDFS 文件，HFile 是 Hadoop 的二进制格式文件。
- HLog：HBase 数据库中预写式日志(Write-Ahead-Log，WAL)文件的存储格式，物理上是 Hadoop 的 Sequence File。

HFile 文件的长度可变，唯一固定的是文件信息(File Info)和跟踪者(Trailer)。HFile 的格式见图 8-4。

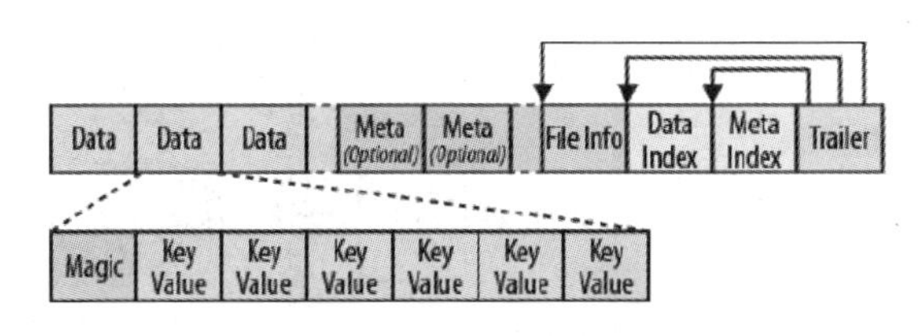

图 8-4　HFile 的格式

HBase 数据库的查询是一个多级查找索引的过程，首先根据 ZooKeeper 检索 Meta Index 查找 Meta，根据 Meta 寻找区域服务器。由于 HBase 数据库采用 LSM 的数据结构，所以数据分散成两块(一部分在内存 MemStore，一部分在文件 FileStore)，此时就分成了两部分查询任务，内存中的查询直接寻址，而在文件查询的过程中则要先读取 Trailer 找到 Data Index，根据 Data Index 再找到 Data 模块的索引，然后根据 Data 里 Row Key 排序的存储模式来定位数据。

- 跟踪者(Trailer)存储指向其他块的指针，它是在持久化数据到文件结束时写入的，写入后该文件就会变成不可变的数据存储文件。
- 数据块(Data Block)中存储<Key,Value>，它可以被看做是一个 MapFile，当 Block 关闭操作时第一个 Key 会被写入 Index 中，Index 文件在 HFile 关闭操作时写入。

<Key,Value>的具体格式见图 8-5。

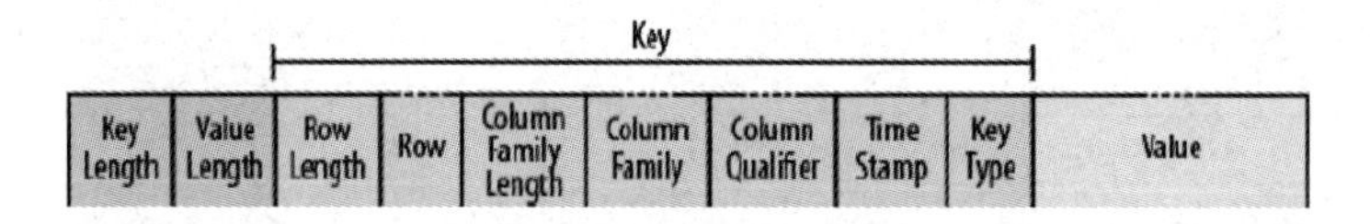

图 8-5　KV 键值格式

在图 8-5 中，Key Type 有四种类型，分别是 Put、Delete、Delete Column 和 Delete Family。Row Length 为 2 个字节，Row 长度不固定，Column Family Length 为 2 个字节，Column Family 长度不固定，Column Qualifier 长度不固定，Time Stamp 为 4 个字节，Key Type 为 1 个字节。Column Qualifier 的长度之所以不记录，是因为可以通过其他字段计算得到。

4. 预写式日志(WAL)

区域服务器会将数据保存到内存，直至积攒到足够多的数据再将其刷写到磁盘，这样可避免很多小文件，但此时如果发生断电或其他故障，存储在内存中的数据没来得及保存到磁盘就会出现数据丢失情况。WAL(Write-Ahead Logging)使得每次更新(编辑)都会写入日志，只有日志写入成功后才会告知客户端写入成功，然后服务器按需批量处理内存中的数据。

如果服务器崩溃，区域服务器会回访日志，使得服务器恢复到服务器崩溃前的状态。图 8-6 显示了写入过程。

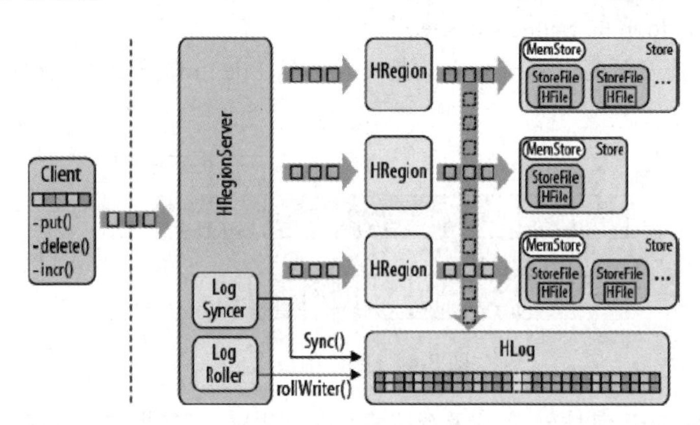

图 8-6　WAL 写入过程

HBase 数据库所有的修改都会先保存到 WAL，然后再传给 MemStore。整个过程如下。

(1) 客户端启动一个操作来修改数据(比如 Put)。每次修改都封装到一个<Key,Value>对象实例中，通过 RPC 调用发送出去，这些调用会发送给含有匹配区域的区域服务器。

(2) <Key,Value>实例到达后，它们会被分配到管理对应行的 HBase 区域(HRegion)实例，数据被写入 WAL，然后被放入实际拥有记录的 MemStore 中。

(3) 当 MemStore 达到一定大小或经历一个特定时间，数据会异步连续地写入到文件系统中(HFile)。

(4) 如果写入过程出现问题,WAL 能保证数据不丢失，因为 WAL 日志 HLog 存储在 HDFS 文件上；其他区域服务器可以读取日志文件并回放修改，恢复数据。

8.4.3　HBase 数据库系统架构与工作机制

1. HBase 数据库系统架构

HBase 数据库架构包括 HBase Client、ZooKeeper、HMaster、HRegionServer、HStore 存储几个部分。一个大体的架构见图 8-7。

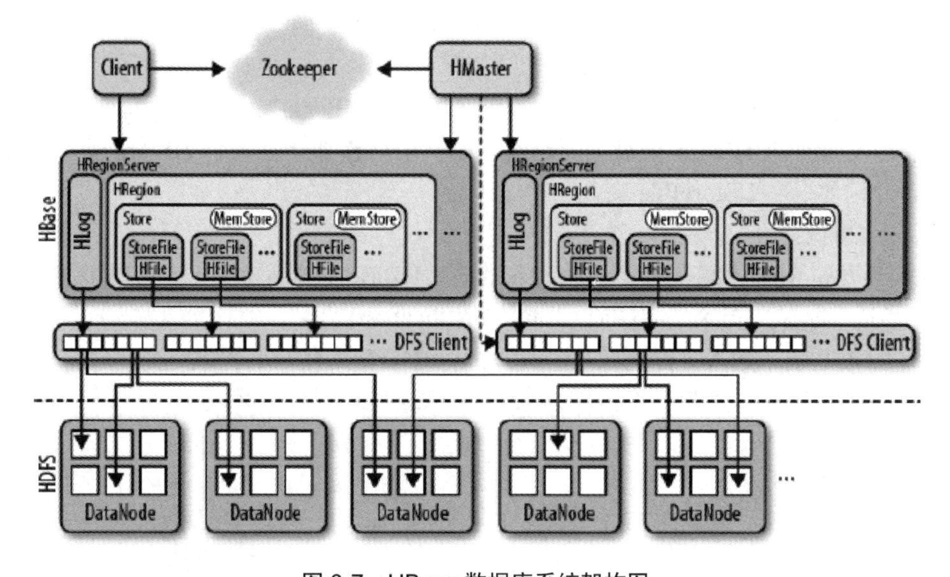

图 8-7　HBase 数据库系统架构图

HBase 数据库在分布式系统中将大量的行分成 HBase 区域(HRegion)，将划分后的区域分布到集群中去。因为 HBase 数据库与 HDFS 文件系统同样是使用 Master-Slave 结构，所以在 HBase 数据库中 Slave 对应是 HRegionServer，负责管理 HMaster 分下来的 HRregion。同时 HMaster 还负责负载平衡以及当 HRegion 出现错误时接收 HRegionServer 的请求消息，重新分配 HRegion 到新的空闲节点。

HBase 数据库底层的文件系统使用 HDFS，通过 ZooKeeper 来管理集群的 HMaster 和各 HRegionServer 之间的通信，监控各 HRegionServer 的状态，存储各 HRegion 的入口地址等。

(1) HBase Client。HBase Client 使用 HBase 数据库的 RPC 机制与 HMaster 和 HRegionServer 进行通信：

① 对于管理类操作(如建表，删表等)，Client 和 HMaster 进行 RPC。

② 对于数据读写类操作，Client 和 HRegionServer 进行 RPC。

(2) ZooKeeper。ZooKeeper 是一个分布式的、开放源码的分布式应用程序协调服务，分布式应用程序可以基于它实现同步服务、配置维护和命名服务等。

ZooKeeper Quorum 中除了存储了-ROOT-表的地址和 Master 的地址，RegionServer 也会把自己注册到 ZooKeeper 中，使 Master 可以随时感知到各个 RegionServer 的健康状态。

(3) HMaster 。

① 管理用户对表的增、删、改、查操作。

② 管理 HRegionServer 的负载均衡，调整区域分布。

③ 在区域分片(Region Split)后，负责新区域的分配。

④ 在 HRegionServer 停机后，负责失效 HRegionServer 上的 Region 迁移。

(4) HRegionServer 。主要负责响应用户 I/O 请求，向 HDFS 文件系统中读写数据，是 HBase 数据库中最核心的模块如下。

① 当用户更新数据的时候会被分配到对应的 HRegion 服务器上提交修改，这些修改显示被写到 MemStore 写缓存和服务器的 HLog 文件里面。在操作写入 HLog 之后，commit()调用才会将其返回给客户端。

② 在读取数据的时候，HRegion 服务器会先访问 BlockCache 读缓存，如果缓存里没有改数据，才会回到 HStore 磁盘上面寻找，每一个列族都会有一个 HStore 集合，每一个 HStore 集合包含很多 HStoreFile 文件。

(5) 特殊的表。

-ROOT-表和.META.表是两个比较特殊的表，HBase 数据库系统表结构见图 8-8。

① ZooKeeper 中记录了-ROOT-表的位置(Location)。

② -ROOT-记录了.META.表的区域信息，-ROOT-只有一个区域。

③ .META.记录了用户表的区域信息，.META.可以有多个区域。

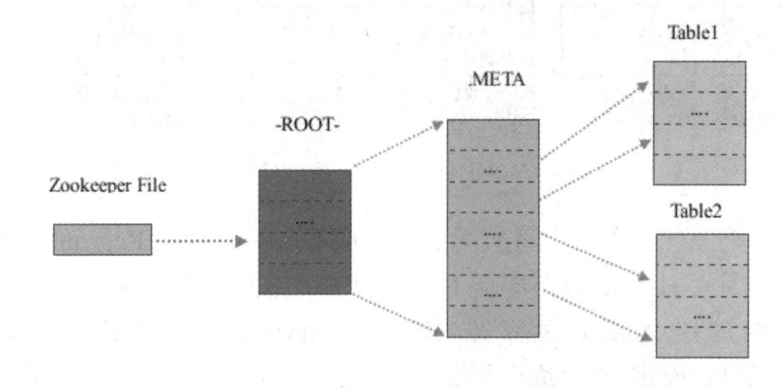

图 8-8 HBase 数据库系统表结构图

2. HBase 数据库工作机制

(1) HBase 数据库工作架构。HBase 数据库工作需要以下 3 个主要功能组件的协作。

① 库函数负责链接到每个客户端。

② 一个主(Master)服务器。

③ 多个区域(Region)服务器。

- 主服务器 Master 负责管理和维护 HBase 数据库表的分区信息，维护区域服务器列表，分配区域以及负载均衡。
- 区域服务器负责存储和维护分配给自己的区域，处理来自客户端的读写请求。

客户端并不是直接从 Master 主服务器上读取数据，而是在获得 Region 的存储位置信息后，直接从 Region 服务器上读取数据。

客户端并不依赖 Master，而是通过 ZooKeeper 来获得 Region 位置信息，大多数客户端甚至从来不和 Master 通信，这种设计方式使得 Master 负载很小。

(2) Region 的定位。客户端使用 HBase 数据库的 RPC 机制与 Master 和 Region 服务器进行通信；ZooKeeper 服务器帮助选举出一个 Master 作为集群的总管，并保证在任何时刻总有唯一一个 Master 在运行，这就避免了 Master 的“单点失效”问题。

客户端访问数据时由 ZooKeeper 采取“三级寻址”方式执行，寻址过程中客户端只需要询问 ZooKeeper 服务器，不需要连接 Master 服务器。客户端包含访问 HBase 数据库的接口，同时在缓存中维护着已经访问过的 Region 位置信息，用来加快后续数据访问过程，为了加速寻址，客户端会缓存位置信息，同时需要解决缓存失效问题。“三级寻址”方式见表 8-3。

- 元数据表又名.META.表，存储了 Region 和 Region 服务器的映射关系。当 HBase 数据库表很大时，.META.表也会被分裂成多个 Region。
- 根数据表，又名-ROOT-表，记录所有元数据的具体位置。-ROOT-表只有一个 Region，名字是在程序中被写死的。

表 8-3　“三级寻址”方式

层次	名称	作用
1	ZooKeeper 文件	记录了-ROOT-表的位置信息
2	-ROOT-表	记录了.META.表的 Region 位置信息，-ROOT-表只能有一个 Region。通过-ROOT-表，就可以访问.META.表中的数据
3	.META.表	记录了用户数据表的 Region 位置信息，.META.表可以有多个 Region，保存了 HBase 数据库中所有用户数据表的 Region 位置信息

HBase 数据库能提供实时计算服务的主要原因是由其架构和底层的数据结构决定的，即由 LSM-Tree+HTable(Region 分区)+Cache 决定：客户端可以直接定位到要查数据所在的 HRegion Server 服务器，然后直接在服务器的一个 Region 上查找要匹配的数据，并且这些数据部分是经过 Cache 缓存的。

HBase 数据库将数据保存到内存中(在内存中的数据是有序的)，如果内存空间满了则会刷写到 HFile 中，而在 HFile 中保存的内容也是有序的。当数据写入 HFile 后，内存中的数据会被丢弃。

HFile 文件为磁盘顺序读取做了优化，按页存储。图 8-9 展示了在内存中多个块存储并

归并到磁盘的过程，合并写入会产生新的结果块，最终多个块被合并为更大块。

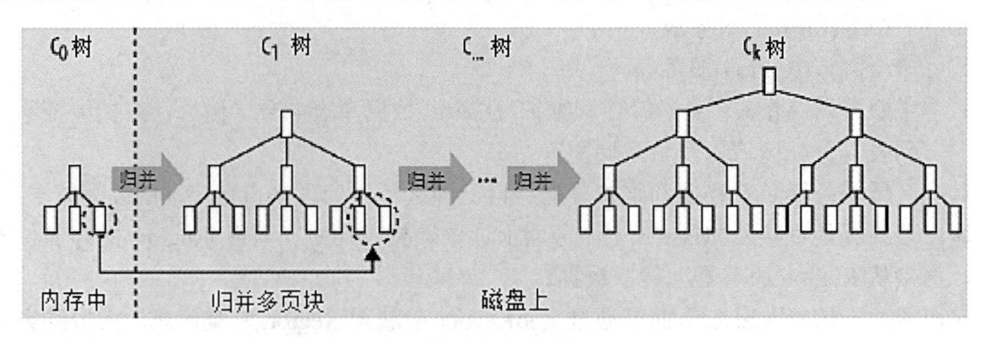

图 8-9　HFile 文件为磁盘顺序读取示意图

如图 8-9 所示，多次刷写后会产生很多小文件，HBase 数据库后台线程会合并小文件组成大文件，这样保证了磁盘查找会限制在少数几个数据存储文件中。

HBase 数据库的写入速度快是因为它其实并不是真的立即写入文件中，而是先写入内存，随后异步刷入 HFile。另外，写入时候将随机写入转换成顺序写，数据写入速度也很稳定。

而读取速度快是因为它使用了 LSM 树型结构，而不是 B 或 B+树。HBase 数据库的存储结构导致它需要磁盘寻道时间在可预测范围内，并且读取与所要查询的 Row key 连续的任意数量的记录都不会引发额外的寻道开销；而且 HBase 数据库读取首先会在缓存(Block Cache)中查找，它采用了 LRU(最近最少使用算法)，如果缓存中没找到会从内存中的 MemStore 中查找，只有这两个地方都找不到时才会加载 HFile 中的内容，而上文也提到了读取 HFile 速度也会很快，因为节省了寻道开销。

(3) Region 服务器工作原理。

① 用户写/读数据过程。用户写入数据时被分配到相应 Region 服务器去执行：用户数据首先被写入到 MemStore 和 HLog 中，只有当操作写入 HLog 之后，commit()调用才会将其返回给客户端。

当用户读取数据时 Region 服务器会首先访问 MemStore 缓存，如果找不到再去磁盘上面的 FileStore 中寻找。

系统会周期性地把 MemStore 缓存里的内容刷写到磁盘的 FileStore 文件中，清空缓存并在 HLog 里面写入一个标记，每次刷写都生成一个新的 FileStore 文件，因此每个 Store 包含多个 FileStore 文件。

每个 Region 服务器都有一个自己的 HLog 文件，每次启动都检查该文件确认最近一次执行缓存刷新操作之后是否发生新的写入操作，如果发现更新则先写入 MemStore，再刷写到 FileStore 文件，最后删除旧的 HLog 文件，开始为用户提供服务。

② Store 工作原理。Store 是区域服务器的核心，每次刷写都生成一个新的 FileStore 文件。对于 FileStore 文件主要存在多个 StoreFile 文件合并成一个，以及单个 StoreFile 文件过大时又触发分裂操作，分裂成两个子区域的操作。

对于 StoreFile 文件数量太多影响查找速度问题，可以调用 Store.compact()把多个 FileStore 文件合并成一个，但是因为合并操作比较耗费资源，所以只有 FileStore 文件数量达到一个阈值才启动合并。

③ HLog 工作原理。分布式环境必须要考虑系统出错问题，HBase 数据库采用 HLog 保证系统恢复。

HBase 数据库系统为每个 Region 服务器配置了一个 HLog 文件，它是一种预写式日志，用户更新数据必须首先写入日志后才能写入 MemStore 缓存，并且直到 MemStore 缓存内容对应的日志已经写入磁盘，该缓存内容才能被刷写到磁盘。

ZooKeeper 会实时监测每个区域服务器的状态，当某个区域服务器发生故障时，ZooKeeper 会通知 Master，Master 首先会处理该故障区域服务器上面遗留的 HLog 文件，这个遗留的 HLog 文件中包含了来自多个区域对象的日志记录。

系统会根据每条日志记录所属的区域对象对 HLog 数据进行拆分，分别放到相应区域对象的目录下，然后再将失效的区域重新分配到可用的区域服务器中，并把与该区域对象相关的 HLog 日志记录也发送给相应的区域服务器。

区域服务器领取到分配给自己的区域对象以及与之相关的 HLog 日志记录以后会重新做一遍日志记录中的各种操作，把日志记录中的数据写入到 MemStore 缓存中，然后刷新到磁盘的 FileStore 文件中完成数据恢复。

HBase 数据库这种共用日志的优点是提高了对表的写操作性能，缺点是恢复时需要分拆日志。

3. HBase 数据库常用操作

(1) HBase 数据库基本操作。

① 连接 HBase 数据库。使用 HBase shell 命令来连接正在运行的 HBase 数据库实例，该命令位于 HBase 数据库安装包下的 bin/目录，HBase Shell 提示符以>符号结束。

```
$ ./bin/hbase shell
hbase(main):001:0>
```

② 显示 HBase Shell 帮助文档。输入 help 并按 Enter 键可以显示 HBase Shell 的基本使用信息，需要注意的是表名、行、列都必须包含在引号内。

③ 退出 HBase Shell。使用 quit 命令退出 HBase Shell ，并且断开和集群的连接，但此时 HBase 数据库仍然在后台运行。

④ 查看 HBase 数据库状态。

```
hbase(main):024:0>status
3 servers, 0 dead,1.0000 average load
```

⑤ 关闭 HBase 数据库。

和 bin/start-hbase.sh 开启所有的 HBase 进程相同，bin/stop-hbase.sh 用于关闭所有的 HBase 进程。

```
$ ./bin/stop-hbase.sh
stopping hbase....................
$
```

(2) 数据定义(DDL)操作。

① 创建新表。使用 create 命令创建一个新的表，在创建的时候必须指定表名和列

族名。

```
hbase(main):001:0> create 'test', 'cf'0 row(s) in 0.4170 seconds
=> hbase::Table - test
```

② 列举表信息。使用 list 命令：

```
hbase(main):002:0> list 'test'
TABLE
test
1 row(s) in 0.0180 seconds
=> ["test"]
```

③ 获取表描述。使用 describe 命令：

```
hbase(main):003:0> describe 't'
DESCRIPTION ENABLED
 't', {NAME => 'f', DATA_Block_ENCODING => 'NONE', BLOOMFILTER => 'ROW',
REPLICATION_ true
 SCOPE => '0', VERSIONS => '1', COMPRESSION => 'NONE', MIN_VERSIONS =>
'0', TTL => '2147483647', KEEP_DELETED_CELLS => 'false', BlockSIZE =>
'65536', IN_MEMORY => 'false ', BlockCache => 'true'}
1 row(s) in 1.4430 seconds
```

④ 删除表。使用 drop 命令实现删除表的功能：

```
hbase(main):011:0> drop 'test'0 row(s) in 0.1370 seconds
```

⑤ 检查表是否存在。

```
hbase(main):021:0>exists 'member'
Table member doesexist
0 row(s) in 0.1610seconds
```

(3) 数据管理(DML)操作。

① 向表中插入数据。使用 put 命令，将数据插入表中：

```
hbase(main):003:0> put 'test', 'row1', 'cf:a', 'value1'0 row(s) in 0.0850
seconds
hbase(main):004:0> put 'test', 'row2', 'cf:b', 'value2'0 row(s) in 0.0110
seconds
hbase(main):005:0> put 'test', 'row3', 'cf:c', 'value3'0 row(s) in 0.0100
seconds
```

可以看到在本例中一共插入了三条数据，一次一条。第一次插入到 row1 行，cf/:列，插入值为 value1。所有列在 HBase 数据库中有一个列族前缀，本例中的 cf 后面跟着一个冒号，还有一个列限定后缀，本例中是 a。

② 一次性扫描全表数据。一种获取 HBase 数据库数据的方法是扫描，使用 scan 命令来扫描表的数据。可以限制限制扫描的范围，在本例中获取的是所有的数据。

```
hbase(main):006:0> scan 'test'
ROW                                COLUMN+CELL
 row1                  column=cf:a, timestamp=1421762485768, value=value1
```

```
 row2                  column=cf:b, timestamp=1421762491785, value=value2
 row3                  column=cf:c, timestamp=1421762496210, value=value3
3 row(s) in 0.0230 seconds
```

③ 获取一个行数据。使用 get 命令来获得某一行的数据：

```
hbase(main):007:0> get 'test', 'row1'
COLUMN                                  CELL
 cf:a                                  timestamp=1421762485768, value=value1
1 row(s) in 0.0350 seconds
```

④ 更新一条数据。使用 put 命令，本例中将 shiyanlou 地址改为 E：

```
hbase(main):004:0>put 'company','shiyanlou','info:address' ,'E'0 row(s)
in 0.0210seconds
hbase(main):005:0>get 'company','shiyanlou','info:address'
COLUMN                                  CELL
 info:address                          timestamp=1321586571843, value=E
1 row(s) in 0.0180seconds
```

⑤ 禁用一个表。如果想要删除一个表或是修改它的设置，或者是其他的情况都需要首先禁用该表。使用 disable 命令禁用表，enable 命令重新启用表：

```
hbase(main):008:0> disable 'test'0 row(s) in 1.1820 seconds
hbase(main):009:0> enable 'test'0 row(s) in 0.1770 seconds
```

8.4.4 HBase 数据库与 BigTable 数据库的区别及 HBase 数据库访问接口

1. HBase 数据库与 BigTable 数据库的区别

BigTable 是 Google 设计的分布式数据存储系统，是用来处理海量的数据的一种非关系型的数据库，最初是为了解决在大量数据下互联网的搜索问题，其特点主要包括以下几点。

(1) 架构在 GFS 上，使用 GFS 作为底层数据存储。

(2) 利用谷歌的 MapReduce 来处理海量数据。

(3) 利用 Chubby 提供协同服务管理。

(4) 可以扩展为 PB 级别的数据和上千台机器。

HBase 数据库是 BigTable 数据库的开源实现，同样是一个分布式数据库，主要存储非结构化和半结构化的松散数据(底层分布式文件系统只存储非结构化数据)，目标是存储非常庞大的表，通过水平扩展利用廉价计算机集群处理数据。二者的区别见表 8-4。

表 8-4 HBase 数据库与 BigTable 数据库的区别

项目	BigTable	HBase
文件存储系统	GFS	HDFS
海量数据存储	MapReduce	Hadoop MapReduce
协同服务管理	Chubby	ZooKeeper

2. HBase 数据库的访问接口

HBase 数据库支持很多种访问，访问 HBase 数据库的常见接口见表 8-5。

表 8-5 HBase 数据库常见接口

类型	特点	场合
Native Java API	最常规和高效的访问方式	适合 Hadoop MapReduce 作业并行批处理 HBase 数据库表数据
HBase Shell	HBase 数据库的命令行工具	最简单的接口，适合 HBase 数据库管理使用
Thrift Gateway	利用 Thrift 序列化技术，支持 C++、PHP、Python 等多种语言	适合其他异构系统在线访问 HBase 数据库表数据
REST Gateway	解除了语言限制	支持 REST 风格的 HTTP API 访问 HBase 数据库
Pig	使用 Pig Latin 流式编程语言来处理 HBase 数据库中的数据	适合做数据统计
Hive	简单	当需要以类似 SQL 语言方式来访问 HBase 数据库时

课后练习题

(1) 下列关于 NoSQL 数据库和关系型数据库的比较，不正确的是(　　)。

A. NoSQL 数据库很容易实现数据完整性，关系型数据库很难实现数据完整性

B. NoSQL 数据库的可扩展性比传统的关系型数据库更好

C. NoSQL 数据库缺乏统一的查询语言，而关系型数据库有标准化查询语言

D. NoSQL 数据库具有弱一致性，关系型数据库具有强一致性

(2) 以下对各类数据库的理解错误的是(　　)。

A. 键值数据库的键是一个字符串对象，值可以是任意类型的数据，比如整型和字符型等

B. 文档数据库的数据是松散的，XML 和 JSON 文档等都可以作为数据存储在文档数据库中

C. 图数据库灵活性高，支持复杂的图算法，可用于构建复杂的关系图谱

D. HBase 数据库是列族数据库，可扩展性强，支持事务一致性

(3) 下列数据库属于文档数据库的是(　　)。

A. MongoDB　　B. MySQL　　C. HBase　　D. Redis

(4) NoSQL 数据库的三大理论基石不包括(　　)。

A. 最终一致性　　B. ACID　　C. BASE　　D. CAP

(5) 关于 NoSQL 数据库和关系数据库，下列说法正确的是(　　)。

A. 关系数据库有关系代数理论作为基础，NoSQL 数据库没有统一的理论基础

B. NoSQL 数据库和关系数据库各有优缺点，但随着 NoSQL 的发展，终将取代关系数据库

C. 大多数 NoSQL 数据库很难实现数据完整性

D. NoSQL 数据库可以支持超大规模数据存储，具有强大的横向扩展能力

(6) NoSQL 数据库的类型包括(　　)。

A. 列族数据库　　B. 键值数据库　　C. 图数据库　　D. 文档数据库

(7) CAP 是指(　　)。

A. 分区容忍性　　B. 持久性　　C. 一致性　　D. 可用性

(8) NoSQL 数据库的 BASE 特性是指(　　)。

A. 持续性　　B. 基本可用　　C. 软状态　　D. 最终一致性

(9) 目前，NoSQL 的含义是"Not only SQL"，而不是"No SQL"。(　　)

A. 对　　B. 错

(10) 一个数据库事务具有 ACID 是指：原子性、一致性、持久性、隔离性。(　　)

A. 错　　B. 对

(11) HBase 是一种(　　)数据库。

A. 行式数据库　　B.文档数据库　　C.关系数据库　　D.列式数据库

(12) 下列对 HBase 数据模型的描述错误的是(　　)。

A. HBase 列族支持动态扩展，可以很轻松地添加一个列族或列

B. HBase 中执行更新操作时，会删除数据旧的版本，并生成一个新的版本

C. 每个 HBase 表都由若干行组成，每个行由行键(row key)来标识

D. HBase 是一个稀疏、多维度、排序的映射表，这张表的索引是行键、列族、列限定符和时间戳

(13) 下列说法正确的是(　　)。

A. 如果通过 HBase Shell 插入表数据，可以插入一行数据或一个单元格数据。

B. HBase 的实现包括的主要功能组件是库函数，一个 Master 主服务器和一个 Region 服务器。

C. 如果不启动 Hadoop，则 HBase 完全无法使用。

D. ZooKeeper 是一个集群管理工具，常用于分布式计算，提供配置维护、域名服务、分布式同步等。

(14) 对于 HBase 数据库而言，每个 Region 的建议最佳大小是(　　)。

A. 500MB 至 1000MB　　B. 2GB 至 4GB

C. 100MB 至 200MB　　D. 1GB 至 2GB

(15) HBase 三层结构的顺序是(　　)。

A. ZooKeeper 文件，-ROOT-表，.MEATA.表

B. ZooKeeper 文件，.MEATA.表，-ROOT-表

C. -ROOT-表，ZooKeeper 文件，.MEATA.表

D. .MEATA.表，ZooKeeper 文件，-ROOT-表

(16) 客户端可以通过(　　)级寻址来定位 Region。

A. 一　　B. 四　　C. 三　　D. 二

(17) 下列关于 HBase Shell 命令的解释错误的是(　　)。

A. list: 显示表的所有数据。

B. create: 创建表。

C. put: 向表、行、列指定的单元格添加数据。

D. get: 通过表名、行、列、时间戳、时间范围和版本号来获得相应单元格的值。

(18) 下列对 HBase 的理解正确的是(　　)。

A. HBase 是一个行式分布式数据库，是 Hadoop 生态系统中的一个组件。

B. HBase 是针对谷歌 BigTable 的开源实现。

C. HBase 是一种关系型数据库，目前成功应用于互联网服务领域。

D. HBase 多用于存储非结构化和半结构化的松散数据。

(19) HBase 和传统关系型数据库的区别在于(　　)方面。

A. 数据维护　　B. 存储模式　　C. 数据模型　　D. 数据索引

(20) 访问 HBase 表中的行，有(　　)方式。

A. 通过一个行健的区间来访问　　B. 全表扫描

C. 通过单个行健访问　　D. 通过某列的值区间

第 9 章　Spark 概论

Spark 原理与编程导学(1)

Spark 原理与编程导学(2)

本章学习目标

- 了解 Hadoop 的局限与不足。
- 理解 Spark 的发展与 Spark 的开发语言 Scala。
- 掌握 Spark 生态系统的组成与各个模块的概念与应用。
- 掌握 Spark 的应用场景与应用 Spark 的成功案例。

重点难点

- Spark 生态系统的组成与各个模块的概念与应用。
- Spark 的应用场景与应用 Spark 的案例实施。

引导案例

Spark 是 UC Berkeley AMP Lab 开发的一个集群计算框架，类似于 Hadoop，代替 Map Reduce 算法实现分布式计算，拥有 Hadoop MapReduce 所具有的优点但与其有很多的区别。最大的优化是让计算任务的中间结果可以存储在内存中，不需要每次都写入 HDFS 文件系统，更适用于需要迭代的 MapReduce 算法场景中，可以获得更好的性能提升。例如一次排序测试中，对 100TB 数据进行排序，Spark 比 Hadoop 快三倍，并且只需要十分之一的机器。Spark 集群目前最多可以达到 8000 节点，处理的数据达到 PB 级别，在互联网企业中应用非常广泛。

Spark 提供的数据集操作类型有很多种(不像 Hadoop 只提供了 Map 和 Reduce 两种操作)，比如 map、filter、flatmap、sample、groupbykey、reducebykey、union、join、cogroup、mapvalues、sort、partionby 等多种操作类型，这些操作称为 Transformation。同时还提供了 count、collect、reduce、lookup、save 等多种 action。各个处理节点之间的通信模型不再像 Hadoop 那样就是唯一的 DataShuffle 一种模式，用户可以命名、物化、控制中间结果的分区等。这些多种多样的数据集操作类型给上层应用者提供了方便。

Spark 可以直接对 HDFS 文件进行数据的读写，同样支持 Sparkon Yarn，可以说编程模型比 Hadoop 更灵活。其主要应用场景如下。

(1) Spark 是基于内存的迭代计算框架，适用于需要多次操作特定数据集的应用场合。

(2) 由于 RDD 的特性，Spark 不适用那种异步细粒度更新状态的应用，即对于那种增量修改的应用模型不适合。

(3) 数据量不是特别大，但是要求实时统计分析需求。

(资料来源：本书作者整理编写)

9.1　Spark 平台简介

由于 Hadoop 设计上只适合离线数据的计算以及在实时查询和迭代计算上的不足，已经不能满足日益增长的大数据业务需求，因而 Spark 应运而生。Spark 和 Hadoop 都属于大数据框架平台，而 Spark 是 Hadoop 的后继产品，它提供 Java、Scala、Python 和 R 语言中的高级 API，以及使用最先进的 DAG(DAG Shecdule，有向无环图的作业拓扑)调度，查询优化器和物理执行引擎，实现了在数据处理方面的一个高速和高性能飞跃；而且 Spark 中封装了大量的库例如 SQL 和 DataFrames、MLlib 机器学习、GraphX 和 Spark Streaming 供应用程序使用，支持 Local、Standalone、Mesos、Yarn 四种运行模式，具有可伸缩、在线处理、基于内存计算等特点，在实际应用的时间场景下得以替换 Hadoop 的 MapReduce，实现对大数据增长需求以及更好地对数据进行处理，Spark 与 Hadoop 的关系见图 9-1。

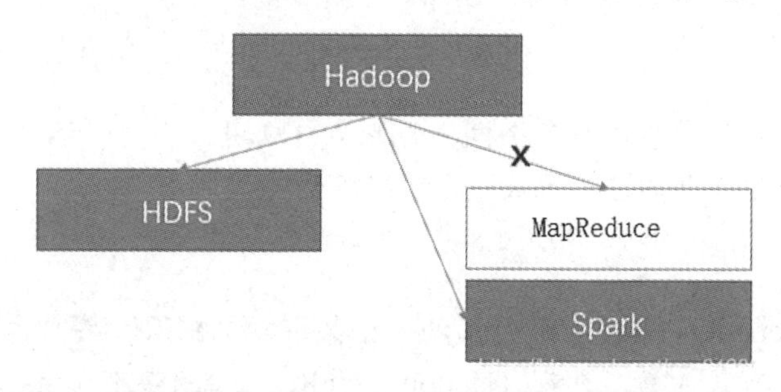

图 9-1　Spark 与 Hadoop 的统一部署

1. Spark 简介

Spark 是专为大规模数据处理而设计的快速通用的计算引擎，类似 Hadoop MapReduce 的通用并行计算框架，但是 Spark 计算中间结果基于内存缓存，而 MapReduce 则是基于 HDFS 文件系统存储，因此 Spark 处理数据的能力一般是 MapReduce 的 3～5 倍，甚至数十倍以上。具体来说，我们可以对 Spark 作如下认知。

- Spark 是一种通用的大数据计算框架，正如传统大数据技术 Hadoop 的 MapReduce、Hive 引擎以及 Storm 流式实时计算引擎等。
- Spark 包含了大数据领域常见的各种计算框架，如 Spark Core 用于离线计算，Spark SQL 用于交互式查询，Spark Streaming 用于实时流式计算，Spark MLlib 用于机器学习，Spark GraphX 用于图计算。
- Spark 主要用于大数据的计算，而 Hadoop 以后主要用于大数据的存储(比如 HDFS 文件、Hive 数据仓库、HBase 数据库等)，以及资源调度(Yarn)。
- Spark+Hadoop 的组合，是未来大数据领域最热门的组合，也是最有前景的组合。

当然，Spark 之后出现的 Flink 流式数据处理快速通用大数据计算引擎等，同样具备与 Hadoop 组合的光明未来前景。

2. Spark 的发展

Spark 是一个开源的通用并行分布式计算框架，2009 年由加州大学伯克利分校的 AMP 实验室开发，是当前大数据领域最活跃的开源项目之一。

Spark 的发展速度非常迅速。2009 年 Spark 诞生；2020 年 Spark 正式开源；2013 年成为了 Apache 基金项目；2014 年成为 Apache 基金的顶级项目。整个过程不到五年时间。

3. Scala 语言

Scala 语言是 Spark 框架的开发语言，是一种类似 Java 的编程语言，其设计的初衷是实现可伸缩的语言、并集成面向对象编程和函数式编程的各种特性。

Spark 能成为一个高效的大数据处理平台，与其使用 Scala 语言编写是分不开的。尽管 Spark 支持使用 Scala、Java 和 Python 三种开发语言进行分布式应用程序的开发，但是 Spark 对于 Scala 的支持却是最好的，因为这样可以和 Spark 的源代码进行更好的无缝结合，更方便地调用其相关功能。从高的层面来看，其实每一个 Spark 的应用都是一个 Driver 类，通过运行用户定义的 main 函数，在集群上执行各种并发操作和计算，Spark 提供的最主要的抽象是一个弹性分布式数据集，它是一种特殊集合，可以分布在集群的节点上，以函数式编程操作集合的方式进行各种各样的并发操作。

4. Spark 与 Hadoop 对比

(1) Hadoop 的局限与不足。

① 抽象层次低，需要手工编写代码来完成。

② 只提供两个操作，Map 和 Reduce。

③ 处理逻辑隐藏在代码细节中，没有整体逻辑。

④ 中间结果不可见，不可分享。

⑤ ReduceTask 需要等待所有 MapTask 都完成后才可以开始。

⑥ 延时长，响应时间完全没有保证，只适用批量数据处理，不适用于交互式数据处理和实时数据处理。

⑦ 对于图处理和迭代式数据处理性能比较差。

(2) Spark 的优势。

对比 Hadoop 与 Spark，Spark 的优势见表 9-1。

表 9-1　Hadoop 与 Spark 对比

	Hadoop	Spark
工作方式	非在线、静态	在线、动态
处理速度	高延迟	比 Hadoop 快数十倍至上百倍
兼容性	开发语言：Java 语言 最好在 Linux 系统下搭建，对 Windows 的兼容性不好	开发语言：以 Scala 为主的多语言 对 Linux 和 Windows 等操作系统的兼容性都非常好
存储方式	磁盘	既可以仅用内存存储，也可以在磁盘上存储
操作类型	只提供 Map 和 Reduce 两个操作，表达力欠缺	提供很多转换和动作，很多基本操作(如 Join、GroupBy)已经在 RDD 转换和动作中实现
数据处理	只适用数据的批处理，实时处理非常差	除了能够提供交互式实时查询外，还可以进行图处理、流式计算和反复迭代的机器学习等
逻辑性	处理逻辑隐藏在代码细节中，没有整体逻辑	代码不包含具体操作的实现细节，逻辑更清晰

续表

	Hadoop	Spark
抽象层次	抽象层次低，需要手工编写代码完成	Spark 的 API 更强大，抽象层次更高
可测试性	不容易	Spark

9.2 Spark 系统架构

9.2.1 Spark 数据抽取运算模型

1. Hadoop 与 Spark 数据抽取运算模型对比

(1) Hadoop 数据抽取运算模型。Hadoop 的数据抽取运算模型见图 9-2。

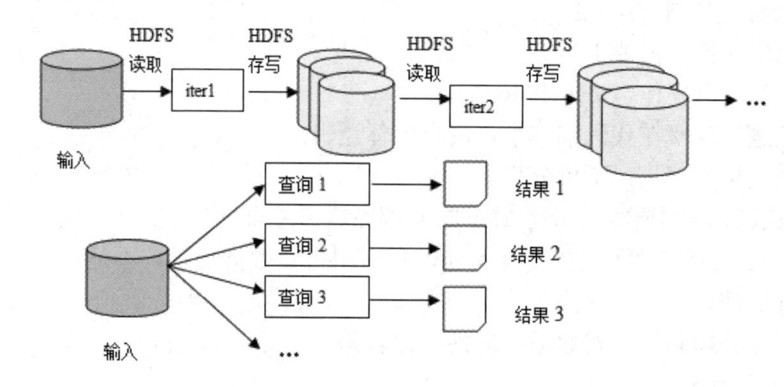

图 9-2　Hadoop 的数据抽取运算模型

Hadoop 中数据的抽取运算是基于磁盘的，中间结果也存储在磁盘上。所以，MapReduce 运算伴随着大量的磁盘的 I/O 操作，运算速度严重受到了限制。

(2) Spark 数据抽取运算模型。Spark 使用内存(RAM)代替了传统 HDFS 文件系统存储中间结果，Spark 的数据抽取运算模型见图 9-3。

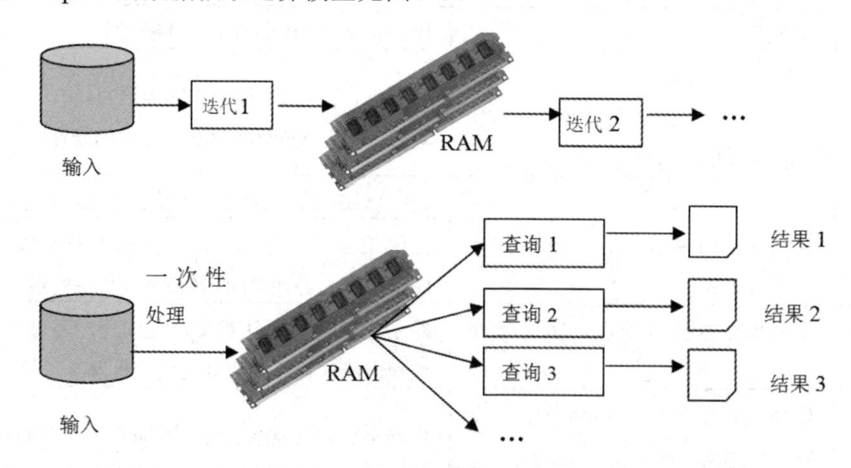

图 9-3　Spark 数据抽取运算模型

Spark 这种内存型计算框架省去了大量的磁盘 I/O 操作，效率也随之大幅提升，比较适合各种迭代算法和交互式数据分析。

2. Spark 运行架构

Spark 运行架构包括集群资源管理器(Cluster Manager)、运行作业任务的工作节点(Worker Node)、每个应用的任务控制节点(Driver)和每个工作节点上负责具体任务的执行进程(Executor)。Spark 的资源管理器可以自带，也可以是 Mesos 或 Yarn 等资源管理框架。

与 Hadoop MapReduce 计算框架相比，Spark 所采用的 Executor 有以下优点。

- 利用多线程来执行具体的任务，减少任务的启动开销。
- Executor 中有一个 BlockManager 存储模块，会将内存和磁盘共同作为存储设备，有效减少 IO 开销。

3. Spark 运行基本流程

一个应用(Application)由一个 Driver 和若干个 Job 构成，一个 Job 由多个阶段(Stage)构成，一个阶段由多个没有洗牌关系的 Task 组成。

当执行一个应用时，Driver 会向集群管理器申请资源启动 Executor，并向 Executor 发送应用程序代码和文件，然后在 Executor 上执行 Task，运行结束后执行结果会返回给 Driver，或者写到 HDFS 文件或者其他数据库中。

(1) 首先为应用构建起基本的运行环境，即由 Driver 创建一个 SparkContext 进行资源的申请、任务的分配和监控。

(2) 资源管理器为 Executor 分配资源，并启动 Executor 进程。

(3) SparkContext 根据 RDD 的依赖关系构建 DAG 图，DAG 图提交给 DAGScheduler 解析成阶段，然后把一个个 TaskSet 提交给底层调度器 TaskScheduler 处理；Executor 向 SparkContext 申请 Task，Task Scheduler 将 Task 发放给 Executor 运行并提供应用程序代码。

(4) Task 在 Executor 上运行，把执行结果反馈给 TaskScheduler，然后反馈给 DAGScheduler，运行完毕后写入数据并释放所有资源。

4. Spark 运行架构的特点

总体而言，Spark 运行架构具有以下特点。

(1) 每个应用都有自己专属的 Executor 进程，Executor 进程以多线程的方式运行 Task，并且该进程在应用运行期间一直驻留。

(2) Spark 运行过程与资源管理器无关，只要能够获取 Executor 进程并保持通信即可。

(3) Executor 上有一个 BlockManager 存储模块，在处理迭代计算任务时中间结果直接放在这个存储系统上。

(4) Task 采用了数据本地性和推测执行等优化机制。

9.2.2 Spark 生态系统及其处理架构

1. Spark 生态系统

Spark 整个生态系统分为 3 层，如图 9-4 所示。

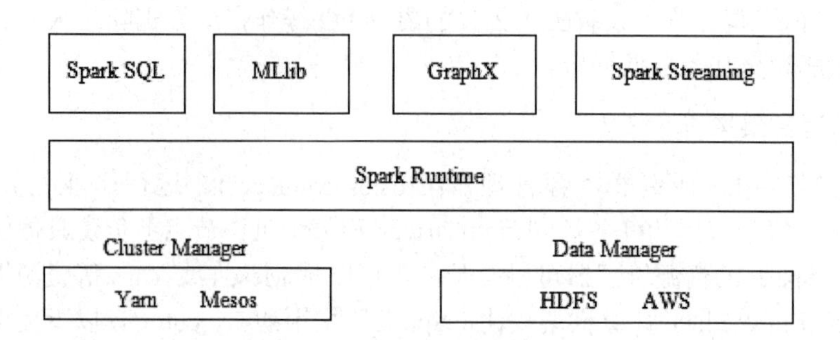

图 9-4 Spark 生态系统示意图

(1) 底层的 Cluster Manager 负责集群的资源管理，Data Manager 负责集群的数据管理。

(2) 中间层的 Spark Runtime，即 Spark 内核。

(3) 最上层为四个专门用于处理特定场景的 Spark 高层模块。

2. Spark 处理框架

(1) 底层的 Cluster Manager 和 Data Manager。

① 集群的资源管理可以选择 Yarn、Mesos 等。Mesos 是 Apache 下的开源分布式资源管理框架，它被称为分布式系统的内核。Mesos 根据资源利用率和资源占用情况在整个数据中心内进行任务的调度，提供类似于 Yarn 的功能。

② 集群的数据管理则可以选择 HDFS、AWS 等。Spark 支持两种分布式存储系统：HDFS 和 AWS(Amazon Web Services)。AWS 提供的云服务中支持使用 Spark 集群进行大数据分析，Spark 可以运行在 Hadoop Yarn、Apache Mesos、Kubernets、Spark Standalone 等集群中，可以访问 HBase、Hive、Cassandra 在内的多种数据库。

(2) 中间层的 Spark Runtime。Spark Runtime 包含 Spark 的基本功能，这些功能主要包括任务调度、内存管理、故障恢复以及和存储系统的交互等。Spark 的一切操作都是基于 RDD 实现的，RDD 是 Spark 中最核心的模块和类，也是 Spark 设计的精华所在，它采用了惰性调用，可以实现管道化、避免同步等待、不需要保存中间结果等技术，使得每次操作变得简单。

① RDD 的概念。RDD 是 Spark 中最基本的数据抽象，代表一个不可变、可分区、里面的元素可并行计算的集合。可以简单地把 RDD 理解成一个提供了许多操作接口的数据集合，和一般数据集不同的是其实际数据分布存储在磁盘和内存中。

在许多迭代式算法(比如机器学习、图算法等)和交互式数据挖掘中，不同计算阶段之间会重用中间结果，即一个阶段的输出结果会作为下一个阶段的输入。但是 MapReduce 框架采用非循环式的数据流模型，把中间结果写入 HDFS 文件系统中，带来了大量的数据复制、磁盘 IO 和序列化开销，而且这些框架只能支持特定的 MapReduce 计算模式，并没有提供一种通用的数据抽象。

RDD 则提供了一个抽象的数据模型，让用户不必担心底层数据的分布式特性，只需将具体的应用逻辑表达为一系列转换操作(函数)，不同 RDD 之间的转换操作之间还可以形成依赖关系进而实现管道化，从而避免了中间结果的存储，大大降低了数据复制、磁盘 IO

和序列化开销，并且还提供了更多的 API(map/reduec/filter/groupby...)。

② RDD 的操作类型。RDD 提供了丰富的编程接口来操作数据集合，一种是 Transformation 转换操作，另一种是 Action 算子操作。

- Transformation 的返回值是一个 RDD，它可以理解为一个领取任务的过程。如果只提交 Transformation 是不会提交任务来执行的，任务只有在 Action 提交时才会被触发。
- Action 返回的结果把 RDD 持久化起来，是一个真正触发执行的过程。它将规划以作业(Job)的形式提交给计算引擎，由计算引擎将其转换为多个任务(Task)，然后分发到相应的计算节点开始真正的处理过程。

Spark 用 Scala 语言实现了 RDD 的 API，RDD 提供的转换接口都非常简单，都是类似 map、filter、groupBy、join 等粗粒度的数据转换操作，而不是针对某个数据项的细粒度修改，程序员可以通过调用 API 实现对 RDD 的各种操作。

③ RDD 典型的执行过程。

Step1：RDD 读入外部数据源进行创建。

Step2：RDD 经过一系列的转换操作，每一次都会产生不同的 RDD 供给下一个转换操作使用。

Step3：最后一个 RDD 经过 Action 操作进行转换，并输出到外部数据源。

这一系列处理称为一个 Lineage(血缘关系)，即 DAG 拓扑排序的结果。

(3) 高层的应用模块。Spark-Core 是整个 Spark 的基础，提供了分布式任务调度和基本的 I/O 功能，高层的应用模块都构建在 Spark-Core 基础之上。在 Spark 的同一份代码中，可同时使用下述的所有技术栈，具有划时代的意义。

① Spark SQL。SparkSQL 的前身是 Shark(基于 Spark 上的 Hive，Hive 记录每行为一个对象，而 Shark 是每列记录)，主要用于结构化数据处理和对 Spark 数据执行类 SQL 的查询，并且与 Spark 生态的其他模块无缝结合，兼容 SQL、Hive、Json、JDBC 和 ODBC 等操作。

② MLlib。MLlib 是一个分布式机器学习库，即在 Spark 平台上对一些常用的机器学习算法进行了分布式实现，随着版本的更新它也在不断扩充新的算法。MLlib 支持多种分布式机器学习算法，如分类、回归、聚类等。

③ GraphX。GraphX 是构建于 Spark 上的图计算模型，利用 Spark 框架提供的内存缓存 RDD、DAG 和基于数据依赖的容错等特性，实现高效健壮的图计算框架，GraphX 的出现使得 Spark 生态系统在大图处理和计算领域得到了完善和丰富。

④ Spark Streaming。Spark Streaming 是 Spark 系统中用于处理流数据的分布式流处理框架，扩展了 Spark 流式大数据处理能力。Spark Streaming 将数据流以时间片为单位进行分割形成 RDD，能够以相对较小的时间间隔对流数据进行处理。

3. Spark 应用技术要点分析

(1) RDD 之间的依赖关系。

① 窄依赖

表现为一个父 RDD 的分区对应于一个子 RDD 的分区，或多个父 RDD 的分区对应于一个子 RDD 的分区。

② 宽依赖。表现为存在一个父 RDD 的一个分区对应一个子 RDD 的多个分区。

(2) 阶段(Stage)的划分。Spark 通过分析各个 RDD 的依赖关系生成 DAG，再通过分析各个 RDD 中的分区之间的依赖关系来决定如何划分阶段。

阶段划分方法：在 DAG 中进行反向解析，遇到宽依赖就断开，遇到窄依赖就把当前的 RDD 加入到当前的阶段中。

将窄依赖尽量划分在同一个阶段中，可以实现流水线计算。

阶段的类型包括两种：ShuffleMapStage 和 ResultStage，具体如下。

① ShuffleMapStage：不是最终的阶段，在它之后还有其他阶段，所以它的输出一定需要经过洗牌过程，并作为后续阶段的输入；这种阶段是以洗牌为输出边界，其输入边界可以是从外部获取数据，也可以是另一个 ShuffleMapStage 的输出，其输出可以是另一个阶段的开始；在一个 Job 里可能有该类型的阶段，也可能没有该类型阶段。

② ResultStage：最终的阶段，没有输出而是直接产生结果或存储。这种阶段是直接输出结果，其输入边界可以是从外部获取数据，也可以是另一个 ShuffleMapStage 的输出。在一个 Job 里必定有该类型阶段。

因此，一个 Job 含有一个或多个阶段，其中至少含有一个 ResultStage。

(3) RDD 运行过程。

① 创建 RDD 对象。

② SparkContext 负责计算 RDD 之间的依赖关系，构建 DAG。

③ DAGScheduler 负责把 DAG 图分解成多个阶段，每个阶段中包含了多个 Task，每个 Task 会被 TaskScheduler 分发给各个 WorkerNode 上的 Executor 去执行。

(4) Spark 三种部署方式。Spark 支持三种不同类型的部署方式。

- Standalone(类似于 MapReduce1.0，Slot 为资源分配单位)。
- Spark on Mesos(和 Spark 有血缘关系，更好支持 Mesos)。
- Spark on Yarn。

9.3 Spark 开发示例

Spark 存在两种代码编写方式，分别是 Spark-shell 与独立应用。

- Spark-shell：用于数据集的探索、测试，是 Spark 提供的一个基于 Scala 语言的交互式解释器。
- 独立应用：Spark 上线部署放在集群中运行，使用 Spark-submit 提交 Scala 编写的基于 Spark 框架的应用程序。Spark-submit 是在 Spark 安装目录中 bin 目录下的一个 Shell 脚本文件，用于在集群中启动应用程序(如*.py 脚本)。对于 Spark 支持的集群模式，Spark-submit 提交应用的时候有统一的接口，不用太多的设置；使用 Spark-submit 时应用程序的 jar 包以及通过 jars 选项包含的任意 jar 文件都会被自动传到集群中。

1. Spark Shell 交互

(1) 基本操作。在 Spark Shell 中既可以使用 Scala(运行在 Java 虚拟机，因此可以使用 Java 库)，也可以使用 Python，可以在 Spark 的 bin 目录下启动 Spark Shell：

```
./bin/spark-shell.sh
```

Spark 操作对象是一种分布式的数据集合 RDD，可以通过 HDFS 文件创建也可以通过 RDD 转换得来。如本地有个文件 test.txt，内容为：

```
hello world
haha nihao
```

① 通过文件创建一个新的 RDD：

```
val textfile = sc.textFile("test.txt")
```

结果：textfile: org.apache.spark.rdd.RDD[String]=mappartitionsRDD[1] at textfile at <console>:21

② RDD 操作。在 Spark 中基于 RDD 可以做两种操作——Action 算子操作以及 Transformation 转换操作。

- 算子操作示例：

```
scala> textFile.count() //统计 RDD 有用的数量
```

结果：res1: Long=2

```
scala> textFile.first() //显示 RDD 第一行内容
```

结果：res2: String=hello world

- 转换操作示例：

使用 filter 转换，返回一个新的 RDD 集合：

```
scala> val lines=textFile.filter(line=>line.contains("hello"))
```

结果：lines:org.Apache.Spark.rdd.RDD[String]=mappartitionsRDD[2] at filter at <console>:23

```
scala>lines.count()
```

结果：res3:Long=1

(2) 更多 RDD 操作。

① RDD 算子操作和转换操作可以组成很多复杂的计算，比如想找出一行中单词最多的那一行：

```
scala>textFile.map(line=>line.split("").size).reduce((a, b)=>if (a>b) a
else b)
```

结果：res4:Long=15

这个操作会把一行通过 Split 切分计数转变为一个整型的值，然后创建成新的 RDD，Reduce 操作用来寻找单词最多的那一行。

② 用户可以在任何时候调用方法和库，可以使用 Math.max()函数：

```
scala> import java.lang.Math
```

结果：import Java.lang.Math

```
scala>textFile.map(line=>line.split("").size).reduce((a, b)=>Math.max(a, b))
```

结果：res5: Int=15

③ Spark 可以轻松实现 MapReduce 任务：

```
scala>val wordCounts=textFile.flatmap(line=>line.split("")).map(word=>
(word, 1)).reduceByKey((a, b)=>a+b)
```

结果：wordCounts: org.Apache.Spark.rdd.RDD[(String, Int)]=ShuffledRDD[8] at reduceByKey at <console>:28

这里使用了 flatmap，map 以及 reducebykey 等转换操作来计算每个单词在文件中的数量。为了在 Shell 中显示，可以使用 collect()触发计算：

```
scala> wordCounts.collect()
```

结果：res6: Array[(String, Int)]=Array((means,1), (under,2), (this,3), (Because,1), (Python,2), (agree,1), (cluster.,1), ...)

(3) 缓存操作。Spark 也支持在分布式环境下基于内存的缓存，这样当数据需要重复使用的时候就不必访问磁盘重新加载，比如当需要查找一个很小的 hot 数据集，或者运行一个类似 PageRank 的算法。

举个简单的例子：对 linesWithSpark RDD 数据集进行缓存，然后再调用 count()会触发算子操作进行真正的计算，之后再次调用 count()就不会再重复的计算，直接使用上一次计算结果的 RDD 了：

```
scala> linesWithSpark.cache()
```

结果：res7: linesWithSpark.type=mappartitionsRDD[2] at filter at <console>:27

```
scala> linesWithSpark.count()
```

结果：res8: Long=19

```
scala> linesWithSpark.count()
```

结果：res9: Long=19

这里只是用一个 100 行左右的文件做例子，做非常大的数据集尤其是在成百上千的节点中传输 RDD 计算的结果时缓存是非常必要的。

2. Spark 独立应用

案例：使用 Spark API 写一个应用，可以基于 Scala、Java、Python 实现。这里提供一个 Scala 程序供大家借鉴。

```
/* SimpleApp.scala */
import org.Apache.Spark.SparkContext
import org.Apache.Spark.SparkContext._
import org.Apache.Spark.SparkConf
object SimpleApp {
```

```
  def main(args: Array[String]) {
    val logFile="MY_Spark_HOME/README.md" // 自己系统上的文件
    val conf=new SparkConf().setAppName("Simple Application")
    val sc=new SparkContext(conf)
    val logData=sc.TextFile(logFile,2).Cache()
    val numAs=logData.filter(line=>line.contains("a")).count()
    val numBs=logData.filter(line=>line.contains("b")).count()
    println("Lines with a:%s,Lines with b:%s".format(numAs, numBs))
  }
}
```

这个程序仅仅是统计文件中包含字符 a 和 b 的行分别都有多少个。注意应用需要定义 main()方法，不像在 Shell 中需要自己初始化 SparkContext，通过 SparkConf 构造方法创建 SparkContext。

应用依赖于 Spark API，因此需要在程序中配置 SBT 的配置文件 simple.sbt，它声明了 Spark 的依赖关系。

```
name:="Simple Project"
version:="1.0"
scalaVersion:="2.11.7"
libraryDependencies+="org.Apache.Spark" %% "Spark-core" % "2.0.0"
```

为了让 SBT(Simple Build Tool，简单来说可以看作 Scala 世界的 Maven)正确的工作，还需要创建 SimpleApp.scala 以及 simple.sbt，然后就可以执行打包命令通过 Spark-submit 运行了：

```
# 工程目录应该像下面这样
$ find .
.
./simple.sbt
./src
./src/main
./src/main/scala
./src/main/scala/SimpleApp.scala
# 运行 SBT 命令对自己的应用进行打包
$ sbt package
...
[info] Packaging {..}/{..}/target/scala-2.11/simple-project_2.11-1.0.jar
# 通过 Spark-submit 提交任务 jar 包
$ MY_Spark_HOME/bin/Spark-submit \
  --class "SimpleApp" \
  --Master local[*] \
  target/scala-2.11/simple-project_2.11-1.0.jar
...
```

结果：Lines with a: 46, Lines with b: 23

9.4 Spark 的应用

与大数据相关的需求包括：离线计算、实时计算、机器学习、交互式查询，Spark 可以根据不同的需求封装不同的处理集群，运行的时候只需要搭建一套 Spark 就可以完成几乎所有的操作。

Spark 的用途主要体现在如下两个方面。

- 数据分析：数据分析师主要负责分析数据并建模工作，需要具备 SQL 统计、预测建模等方面的技能，有一定使用 Python 和 MATLAB 或者 R 编程的能力。
  Spark 通过一系列组件支持数据分析任务：Spark Shell 提供 Python 和 Scala 接口来进行交互式数据分析；Spark SQL 提供独立的 SQL Shell 来使用 SQL 探索数据，也可以通过标准的 Spark 程序或者 Spark Shell 进行 SQL 查询；MLlib 程序库进行机器学习和数据分析；Spark 还支持调用 R 或者 MATLAB 外部程序。
- 数据处理：数据工程师是使用 Spark 开发数据处理应用的软件开发者，他们需要具备软件工程概念，能使用工程技术设计软件系统。

Spark 为开发用于集群并行执行的程序提供了捷径。基于 Spark 的开发不需要开发者关注分布式问题，网络通信及程序容错性，Spark 为工程师提供了足够的接口以实现常见的任务以及对应用监性能的调优支持。

1. Spark 的应用场景

Spark 可以解决大数据计算中的批处理、交互查询及流式计算等核心问题，其应用场景见表 9-2。

表 9-2　Spark 的应用场景

应用场景	时间对比	成熟的框架	Spark
复杂的批量数据处理	小时级，分钟级	MapReduce(Hive)	Spark Runtime
基于历史数据的交互式查询	分钟级，秒级	MapReduce	Spark SQL
基于实时数据流的数据处理	秒级，　秒级	Storm	Spark Streaming
基于历史数据的数据挖掘	分钟级，秒级	Mahout	Spark MLlib
基于增量数据的机器学习	分钟级	无	Spark Streaming+ MLlib
基于图计算的数据处理	分钟级	无	Spark GraphX

2. Spark 集群搭建与使用

Spark 自身没有集群管理工具，需借助外部的集群工具(Hadoop Yarn、Mesos、K8S 等)来进行管理，整个流程就是使用 Spark 的 Client 提交任务，找到集群管理工具申请资源后，将计算任务分发到集群中运行，如图 9-5 所示。

在图 9-5 中驱动程序(Driver Program)进程调用 Spark 程序的 main 方法，并且启动 SparkContext；集群管理器(Cluster Manager)负责和外部集群工具打交道，申请或释放集群资源；工作节点(Worker)进程是一个守护进程，负责启动和管理执行器(Executor)；

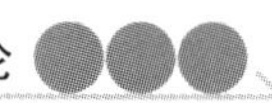

Executor 进程是一个 JVM 虚拟机，负责运行 Spark Task。

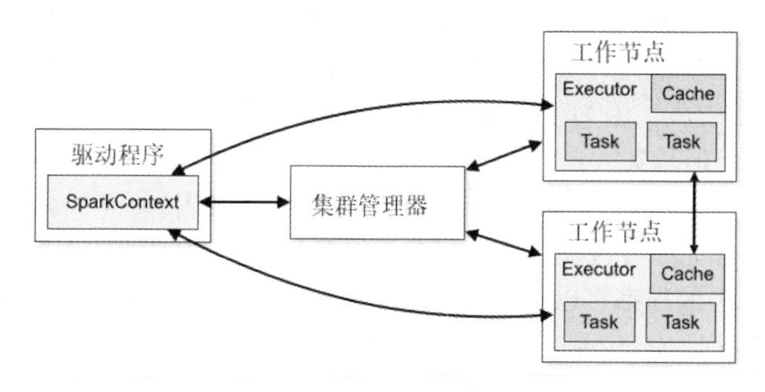

图 9-5　Spark 集群示意图

运行一个 Spark 程序的步骤，包括以下过程。

(1) 启动 Driver，创建 SparkContext(每一个 Spark 应用都是一个 SparkContext 实例，SparkContext 设置内部服务并建立与 Spark 执行环境的连接。可以理解为一个 SparkContext 就是一个 Spark Application 的生命周期，一旦 SparkContext 创建之后就可以用这个 SparkContext 来创建 RDD、累加器、广播变量，并且可以通过 SparkContext 访问 Spark 的服务以及运行任务)。

(2) Client 提交程序给 Driver，Driver 向 Cluster Manager 申请集群资源。

(3) 资源申请完毕，在 Worker 中启动 Executor。

(4) Driver 将程序转换为 Task，分发给 Executor 执行。

3. 应用 Spark 的成功案例

(1) 腾讯。腾讯大数据精准推荐借助 Spark 快速迭代的优势，围绕“数据+算法+系统”这套技术方案，实现了在“数据实时采集、算法实时训练、系统实时预测”的全流程实时并行高维算法，最终成功应用于广点通上，支持每天上百亿的请求量。

(2) Yahoo。在 Spark 技术的研究与应用方面，Yahoo 始终处于领先地位，它将 Spark 应用于公司的各种产品之中。移动 App、网站、广告服务、图片服务等服务的后端实时处理框架均采用了 Spark 的架构。

(3) 淘宝。淘宝技术团队使用了 Spark 来解决多次迭代的机器学习算法、高计算复杂度的算法等，将 Spark 运用于淘宝的推荐相关算法上，同时还利用 GraphX 解决了许多生产问题。

(4) 优酷土豆。优酷土豆作为国内最大的视频网站之一，率先看到大数据对公司业务的价值，早在 2009 年就开始使用 Hadoop 集群，随着这些年业务迅猛发展，优酷土豆又率先尝试了仍处于大数据前沿领域的 Spark 内存计算框架，很好地解决了机器学习和图计算多次迭代的瓶颈问题，使得公司大数据分析更加完善。

4. Spark 应用的认知

(1) Spark 对比 Flink。它们实现的机制不同。

Spark：基于 RDD 处理数据，将 RDD 切分足够小，才可以近似等于流式处理。

Flink：真正的流式处理，一行一行地处理数据。

(2) Spark 对比 MapReduce。MapReduce 的计算模型必须是 Map-Reduce 模式，有时候即使完成一些诸如过滤之类的操作也必须经过 Map-Reduce 过程，这样就必须经过最消耗性能的洗牌(Shuffle)过程，因为 Shuffle 中间的过程必须基于磁盘来读写；而 Spark 的洗牌虽然也要基于磁盘，但是其大量 Transformation 操作比如单纯的 Map 或者 Filter 等操作，可以直接基于内存进行 Pipeline 操作，速度性能得到大大提升。

MapReduce 能够完成各种离线批处理功能以及常见算法(比如二次排序、TopN 等)，基于 Spark RDD 的核心编程都可以更好地、更容易地实现，而且基于 Spark RDD 编写的离线批处理程序运行速度是 MapReduce 的数倍，速度上有非常明显的优势。

由于 Spark 基于内存进行计算，虽然开发容易但是真正面对大数据的时候(比如一次操作针对 10 亿以上级别)，在没有进行调优的情况下可能会出现各种各样的问题，比如 OOM(内存溢出)等，导致 Spark 程序可能无法完全运行起来，而 MapReduce 即使是运行缓慢，但是至少可以慢慢运行完。

此外，Spark 由于是新崛起的技术新秀，因此在大数据领域的完善程度肯定不如 MapReduce，比如基于 HBase 数据库、Hive 数据仓库作为离线批处理程序的输入输出，Spark 就远没有 MapReduce 完善，实现相对复杂。

(3) Spark SQL 对比 Hive。Spark SQL 实际上并不能完全替代 Hive，因为 Hive 是一种基于 HDFS 文件系统的数据仓库，并且是基于 SQL 模型的、存储了大数据的数据仓库，进行分布式交互查询的查询引擎只是它的一部分功能。

所以，严格来说 Spark SQL 能够替代的是 Hive 的查询引擎而不是 Hive 本身。实际上即使在生产环境下 Spark SQL 也是针对 Hive 数据仓库中的数据进行查询，Spark 本身是不提供存储的，自然也不可能替代 Hive 作为数据仓库的这个功能。

Spark SQL 的优点是相较于 Hive 查询引擎速度快，同样的 SQL 语句速度达到了 Hive 查询引擎的数倍以上，但是有少量 Hive 支持的高级特性，Spark SQL 还不支持，导致 Spark SQL 暂时还不能完全替代 Hive 的查询引擎，只能在部分 Spark SQL 功能特性可以满足需求的场景下进行使用。

Spark SQL 相较于 Hive 的另外一个优点是支持大量不同的数据源，包括 Hive、Json、Parquet、JDBC 等，同时可以与 Spark 的其他组件无缝整合使用，配合起来能够实现许多复杂的功能，比如 Spark SQL 支持可以直接针对 HDFS 文件执行 SQL 语句。

(4) Spark Streaming 对比 Storm。Spark Streaming 与 Storm 都可以用于进行实时流计算，但是它们两者的区别是非常大的。

首先，Spark Streaming 和 Storm 的计算模型完全不同，Spark Streaming 是基于 RDD 的，因此需要将一小段时间内的(比如 1 秒内)的数据收集起来作为一个 RDD，然后再针对这个批(Batch)的数据进行处理；而 Storm 却可以做到每来一条数据立即进行处理和计算。因此，Spark Streaming 实际上严格意义上来说只能称作准实时的流计算框架，而 Storm 是真正意义上的实时计算框架。

其次，Storm 支持在分布式流式计算程序(Topology)的运行过程中动态地调整并行度，从而动态提高并发处理能力，而 Spark Streaming 是无法动态调整并行度的。

但是 Spark Streaming 也有其优点，首先 Spark Streaming 由于是基于批进行处理的，因此相较于 Storm 基于单条数据进行处理具有数倍甚至数十倍的吞吐量。

此外 Spark Streaming 由于也身处于 Spark 生态圈内，因此 Spark Streaming 可以与 Spark Core、Spark SQL，甚至是 Spark MLlib、Spark GraphX 进行无缝整合。流式处理完的数据可以立即进行各种 Map、Reduce 转换操作，可以立即使用 SQL 进行查询，甚至可以立即使用 Machine Learning 或者图计算算法进行处理，这种一站式的大数据处理功能和优势是 Storm 无法匹敌的。

因此综合上述来看，通常在对实时性要求特别高，而且实时数据量不稳定，比如在白天有高峰期的情况下可以选择使用 Storm；但是如果是对实时性要求一般，允许 1 秒的准实时处理，而且不要求动态调整并行度的话，选择 Spark Streaming 是更好的选择。

9.5　Spark 在国内外的现状以及未来的展望

在实际应用中，大数据处理主要包括以下三个类型。

- 复杂的批量数据处理：通常时间跨度在数十分钟到数小时之间。
- 基于历史数据的交互式查询：通常时间跨度在数十秒到数分钟之间。
- 基于实时数据流的数据处理：通常时间跨度在数百毫秒到数秒之间。

当同时存在以上三种场景时就需要同时部署三种不同的软件，比如 MapReduce/Impala/Storm，这样做难免会带来一些问题。

比如不同场景之间输入输出数据无法做到无缝共享，通常需要进行数据格式的转换。

再如不同的软件需要不同的开发和维护团队，带来了较高的使用成本。

又如比较难以对同一个集群中的各个系统进行统一的资源协调和分配。

Spark 的设计遵循“一个软件栈满足不同应用场景”的理念，逐渐形成了一套完整的生态系统：既能够提供内存计算框架，也可以支持 SQL 即时查询、实时流式计算、机器学习和图计算等；Spark 可以部署在资源管理器 Yarn 之上，提供一站式的大数据解决方案。因此 Spark 所提供的生态系统足以应对上述三种场景，即同时支持批处理、交互式查询和流数据处理。

Spark 生态系统已经成为伯克利数据分析软件栈(Berkeley Data Analytics Stack，BDAS)的重要组成部分，见表 9-3。

表 9-3　BDAS 架构

应用场景	时间跨度	其他框架	Spark 生态系统中的组件
复杂的批量数据处理	小时级	MapReduce、Hive	Spark
基于历史数据的交互式查询	分钟级、秒级	Impala、Dremel、Drill	Spark SQL
基于实时数据流的数据处理	毫秒、秒级	Storm、S4	Spark Streaming
基于历史数据的数据挖掘	—	Mahout	MLlib
图结构数据的处理	—	Pregel、Hama	GraphX

Spark 的应用在国内正在飞速扩展，并且在很多领域已经慢慢开始替代传统的一些基于 Hadoop 的组件，比如 BAT、京东、搜狗等知名的互联网企业都在深度地大规模使用 Spark。

目前，大部分使用 Spark 的主要用户还是大公司，很多中小型企业主要还是在使用 Hadoop 进行大数据处理。但是，只要能够较为全面地对 Spark 有一个感性的认识，就能意识到 Spark 在大数据领域中的应用是未来的一个发展趋势和方向——随着 Spark、Spark SQL 以及 Spark Streaming 慢慢成熟，它们会慢慢替代 Hadoop 的 MapReduce、Hive 查询等。

课后练习题

1. 基本概念辨析

RDD　DAG　Executor　Application　Task　Job　Stage

2. 选择题

(1) RDD 操作分为转换(Transformation)和动作(Action)两种类型，下列属于动作(Action)类型的操作的是(　　)。

A. count　B. map　C. groupby　D. filter

(2) 下列说法错误的是(　　)。

A. Spark 支持三种类型的部署方式：Standalone，Spark on Mesos，Spark on Yarn

B. RDD 提供的转换接口既适用 filter 等粗粒度的转换，也适合某一数据项的细粒度转换

C. RDD 采用惰性调用，遇到转换(Transformation)类型的操作时，只会记录 RDD 生成的轨迹，只有遇到动作(Action)类型的操作时才会触发真正的计算

D. 在选择 Spark Streaming 和 Storm 时，对实时性要求高(比如要求毫秒级响应)的企业更倾向于选择流计算框架 Storm

(3) 下列大数据类型与其对应的软件框架不适应的是(　　)。

A. 基于历史数据的交互式查询：Impala　B. 基于实时数据流的数据处理：Storm

C. 复杂的批量数据处理：MapReduce　D. 图结构数据的计算：Hive

(4) Apache 软件基金会最重要的三大分布式计算系统开源项目包括(　　)。

A. Hadoop　B. Storm　C. Spark　D. MapReduce

(5) Spark 的主要特点包括(　　)。

A. 运行速度快　B. 运行模式多样　C. 容易使用　D. 通用性好

(6) 下列关于 Scala 的说法正确的是(　　)。

A. Scala 是 Spark 的主要编程语言，但 Spark 还支持 Java、Python、R 作为编程语言

B. Scala 具备强大的并发性，支持函数式编程

C. Scala 是一种多范式编程语言

D. Scala 运行于 Java 平台，兼容现有的 Java 程序

(7) Spark 的运行架构包括(　　)。

A. 运行作业任务的工作节点 Worker Node

B. 每个工作节点上负责具体任务的执行进程 Executor

C. 集群资源管理器 Cluster Manager

D. 每个应用的任务控制节点 Driver

第 10 章　云计算与大数据

本章学习目标

云计算与
大数据导学

- 掌握云计算定义，云计算基本特征。
- 理解云计算服务模式相关知识。
- 掌握虚拟化技术，云计算资源池的应用原理。
- 掌握云计算部署模式及相关知识。
- 了解常用的云服务应用。

重点难点

- 云计算服务模式相关知识。
- 虚拟化技术，云计算资源池的应用原理，云计算部署模式及相关知识。

引导案例

近来从伦敦举行的全球领导峰会上的一项调查发现，34%的企业管理人员希望其公司的全职员工中有一半以上在远程工作，并且这一数据呈上升的趋势，这也是未来某些企业的发展方向。随着员工在不同的时区工作，企业将变得更加全球化，人们将看到企业领导者认识到分布式团队的好处，但是这需要云端员工及所有关键利益相关者充分参与并完成业务战略和目标的一致性。许多企业将把云计算作为一种提高生产力的手段，海量数据上传到云平台后，大数据对数据进行深入分析和挖掘的需求应运而生。

阿里云智能集团董事长兼首席执行官张勇说过："云计算、大数据和人工智能的战略意义重大，这是我决定全身心投入阿里云的原因。我比任何时候都更加相信，云计算、大数据和人工智能等核心技术的发展，将会给社会带来巨大变革。"

从技术上看，两者并不是同一个层面的东西。大数据与云计算的关系就像一枚硬币的正反面一样密不可分。大数据必然无法用单台的计算机进行处理，必须采用分布式架构，它的特色在于对海量数据进行分布式数据挖掘，但它必须依托云计算的分布式处理、分布式数据库和云存储、虚拟化技术才能实现应用。

但是，从应用角度来讲，云计算和大数据又是相辅相成的关系。大数据离不开云计算，因为大规模的数据运算需要很多计算资源；大数据是云计算的应用案例之一，云计算是大数据的实现工具之一。大数据说的是一种移动互联网和物联网背景下的应用场景，各种应用产生的巨量数据需要处理和分析、挖掘有价值的信息；云计算说的是一种技术解决方案，就是利用这种技术可以解决计算、存储、数据库等一系列 IT 基础设施的按需构建的需求。

(资料来源：本书作者整理编写)

10.1 云计算简介

1. 云计算定义

云计算是一种可配置共享资源池(网络、服务器、存储、应用和服务)，通过网络提供方便的、按需获取的模型，以按需付费的模式向用户提供服务。

云计算使用虚拟资源为用户提供无缝的应用体验，并由称为云基础设施的虚拟平台提供支持。云计算基本特征如下。

(1) 强大的虚拟化能力。

(2) 高可扩展性。

(3) 按需服务。

(4) 网络化的资源接入。

(5) 高可靠性。

2. 云虚拟平台

云虚拟平台由供应商为组织提供兼容的模型，包括云基础设施和云基础架构两部分内容。

(1) 云基础设施。云基础设施是服务器硬件、存储资源、网络设备和应用软件的统称，用于构建基于云的应用程序。云基础设施支持按需访问计算资源，并帮助组织使用轻松的内部部署 IT 基础设施的方式运作，它支持公共、私有和混合云系统，是云供应商提供的流行服务。

(2) 云基础架构。云基础架构的硬件和软件组件用于确保为组织无缝实施云计算模型，它使用虚拟化功能来汇集资源并依赖虚拟机或环境而部署，这些环境和资源可以根据业务需求使用。

云计算基础架构广泛采用计算虚拟化、存储虚拟化、网络虚拟化等虚拟化技术，由云层、虚拟化层、硬件层构成，见图 10-1。

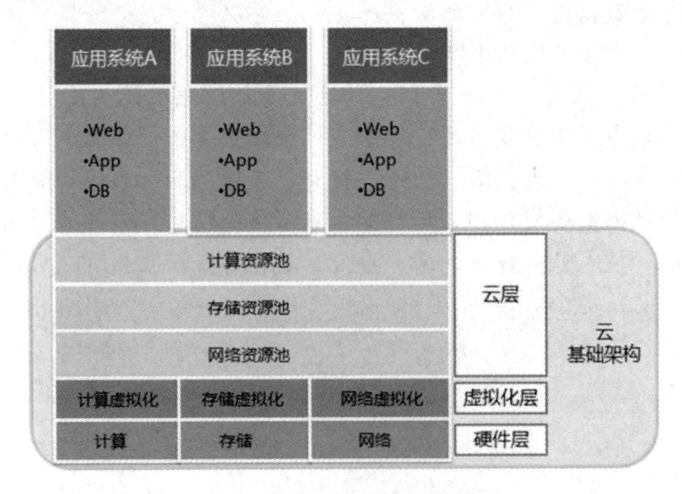

图 10-1　云计算基础架构图

- 云层(计算资源池、存储资源池、网络资源池)。对资源进行调配、组合，将更多的应用系统通过流程化、自动化部署和管理，提升 IT 效率。
- 虚拟化层(计算虚拟化、存储虚拟化、网络虚拟化)。屏蔽硬件层自身的复杂度和差异向上呈现为标准化，可灵活拓展和收缩的弹性的虚拟化资源池。
- 硬件层(计算、存储、网络)。虚拟化的核心软件虚拟机监控器(Virtual Machine Monitor，VMM)，它是一种运行在物理服务器和操作系统之间的中间层软件，是一种在虚拟环境中的“元”操作系统。VMM 可以访问服务器上包括 CPU、内存、磁盘、网卡在内的所有物理设备，不但协调着这些硬件资源的访问，也同时在各个虚拟机之间施加防护。

3. 云基础架构与云架构

云计算由互联网上的多个软件平台、数据库、网络设备和服务器支持，它在云基础架构的帮助下建立在云架构上。

云架构是使用云基础设施资源的蓝图或计划，以便可以在计算环境中协同使用各个技术，被视为云计算的后端功能平台。

云基础设施通过提供操作系统、网络、中间件和其他虚拟组件等计算资源来支持云架构的运作，Web 浏览器、图形用户界面和存储设备是云基础架构的示例，组织则使用云基础架构为其业务构建云计算模型。

10.2　云计算模型

云计算模型(平台)可以划分为 3 类：以数据存储为主的存储型云平台，以数据处理为主的计算型云平台以及计算和数据存储处理兼顾的综合云计算平台。

云计算模型示意图见图 10-2，它以最少的管理代价或以最少的服务商参与快速地部署与发布。

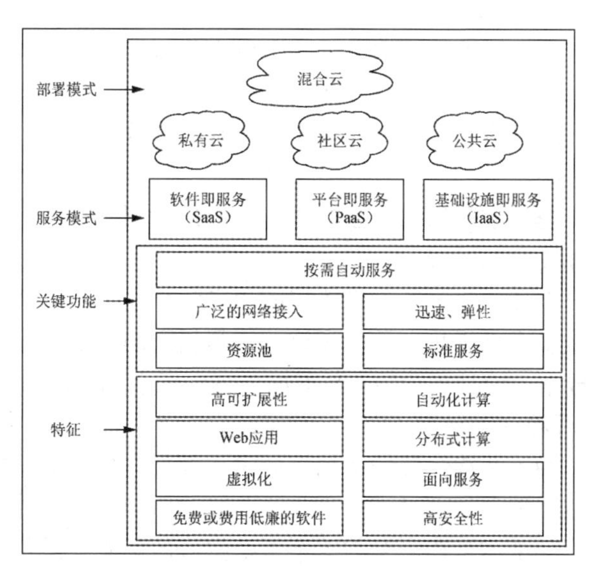

图 10-2　云计算模型示意图

1. 用于部署业务应用程序的云基础架构基本组件

(1) 硬件。拥有用于云计算模型的物理基础设施，网络设备、路由器、防火墙和备份设备等硬件组件战略性地放置在不同的地理位置以保持模型的无缝运行。硬件资源准备就绪，则可连接服务器和虚拟化资源。

(2) 虚拟化。虚拟化从物理基础设施中提取计算资源，并将它们分配到云上的逻辑池(资源池)，允许用户通过简单的界面访问虚拟资源。云基础架构采用虚拟化软件来创建动态资源池，增强自助服务软件访问并自动化基础架构扩展的实施。

(3) 存储。云存储支持通过互联网存储和访问数据。在云基础架构的帮助下，组织数据几乎可以在任何地方存储和使用。

(4) 网络。云网络由物理网络资源组成，例如路由器、交换机、电线和顶部的虚拟网络设备，它们由多个子网组成，然后用于创建虚拟局域网(VLAN)。

2. 云计算模型的构成

云计算模型由显示层、中间层、基础设施层、管理层构成。

(1) 显示层：直接于用户交互。

(2) 中间层：中间层是承上启下的，它在下面的基础设施层所提供资源的基础上提供了多种服务，比如缓存服务和表述性状态传递(Representational State Transfer，REST)服务等，而且这些服务既可用于支撑显示层，也可以直接让用户调用。

中间层主要由以下 5 种技术支持。

① REST：通过 REST 技术，能够非常方便和优雅地将中间件层所支撑的部分服务提供给调用者。

② 多租户：就是能让一个单独的应用实例可以为多个组织服务，而且保持良好的隔离性和安全性，并且通过这种技术能有效地降低应用的购置和维护成本。

③ 并行处理：为了处理海量的数据需要利用庞大的 X86 集群进行规模巨大的并行处理，Google 的 MapReduce 就是这方面的代表之作。

④ 应用服务器：在原有的应用服务器的基础上为云计算做了一定程度的优化，比如用于 Google App Engine 的 Jetty 应用服务器。

⑤ 分布式缓存：通过分布式缓存技术不仅能有效地降低对后台服务器的压力，而且还能加快相应的反应速度。

(3) 基础设施层。基础设施层为上面的中间件层或者用户准备其所需的计算和存储等资源，主要有以下 4 种技术。

① 虚拟化：也可以理解它为基础设施层的“多租户”，因为通过虚拟化技术能够在一个物理服务器上生成多个虚拟机，并且在这些虚拟机之间能实现全面的隔离，这样不仅能减低服务器的购置成本，而且还能同时降低服务器的运维成本，成熟的 X86 虚拟化技术有 VMware 的 ESX 和开源的 Xen 等。

② 分布式存储：为了承载海量的数据，同时也要保证这些数据的可管理性，所以需要一整套分布式的存储系统。

③ 关系型数据库：基本是在原有的关系型数据库的基础上做了扩展和管理等方面的优化，使其在云中更适应。

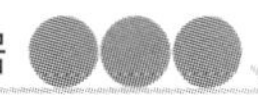

④　NoSQL：为了满足一些关系数据库所无法满足的目标，比如支撑海量的数据等，一些公司特地设计了一批不是基于关系模型的数据库。

(4)　管理层。管理层面向上面横向的 3 层服务，并给这 3 层提供多种管理和维护等方面的技术，主要有以下 6 个方面。

①　账号管理：通过良好的帐号管理技术，能够在安全的条件下方便用户登录，并方便管理员对账号的管理。

②　服务水平协议(Service Level Agreement，SLA)监控：对各个层次运行的虚拟机、服务和应用等进行性能方面的监控，以使它们都能在满足预先设定的 SLA 的情况下运行。

③　计费管理：也就是对每个用户所消耗的资源等进行统计，来准确地向用户收取费用。

④　安全管理：对数据、应用和账号等资源采取全面地保护，使其免受犯罪分子和恶意程序的侵害。

⑤　负载均衡：通过将流量分发给一个应用或者服务的多个实例来应对突发情况。

⑥　运维管理：主要是使运维操作尽可能地专业和自动化，从而降低云计算中心的运维成本。

3. 云计算服务模式

云基础设施即服务通过三种主要交付模式提供，这些服务包括以下几个方面。

(1)　基础架构即服务(IaaS)。服务提供商提供整个基础架构以及与维护相关的任务，由第三方托管硬件(例如网络设备、服务器和存储服务)在虚拟化环境中为用户提供。这是一种按需资源分配模型，通过将资源与物理硬件分离，并通过虚拟化技术将它们放置在云上来交付，最终用户只需为他们使用的资源付费。

(2)　平台即服务(PaaS)。在此服务中，将完整的云基础设施与操作系统、中间件和测试平台等软件资源一起交付，允许用户构建、运行和部署他们的云应用程序。即 Cloud 提供商提供了诸如对象存储、运行时排队、数据库等资源，但是与配置和实现相关的任务的责任取决于使用者。

(3)　软件即服务(SaaS)。此服务提供所有必要的设置和基础结构，即通过互联网上的 Web 应用程序提供的服务。它消除了客户内部维护的需要，应用程序由服务提供商负责，并为平台和基础结构提供 IaaS。

4. 云计算部署模式

云计算的部署使得用户借助云基础设施实现业务应用程序的触手可及，优势如下。

- 成本效益：云基础架构消除了构建和管理数据中心或物理服务器的需要。由于资源被虚拟化，它降低了 IT 硬件基础设施的运营成本，因此从长远来看具有成本效益优势。
- 安全性：提供云基础设施服务的供应商非常重视云安全，从而形成高度安全和受保护的环境，不受数据漏洞的影响。云提供商还提供云备份和灾难恢复服务，以优化云计算服务的安全特性。
- 可扩展性：云基础架构具有高度可扩展性、敏捷性和灵活性。云基础设施中的资源可以按需访问和使用，这提高了业务效率和正常运行时间；云基础设施还可以支持网站或应用程序访问的突然高峰，从而有助于提高品牌在市场上的权威性和可靠性。

云计算按照其资源交付的范围有 3 种部署模式，即公有云、私有云和混合云，见图 10-3。云基础设施为所有类型的云平台提供服务，但是在以下 3 种交付模型中，云基础设施使用原则存在一些基本差异。

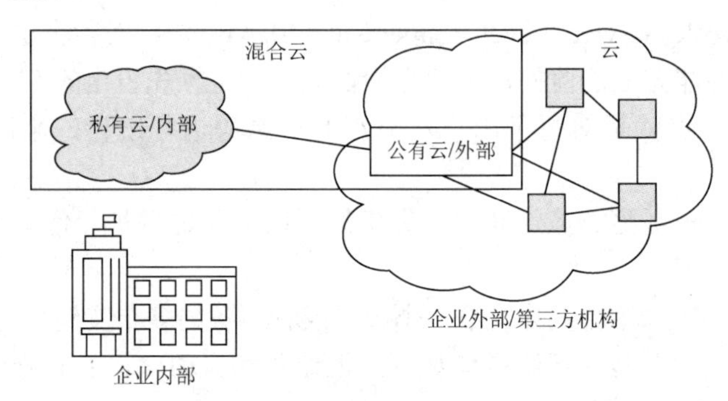

图 10-3　云计算的部署模式

(1) 私有云。由单个组织使用和管理云基础设施。私有云使用的云基础设施由其内部 IT 团队开发和维护，具有更安全的架构模型。

优点：私有云基础架构可提供对云平台的更多控制和灵活性

缺点：从长远来看，它可能很昂贵。

(2) 公有云基础设施。基础设施使用第三方云服务供应商的服务，并利用多租户环境以更低的成本获得数据存储和计算能力。多租户环境是单个云平台被多个租户或客户划分和使用的地方。

优点：这种基础架构模型的开销成本低于其他模型，并提供近乎无限的可扩展性。

缺点：采用公有云基础架构的缺点是在公共服务器上存在数据安全风险。

(3) 混合云基础架构。混合云基础架构是公有云和私有云的组合。它通过私有云平台实现安全的数据存储，并降低公共云计算资源的成本。

优点：混合云基础架构还可以确保使用者对业务应用程序的控制和灵活性，同时提供具有成本效益的解决方案。

缺点：实施混合云基础架构需要密集的规划和维护开销。

10.3　云计算与大数据的关系

云计算是大数据分析与处理的一种重要方法，云计算强调的是计算而大数据强调的则是计算的对象。根本不同的是大数据只涉及处理海量数据，而云计算则涉及基础架构。大数据和云技术提供的简化功能被大量企业所采用，两者的结合为组织带来了有益的结果。

1. 云计算在大数据中的作用

(1) 公有云中的 IaaS。这是一种经济高效的解决方案，利用此云服务使人们能够访问

近乎无限的存储和计算能力。对于承担所有管理基础硬件费用的云提供商企业而言，这是一种非常经济高效的解决方案。

(2) 私有云中的 PaaS。PaaS 供应商将大数据技术纳入其提供的服务，它们消除了处理管理单个软件和硬件元素的复杂性的需求。

(3) 混合云中的 SaaS。如今分析社交媒体数据已成为公司进行业务分析的基本参数，SaaS 供应商提供了进行分析的出色平台。

2. 云中大数据分析的作用

(1) 改进分析：随着云技术的进步，大数据分析变得更加完善，公司或组织倾向于在云中执行大数据分析，此外云有助于整合来自众多来源的数据。

(2) 简化基础架构：大数据分析是基础架构上的一项艰巨工作，数据量大，速度和传统基础架构通常无法跟上分析需求，而云计算则提供了灵活的基础架构，用户可以根据当时的需求进行扩展，这样管理工作负载将变得很容易。

(3) 降低成本：大数据和云技术都通过减少所有权来为组织创造价值。云的按用户付费模型将资本性支出(Capital Expenditure，CAPEX)转换为管理性支出(Operating Expense，OPEX)，Apache 则降低了大数据的许可成本，云计算使客户无需拥有大规模的大数据资源即可进行大数据处理，因此大数据和云技术都降低了企业成本并为企业带来价值。

(4) 安全与隐私：数据安全性和隐私性是处理企业数据时的两个主要问题，一方面，应用程序由于其开放的环境和有限的用户控制安全性而托管在 Cloud 平台上，另一方面像 Hadoop 这样的大数据解决方案的开源应用程序使用了大量的第三方服务和基础架构问题，这些方面共同促使系统集成商引入了具有弹性和可扩展性的私有云解决方案来保障安全与隐私。

此外，它还利用了可扩展的分布式处理机制，以及云数据在云存储服务器的中央位置存储和处理，服务提供商和客户签署服务等级协议(Service-Level Agreement，SLA)获得相互之间的信任提供多方位的安全与隐私保护。如果需要，提供商还可以利用所需的高级安全控制级别，保护大数据免受更多威胁。

10.4　云计算核心技术

10.4.1　虚拟化技术

大数据和云计算指明了各种技术和趋势的融合，这使得 IT 基础架构和相关应用程序更加动态，更具消耗性和模块化。因此，大数据和云计算项目严重依赖虚拟化。

硬件虚拟化层面上，在有虚拟机软件之前就有了虚拟化的概念。例如 CPU 设计上就分为了多个指令层，其中 Ring0 层可以执行所有指令，而其他的层只有一般程序所需的指令集；操作系统独占把持 Ring0 调度其他程序执行，而其他程序则可以“独占”一个虚拟的 CPU，来执行自己的指令，只要它不使用 Ring0 才有的指令集即可；在内存管理上，操作系统引入了分页管理，也使得每个程序可以“独占”2G(32 位程序)或更多的内存；其他 IO 上也有类似的设计。

云计算的核心技术之一是虚拟化技术，为云计算服务提供基础架构层面的支撑，是信息与通信技术(Information and Communications Technology，ICT)服务快速走向云计算的最主要驱动力。

1. 虚拟化技术简介

虚拟化技术是指把有限的、固定的资源根据不同需求进行重新规划以达到最大利用率的技术，如通过虚拟化技术将一台计算机虚拟为多台逻辑计算机。虚拟化突破了时间、空间的界限，是云计算最为显著的特点，虚拟化技术包括应用虚拟和资源虚拟两种。众所周知，物理平台与应用部署的环境在空间上是没有任何联系的，正是通过虚拟平台对相应终端操作完成了数据备份、迁移和扩展等。

从技术上讲，虚拟化是一种在软件中仿真计算机硬件，以虚拟资源为用户提供服务的计算形式，旨在合理调配计算机资源，使其更高效地提供服务。它把应用系统各硬件间的物理划分打破，从而实现架构的动态化，实现物理资源的集中管理和使用。虚拟化的最大好处是增强系统的弹性和灵活性，降低成本、改进服务、提高资源利用效率。

从表现形式上看，虚拟化又分两种应用模式：一是将一台性能强大的服务器虚拟成多个独立的小服务器服务于不同的用户；二是将多个服务器虚拟成一个强大的服务器完成特定的功能。这两种模式的核心都是统一管理、动态分配资源、提高资源利用率，在云计算中这两种模式都有比较多的应用。

基础架构在任何应用程序支持中都起着至关重要的作用，虚拟化技术是大数据的理想平台，例如像 Hadoop 这样的虚拟化大数据应用程序具有多种优势，这些优势在物理基础架构上是无法访问的，但它在虚拟化支持下简化了大数据管理。

2. 虚拟化的实现方式

虚拟化技术有很多实现方式，比如根据虚拟化的程度和级别有软件虚拟化和硬件虚拟化、全虚拟化和半虚拟化几种方式。

(1) 软件虚拟化。软件虚拟化，顾名思义就是采用纯软件的方法在现有的物理平台上实现物理平台访问的截获和模拟，该物理平台往往不支持硬件虚拟化。

常见的软件虚拟化技术 QEMU 就是通过纯软件来仿真 X86 平台处理器的指令，然后解码和执行，该过程并不在物理平台上直接执行而是通过软件模拟实现，因此往往性能比较差，但是可以在同一平台上模拟出不同架构平台的虚拟机。

VMware 则采用了动态二进制翻译技术。虚拟机监视器(Virtual Machine Monitor，VMM)允许客户机的指令在可控的范围内直接运行，客户机指令在运行前会被 VMM 扫描，其中突破 VMM 限制的指令被动态替换为可以在物理平台上直接运行的安全指令，或者替换为对 VMM 的软件调用。因此，VMware 性能上比 QEMU 有大幅提升，但是其失去了跨平台虚拟化的能力。

(2) 硬件虚拟化。硬件虚拟化，简单来说就是物理平台本身提供了对特殊指令的截获和重定向的硬件支持，新的硬件会提供额外的资源来帮助软件实现对关键硬件资源的虚拟化，从而提升性能。

比如 X86 平台中 CPU 带有特别优化过的指令集来控制虚拟过程，通过这些指令集 VMM 会将客户机置于一种受限模式下运行，一旦客户机试图访问硬件资源，硬件会暂停客户机的运行，将控制权交回给 VMM 处理。同时，VMM 还可以利用硬件的虚拟化增强技术将客户机对硬件资源的访问完全由硬件重定向到 VMM 指定的虚拟资源。

由于硬件虚拟化可提供全新的架构，支持操作系统直接在上面运行，无需进行二进制翻译转换，减少了性能开销，极大地简化了 VMM 的设计，从而使 VMM 可以按标准编写，通用性更好，性能更强。

需要说明的是，硬件虚拟化技术是一套解决方案，完整的情况需要 CPU、主板芯片组、BIOS 和软件的支持。Intel 在其处理器产品线中实现了 Intel VT 虚拟化技术(包括 Intel VT-x/d/c)，AMD 也同样实现了其芯片级的虚拟化技术 AMD-V。

(3) 全虚拟化。完全虚拟化(Full Virtualization)技术又叫硬件辅助虚拟化技术，最初所使用的虚拟化技术就是全虚拟化技术，它在虚拟机(VM)和硬件之间加了一个软件层 Hypervisor，或者叫做虚拟机管理程序或虚拟机监视器(VMM)更为合理。

完全虚拟化技术几乎能让任何一款操作系统不用改动就能安装到虚拟服务器上，而它们不知道自己运行在虚拟化环境下。完全虚拟化技术的主要缺点是性能方面不如裸机，因为 VMM 需要占用一些资源，给处理器带来开销。

(4) 半虚拟化。半虚拟化技术是当下比较热门的技术，也叫做准虚拟化技术，它是在全虚拟化的基础上对客户操作系统进行了修改，增加了专门的 API，这个 API 可以将客户操作系统发出的指令进行最优化，即不需要 VMM 耗费一定的资源进行翻译操作。因此 VMM 的工作负担变得非常小，整体性能也有很大的提高。不过缺点是要修改包含该 API 的操作系统，但是对于某些不含该 API 的操作系统(主要是 Windows)来说是不可行的。

半虚拟化技术的优点是高性能。经过半虚拟化处理的服务器可与 VMM 协同工作，其响应能力几乎不亚于未经过虚拟化处理的服务器，它的客户操作系统(Guest OS)集成了虚拟化方面的代码，该方法无需重新编译或引起陷阱，操作系统自身能够与虚拟进程进行很好的协作。

3. 虚拟化的实现技术

当下云计算虚拟化实现技术主要指的是软件层面的实现，整体上分为开源虚拟化和商业虚拟化两大阵营。典型的代表有：KVM、Xen、WMware、Hyper-V、Docker 容器等。

(1) KVM。KVM(Kernel-based Virtual Machine)是基于内核的虚拟机，被集成到 Linux 内核上，是 X86 架构且硬件支持虚拟化技术(Intel VT 或 AMD-V)的 Linux 的全虚拟化解决方案。

KVM 本身不执行任何模拟，需要用户控件程序通过/dev/kvm 接口设置一个客户机的虚拟地址空间向它提供模拟的 I/O，并将其视频显示映射回宿主机的显示屏。

KVM 继承了 Linux 系统管理内存的诸多特性，比如分配给虚拟使用的内存可以被交换至交换空间，能够使用大内存页以实现更好的性能，以及对 NUMA 的支持能够让虚拟机高效访问更大的内存空间等。

KVM 基于 Intel 的 EPT(Extended Page Table)或 AMD 的 RVI(Rapid Virtualization Indexing)技术，可以支持更新的内存虚拟功能，降低了 CPU 的占用率，并提供较好的吞吐量。此外，KVM 还借助于 KSM(Kernel Same-page Merging)这个内核特性实现了内存页面共享，KSM 通过扫描每个虚拟机的内存查找各虚拟机间相同的内存页，并将这些内存页合并为一个被各相关虚拟机共享的单独页面，在某虚拟机试图修改此页面中的数据时，KSM 会重新为其提供一个新的页面副本。实践中，运行于同一台物理主机上的具有相同 GuestOS 的虚拟机之间出现相同内存页面的概率是很多的，比如共享库、内核或其他内存对象等都有可能表现为相同的内存页，因此 KSM 技术可以降低内存占用进而提高整体性能。

(2) Xen。Xen 是一个基于 X86 架构、发展最快、性能最稳定、占用资源最少的开源虚拟化技术。在 Xen 使用的方法中没有指令翻译，它通过两种方法实现：第一种是完全虚拟化，使用一个能理解和翻译虚拟操作系统发出的未修改指令的 CPU；另一种是准虚拟化，修改操作系统从而使它发出的指令最优化，便于在虚拟化环境中执行。

在 Xen 环境中主要有两个组成部分：一个是虚拟机监控器(VMM)，VMM 层在硬件与虚拟机之间(必须最先载入到硬件的第一层)，另一个是 Hypervisor，Hypervisor 载入后就可以部署虚拟机了。

在 Xen 中，虚拟机叫做 Domain，在多虚拟机部署中 Domain0 具有很高的特权，通常在任何虚拟机之前安装的操作系统才有这种特权。Domain0 要负责一些专门的管理工作，由于 Hypervisor 中不包含任何与硬件对话的驱动也没有与管理员对话的接口，这些驱动就由 Domain0 来提供了。通过 Domain0 管理员可以利用一些 Xen 工具来创建其他虚拟机(Xen 术语叫 DomainU)，这些 DomainU 也叫无特权 Domain。

(3) WMware。VMware 工作站(VMware Workstation)是 VMware 公司销售的商业软件产品之一，VMware 服务基于阿里云与 VMware 的战略合作，由阿里云与 VMware 合作开发用于测试实施，企业级应用需要使用 VMware 公司出的 vSphere。VMware 工作站软件同样采用全虚拟技术，包含一个用于英特尔 x86 兼容计算机的虚拟机套装，允许多个 x86 虚拟机同时被创建和运行，每个虚拟机实例可以运行其自己的客户机操作系统，包括(但不限于)Windows、Linux、BSD 衍生版本。简而言之，VMware 工作站允许一台真实的计算机同时运行数个操作系统，其他 VMware 产品可帮助在多个宿主计算机之间管理或移植 VMware 虚拟机。

(4) Hyper-V。微软的 Hyper-V 采用微内核的架构，兼顾了安全性和性能的要求。Hyper-V 底层的 VMM 运行在最高的特权级别下，微软将其称为 Ring-1(而 Intel 则将其称为 Root Mode)，而虚拟机的 OS 内核和驱动运行在 Ring-0，应用程序运行在 Ring-3 下，这种架构就不需要采用复杂的 BT(二进制特权指令翻译)技术，可以进一步提高安全性。

由于 Hyper-V 底层的 VMM 代码量很小，不包含任何第三方的驱动，非常精简，所以安全性更高。Hyper-V 采用基于 VMbus 的高速内存总线架构，来自虚机的硬件请求(显卡、鼠标、磁盘、网络)，可以直接经过虚拟服务客户端(Virtual Services Client，VSC)通过 VMbus 高速内存总线发送到根分区的虚拟化服务提供者(Virtualization Service Provider，VSP)，虚拟化服务提供者调用对应的设备驱动直接访问硬件，中间不需要 Hypervisor 的帮助。这种架构效率很高，不再像以前的 Virtual Server 那样每个硬件请求都需要经过用户模式、内核模式的多次切换转移。

(5) Docker。VM 虚拟机是在宿主机器、宿主机器操作系统的基础上创建虚拟层、虚拟化的操作系统、虚拟化的仓库，然后再安装应用。而 Docker 作为下一代虚拟化技术比 VM 更节省内存，启动更快，它是在宿主机器的操作系统上创建 Docker 引擎，直接在宿主主机的操作系统上调用硬件资源，而不是虚拟化操作系统和硬件资源，所以操作速度更快。

Docker 采用的容器技术是和我们的宿主机共享硬件资源及操作系统，可以实现资源的动态分配，容器包含应用和其所有的依赖包(Docker 容器是基于 Docker 镜像创建的，应用的源代码与它的依赖都打包在 Docker 镜像中，不同的应用需要不同的 Docker 镜像，不同的应用运行在不同的 Docker 容器中)，但是与其他容器共享内核，容器在宿主机操作系统中以用户空间分离的进程形式运行。Docker 守护进程可以直接与主操作系统进行通信，为各个 Docker 容器分配资源，还可以将容器与主操作系统隔离，并将各个容器互相隔离。

常用的虚拟化工具对比见表 10-1。

表 10-1　常用虚拟化软件

软件特点	VMWAER VSPHERE6.0	Windows Server 2012 HYPER-V	Red Hat Enterprise Virtualization
最大虚拟机 CPU 数	4096	2048	无显示
最大虚拟内存	4TB	1TB	4TB
客户机支持的操作系统	Windows，Linux，UNIXx86、x64，Windows XP，Vista7、8	Windows 2003、2008、2012(仅限于特定的 SPs)，Windows XP，Vista 7、8，Red Hat Enterprise Linux 5+、6+	WindowsServer2003、2008、2010、2012，Windows XP、7、8，Red Hat Enterprise Linux 3、4、5、6、7，Linux Enterprise Server 10、11 其他开源系统
虚拟机实时迁移	Y	Y	Y
支持集群系统	Y	Y	Y
省电模式	Y	N	Y
负载均衡调度	Y	Y	Y
共享资源池	Y	Y	Y
热添加虚拟机网卡、磁盘	Y	Y	Y
热添加虚拟机处理器 VCPU 和 RAM	Y	N	N

10.4.2　资源池化技术

资源池是指云计算数据中心中所涉及的各种硬件和软件的集合。

1. 池化技术

池化技术指的是提前准备一些资源，在需要时可以重复使用这些预先准备的资源。资源池化是实现按需自助服务的前提之一，虚拟化技术则是实现云计算资源池化和按需服务的基础。池化技术需将所有的资源分解到最小单位，可以屏蔽不同资源的差异性，但需要注意的一点是资源池化不相当于资源归类。

云计算要开展硬件软件资源的统一监管和灵活按需调度，最先必须保证的便是对资源的纳管，即搭建资源池。资源池的实际意义并不只是根据服务平台使硬件软件资源的获取可控性变成可能，至关重要的是确立与之相符合的监管方式和对策，使其包含资源的项目生命周期管理方法。

通俗地讲，池化技术就是把一些资源预先分配好，组织到对象池中，之后的业务使用资源从对象池中获取，使用完后放回到对象池中。

池化技术有两个特点，即提前创建和重复利用。

- 提前创建指可以对资源的整体使用做限制，即相关资源预分配且只在预分配时生成，后续不再动态添加，从而限制了整个系统对资源的使用上限。
- 资源重复使用则减少了资源分配和释放过程中的系统消耗。比如，在 IO 密集型的服务器上，并发处理过程中的子线程或子进程的创建和销毁过程带来的系统开销将是难以接受的，所以在业务实现上通常把一些资源预先分配好，如线程池、数据库连接池、Redis 连接池、HTTP 连接池等，来减少系统消耗，提升系统性能。

池化技术分配对象池通常会集中分配，这样有效避免了碎片化的问题。

云计算资源池的规划原则包括：功能分类原则、容量匹配原则、一致化原则。

2. 云计算资源池的应用原理

云计算把所有计算的资源整合成计算资源池，所有存储的资源整合成存储资源池，把全部 IT 资源都变成一个个池子，再基于这些基础架构的资源池上面去建设应用，以服务的方式去交付资源，见图 10-4。

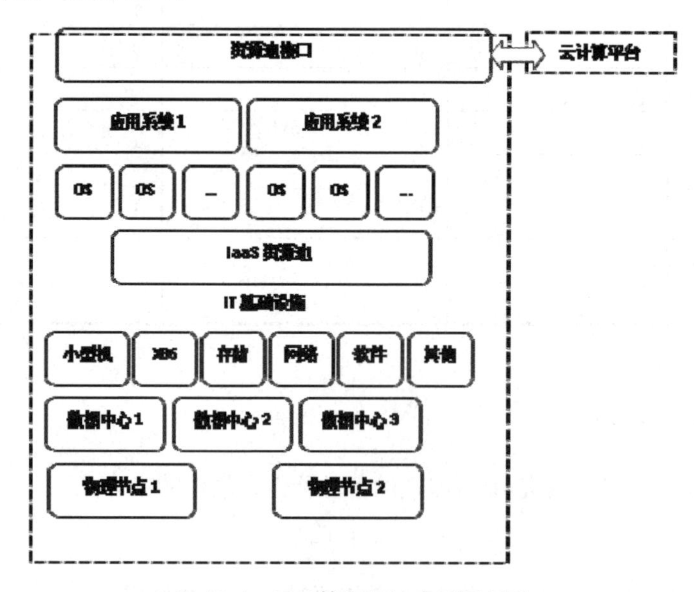

图 10-4　云计算资源池应用原理图

(1) 线程池。线程池的原理类似于操作系统中缓冲区的概念，它的流程是先启动若干

数量的线程，并让这些线程都处于睡眠状态，当客户端有一个新请求时就会唤醒线程池中的某一个睡眠线程，让它来处理客户端的这个请求，当处理完这个请求后线程又处于睡眠状态。

因为在数据量很大的条件下某一时刻可能有大量的(上百个)并发请求，而线程创建的过程是比较耗时的，若此时对每个请求都新创建一个线程会耗费大量的时间造成拥塞，所以需要预先创建若干线程，而不是在需要的时候再创建。

(2) 连接池。常见的数据库 Oracle、SQL Server 都有连接池技术，数据库连接池是在数据库启动时建立足够的数据库连接，并将这些连接组成一个连接池(相当于在一个“池”里放了好多半成品的数据库连接对象)，由应用程序动态地对池中的连接进行申请、使用和释放。对于多于连接池数据库连接数的并发请求则在请求队列中排队等待，并且应用程序可以根据池中连接的使用率动态增加或减少池中的连接数，这个增加减少由数据库连接池管理线程进行操作。

因为需要连接数据库时再创建连接、用完就释放的方式会造成很多重复的数据库连接释放操作，且容易因为忘记释放而长期占用链接资源的缺陷，所以采用数据库连接池负责分配、管理和释放数据库连接。连接池允许应用程序重复使用一个现有的数据库连接，而不是再重新建立一个；释放空闲时间超过最大空闲时间的数据库连接来避免因为没有释放数据库连接而引起的数据库连接遗漏，这项技术明显地提高了对数据库操作的性能。

(3) 内存池。通常我们习惯直接使用 new、malloc 等 API 申请分配内存，这样做的缺点是由于所申请内存块的大小不定，当频繁使用时会造成大量的内存碎片并进而降低性能。

内存池则是另一种内存分配方式，应用程序在启动的时候给一个内存池分配一块很大的内存，并会将这个大块内存分成较小的块，每次程序从内存池申请内存空间时会从先前已经分配的块中得到，而不是从操作系统得到。内存池最大的优势在于产生非常少(几乎没有)的堆碎片，比通常的内存申请/释放(malloc、new 等)的方式速度更快。

10.5　云计算与大数据相关技术

云计算与大数据分析是一种相辅相成的关系，从应用角度上看大数据分析离不开云计算，云计算为大数据提供计算资源，是大数据分析的实现工具之一。大数据是云计算的应用场景之一，云计算是一种技术解决方案，解决互联网下计算、存储、数据库等一系列 IT 基础设施的按需构建的需求。二者不是同一个层次的知识，但是技术却是相互贯通支持的，相关技术包括：

1. 分布式数据存储技术

云计算的另一大优势就是能够快速、高效地处理海量数据，为了保证数据的高可靠性，云计算通常会采用分布式存储技术，将数据存储在不同的物理设备中。这种模式不仅摆脱了硬件设备的限制，同时扩展性更好，能够快速响应用户需求的变化。

分布式存储与传统的网络存储并不完全一样：传统的网络存储系统采用集中的存储服

务器存放所有数据，存储服务器成为系统性能的瓶颈，不能满足大规模存储应用的需要；分布式网络存储系统采用可扩展的系统结构，利用多台存储服务器分担存储负荷，利用位置服务器定位存储信息，它不但提高了系统的可靠性、可用性和存取效率，还易于扩展。

在当前的云计算领域，Google 的 GFS 文件系统和 Hadoop 开发的开源 HDFS 文件系统是比较流行的两种云计算分布式存储系统。

- GFS 技术：谷歌的非开源的 GFS 云计算平台满足大量用户的需求，并行地为大量用户提供服务，使得云计算的数据存储技术具有了高吞吐率和高传输率的特点。
- HDFS 技术：大部分信息通信技术(Information Communications Technology，ICT)厂商，包括 Yahoo、Intel 的云计划采用的都是 HDFS 的数据存储技术，未来的发展将集中在超大规模的数据存储、数据加密和安全性保证，以及继续提高 I/O 速率等方面。

2. 云计算编程模式

从本质上讲，云计算是一个多用户、多任务、支持并发处理的系统，高效、简捷、快速是其核心理念，旨在通过网络把强大的服务器计算资源方便地分发到终端用户手中，同时保证低成本和良好的用户体验。在这个过程中编程模式的选择至关重要，云计算项目中分布式并行编程模式被广泛采用。

分布式并行编程模式创立的初衷是更高效地利用软、硬件资源，让用户更快速、更简单地使用应用或服务。在分布式并行编程模式中，后台复杂的任务处理和资源调度对于用户来说是透明的，这样用户体验能够大大提升，MapReduce 就是其中典型的代表。

3. 大规模数据管理

处理海量数据涉及很多层面的东西，因此高效的数据处理技术也是云计算不可或缺的核心技术之一，云计算不仅要保证数据的存储和访问，还要能够对海量数据进行特定的检索和分析。因此，数据管理技术必需能够高效地管理大量的数据。

Google 的 BigTable 数据管理技术和 Hadoop 团队开发的开源数据管理模块 HBase 数据库是业界比较典型的大规模数据管理技术。

- BigTable 数据管理技术：BigTable 是非关系的数据库，是一个分布式的、持久化存储的多维度排序 Map。BigTable 建立在 GFS、Scheduler、Lock Service 和 MapReduce 之上，与传统的关系数据库不同，它把所有数据都作为对象来处理，形成一个巨大的表格用来分布存储大规模结构化数据。BigTable 的设计目的是可靠处理 PB 级别的数据，并且能够部署到上千台机器上。
- HBase 开源数据管理模块：HBase 是 Apache 的 Hadoop 项目的子项目，定位于分布式、面向列的开源数据库。HBase 数据库不同于一般的关系数据库，它是一个适合于非结构化数据存储的数据库；另一个不同的是 HBase 数据库基于列的而不是基于行的模式。作为高可靠性分布式存储系统，HBase 数据库在性能和可伸缩方面都有比较好的表现，利用 HBase 技术可在廉价 PC Server 上搭建起大规模结构化存储集群。

4. 分布式资源管理

云计算采用了分布式存储技术存储数据，那么自然要引入分布式资源管理技术。在多节点的并发执行环境中各个节点的状态需要同步，并且在单个节点出现故障时系统需要有效的机制保证其他节点不受影响。而分布式资源管理系统恰是这样的技术，它是保证系统状态的关键。

另外，云计算系统所处理的资源往往非常庞大，少则几百台服务器多则上万台，同时可能跨越多个地域，且云平台中运行的应用也是数以千计，如何有效地管理这批资源保证它们正常提供服务，需要强大的技术支撑。因此，分布式资源管理技术的重要性可想而知。

全球各大云计算方案/服务提供商们都在积极开展相关技术的研发工作，其中 Google 内部使用的 Borg 技术很受业内称道，另外微软、IBM、Oracle/Sun 等云计算巨头都有相应的解决方案提出。

5. 信息安全

调查数据表明安全已经成为阻碍云计算发展的最主要原因之一，数据显示 32%已经使用云计算的组织和 45%尚未使用云计算的组织的信息通信技术管理都将云安全作为进一步部署云的最大障碍。因此要想保证云计算能够长期稳定、快速发展，安全是首要需要解决的问题。

事实上，云计算安全也不是新问题，传统互联网存在同样的问题，只是云计算出现以后安全问题变得更加突出。在云计算体系中，安全涉及很多层面，包括网络安全、服务器安全、软件安全、系统安全等，现在不管是软件安全厂商还是硬件安全厂商都在积极研发云计算安全产品和方案，包括传统杀毒软件厂商、软硬防火墙厂商、入侵检测系统(Intrusion Detection Systems，IDS)/入侵防御系统(Intrusion Prevention System，IPS)厂商在内的各个层面的安全供应商都已加入云安全领域。

6. 云计算平台管理

云计算资源规模庞大，服务器数量众多并分布在不同的地点，同时运行着数百种应用，如何有效地管理这些服务器保证整个系统提供不间断的服务是巨大的挑战。云计算系统的平台管理技术需要具有高效调配大量服务器资源，使其更好协同工作的能力，其中方便地部署和开通新业务，快速发现并且恢复系统故障，通过自动化、智能化手段实现大规模系统可靠的运营是云计算平台管理技术的关键。

对于提供商而言，云计算的三种部署模式对平台管理的要求大不相同。对于用户而言，由于企业对于信息通信技术资源共享的控制、对系统效率的要求以及信息通信技术成本投入的预算不尽相同，企业所需要的云计算系统规模及可管理性能也大不相同，因此云计算平台管理方案要更多地考虑到定制化需求，能够满足不同场景的应用需求。

包括 Google、IBM、微软、Oracle/Sun 等在内的许多厂商都有云计算平台管理方案推出，这些方案能够帮助企业实现基础架构整合、实现企业硬件资源和软件资源的统一管理、统一分配、统一部署、统一监控和统一备份，打破应用对资源的独占，让企业云计算平台价值得以充分发挥。

课后练习题

(1) 什么是云计算？云计算特征是什么？

(2) 简要说明云计算模型的构成。

(3) 简要说明云计算服务模式。

(4) 什么是虚拟化技术？

(5) 什么是资源池化技术？

(6) 简要说明大数据与云计算的相互关系。

第 11 章　一个离线大数据分析/挖掘案例

本章学习目标

- 通过案例学习大数据的处理流程。
- 掌握案例中采用的大数据处理技术。
- 理解大数据项目与常规软件系统的异同。

重点难点

- 案例中采用的大数据处理技术。
- 大数据项目与常规软件系统的异同。

引导案例

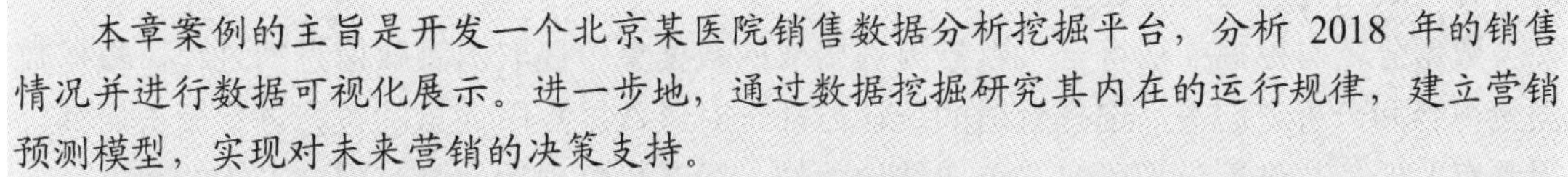

本章案例的主旨是开发一个北京某医院销售数据分析挖掘平台，分析 2018 年的销售情况并进行数据可视化展示。进一步地，通过数据挖掘研究其内在的运行规律，建立营销预测模型，实现对未来营销的决策支持。

数据处理主要分为数据清洗与数据去噪。数据清洗阶段，利用 Pandas 从 Excel 中获取数据，进行缺失数据处理、数据类型转换、数据排序和异常值处理。利用 Canopy 聚类分析算法将数据集分为不同的簇。对于不归属任何簇或簇内点很少的数据，认为是白噪声数据，用距离其最近簇的平均值(均值法)替换，或采用簇内随机点的值，或随机选择一个簇的均值，或使用所有点的均值进行补值插值，从而得到相对完善的数据集。

数据可视化从药品月度销售数量变化趋势，2、4、7 月销售数量变化趋势，以及药品月度销售额变化趋势，客单价月度变化趋势，分析药品整体销售情况；从不同类别药品销售量和不同类别药品平均订单销售量，分析不同类别药品销售差异情况；从热销药品销售总量和时间关系，以及销售单价变化率，分析热销药品的销售情况；对月均消费次数、月均消费金额、客单价及药品复购率进行分析，以了解药品整体复购情况和消费者行为。

数据预测选择数据集的五分之四作为训练集，剩下五分之一作为测试集进行时序序列分析。若序列为平稳序列，则进行白噪声检测，并构建 $ARMA(p,q)$ 模型，若序列为非平稳性序列，则数据进行一次差分，并利用时序图、自相关图和偏自相关图以及单位根检测其平稳性，然后进行白噪声检测，并构建 $ARIMA(p,1,q)$ 模型。其中，p 和 q 的值可根据贝叶斯信息准则(BIC)确定。得到的预测模型将在剩余的五分之一测试集进行测试，以实现对接下来一个月数据的预测。

(资料来源：本书作者整理编写)

11.1 案例综述

11.1.1 案例概况

数据分析就是寻找合适的统计方法来处理收集的海量数据，找到其中隐藏规律的“线”，使其形成结论，这也就是大家所说的对数据详细研究和归纳总结的过程。最终将大量数据通过丰富的图表进行表达，图形表达具有准确高效、简洁全面传递信息的特征，使规律这条“线”更加明显。找出这条规律“线”则需要对特定的数据和问题选择合适的一种或多种挖掘算法，最终这条“线”将进一步被用来预测、支持决策。

案例通过对北京某医院 2018 年的历史药品销售数据进行分析和挖掘，来发现其中隐藏的销售规律，进而达到利用这些规律为未来营销决策提供科学支持的目的。

其中主要工作包括以下几个方面。

数据预处理：通过清洗、补值插值、去噪、归一化等方法处理原始数据集，将其转变为符合大数据处理规定的数据集。

数据分析与挖掘：从符合大数据处理要求的数据集中提取出有效信息的过程。根据数据集内容和分析方向等，选择合适的统计方法，对该数据集中大量的数据进行分析研究，得到有效的信息进行详细研究并形成结论总结，即在预处理后的具有固定形式的数据集上完成知识的提炼，最后以合适的知识模式用于支持进一步的分析和决策工作。

数据预测：结合数据分析结果进行数据挖掘，揭示数据中隐含的规律，建立销售预测数学模型，为医院药品营销提供更好的进货及服务支持。

11.1.2 案例采用的大数据处理流程

1. 数据采集

选择公网上找到的北京某医院 2018 年药品销售数据集，格式为 Excel 文件。

2. 大数据分析参数规划

利用 Pandas 按照日期来索引，直接按照月份求和。

业务指标计算如下：

总消费次数：number；月份数：month_number；总消费金额：total_money；

业务指标 1：月均消费次数=number/month_number；

业务指标 2：月均消费金额=total_money/month_number；

业务指标 3：客单价=total_money/number。

3. 数据预处理

数据预处理工作主要分为数据清洗与数据降噪两个方面。数据清洗利用 Pandas 从 Excel 中导入数据，对其进行缺失数据处理，数据类型转换，数据排序和异常值处理；数据降噪利用 Canopy 聚类分析算法将数据集分为不同的簇，对于不归属任何簇或簇内点很

少的数据认为是白噪声数据，用距离其最近簇的平均值(均值法)替换，或者采用簇内随机点的值，随机选择一个簇的均值，或者所有点的均值进行补值插值，从而得到相对完善的数据集。

4. 大数据可视化

大数据可视化关注药品月度销售数量变化趋势 2、4、7 月销售数量变化趋势、药品月度销售额变化趋势，客单价月度变化趋势，以分析药品整体销售情况；从不同类别药品销售量和不同类别药品平均订单销售量分析不同类别药品销售差异情况；从热销药品销售总量和时间关系、销售单价变化率分析热销药品的销售情况；对月均消费次数、月均消费金额、客单价及药品复购率分析药品整体复购情况和消费者行为。

5. 大数据挖掘与预测

大数据挖掘首先选择数据集的五分之四作为训练集，剩下的五分之一作为测试集，进行时序序列分析。若为平稳序列则进行白噪声检测，并构建 ARMA(p,q) 模型，若为非平稳性序列，则数据进行一次差分，然后利用时序图、自相关图、偏自相关图以及单位根检测其平稳性，最后进行白噪声检测，并构建 ARIMA$(p,1,q)$ 模型，其中 p 和 q 的值可根据 BIC 矩阵确定。

挖掘得到的预测模型将在剩余的五分之一测试集进行测试。从四种补值插值方法中，根据发展趋势线与原数据集发展趋势线的夹角最小原理选择最终预测方法，实现对接下来一个月销售数据的预测。

延伸学习：ARMA 模型(Auto-Regressive and Moving Average Model)是研究时间序列的重要方法，由自回归模型(简称 AR 模型)与滑动平均模型(简称 MA 模型)“混合”构成。在市场研究中，ARMA 模型常用于长期追踪资料的研究，如在 Panel 研究中，它用于消费行为模式变迁的研究；在零售研究中，它用于具有季节变动特征的销售量、市场规模的预测等。

11.1.3　案例采用的核心技术与工具

1. MTV 模式

MTV 模式中 M 指 Model(模型)、T 指 Template(模板)、V 指 View(视图)。模型负责数据存取，位于数据存取层；模板负责数据在页面中的显示形式，处于表示层；视图负责调用模型和模板，是模型和模板之间的桥梁，处于业务逻辑层。MTV 模式将 MVC 模式中的 V 分解为 MTV 中 V 和 T，MTV 中 V 相当于 MVC 中的 Controller(控制器)。MTV 模式是在 MVC 模式上的扩充和延展，简化了程序的复杂性，使程序结构更加直观。

2. pyecharts

pyecharts 是一款将 Python 与 ECharts 结合，用于生成 ECharts 图表的类库。它是对 ECharts 接口的实现，是与 Python 进行完美对接而开发的 ECharts 模块，十分方便在 Python 中直接使用数据生成图表。

3. JavaScript

JavaScript 语言采用的变量类型为弱类型(Var)，对使用的数据没有严格的数据类型要求，非常适合处理大数据。它以 Java 语言为基础，为用户提供更加美观的网页浏览体验。当然 JavaScript 不是单独使用，其经常嵌入在 HTML 语言中以实现其功能。

4. JQuery

JQuery 是一个快速、简洁的 JavaScript 框架，适应 CSS 的发展，有着更灵活操作 DOM 的方式，可以更好地处理前端数据，处理异步加载。

JQuery 作为一个轻量级的 JavaScript 库，不仅可以在本地使用，也可以通过内容分发网络引用使用。

5. Bootstrap

Bootstrap 是一个前端开发框架，通过 HTML、CSS 和 JavaScript 共同开发实现。它在 HTML 上定义页面元素，在 CSS 中定义页面布局，而 JavaScript 负责页面元素的响应。Bootstrap 将 HTML、CSS 和 JavaScript 封装成功能组件，方便开发者使用。

6. NumPy

NumPy 是 Python 中用于计算的基础模块，是 Python 的一种开源的数值计算扩展，可以用来处理和存储大型矩阵。NumPy 的数据结构没有特定的数据类型限制，意味着 NumPy 可以保存任何数据类型，这也就意味着 NumPy 可以整合任何数据。在性能上 NumPy 比 Python 自身的列表嵌套结构要高很多，因此进行数据分析时，科学计算的模块大多会使用 NumPy 库。

7. Pandas

Pandas(Panel Data Analysis)是 Python 中用于读取、保存、设置数据结构的主要模块，它基于 NumPy 和 Matplotlib 开发。由于 Pandas 的灵活性，使其在处理 Excel 数据时具有更高的效率。例如读取 Excel 表格，选择性地读取 Excel 表格中的某一列、某个数据项、转换数据类型等。

8. MySQL 数据库

MySQL 是一种基于 SQL 语言的数据库，对数据库的增删改查操作非常方便，可以很好地支持大数据分析需求。其以“短小精悍”著称，具有成本低的特点，而且开放源码，大部分中小型网站开发都选择了 MySQL 作为其网站数据库。

9. PyCharm

PyCharm 是一种 Python 集成开发环境(Integrated Development Environment，IDE)，是目前公认最佳 Python 开发集合环境。因为其拥有一整套能够提高 Python 语言开发效率的工具，如编码协助、项目代码导航、支持 Flask、支持 Google App 引擎、集成版本控制，集成单元测试、可自定义和可扩展等，当然，其出色的智能/代码补全功能，更可以赢得大部分开发人员的青睐。

11.2　案例需求分析

11.2.1　案例背景

北京这家医院药品销售数据分析与挖掘项目的使用群体主要是医院的工作人员。他们希望可以利用系统对自己医院的销售情况进行分析，并进行销售数据的可视化展示，以及通过数据挖掘出的销售规律预测未来销售的趋势变化。

项目案例需要通过选择适当的统计分析方法对该家医院历史销售数据进行分析，找出其中隐含规律的“线”，并对其加以研究和挖掘。总结规律后，进而利用规律(模型)实现销售预测。因此我们的主要工作包括实现一个基于 Flask 的 Web 用户界面(UI)，借助 Pandas 读取 xls 格式的数据集，对其进行数据清洗、去噪声、归一化等处理，并进行本地化存储。然后根据分析方法进行离线分析建模，达成对其销售情况进行数据可视化分析、药品总量和热销产品以及消费趋势的预测满足需求目标。

11.2.2　功能性需求分析

1. 系统前端功能分析

用户登录程序后，可以修改密码，查看、修改、删除分析报告，上传数据源，选择数据源并进行数据清洗；查看当前数据源的销售变化情况，包括可视化药品整体销售情况随时间变化率，不同类别药品存在的差异，热销药品销售情况随时间的变化率，以及复购率；查看四种白噪声数据处理策略的分析结果、预测接下来 12 天以及一个月的销售变化并进行可视化展示。

前端系统模型如图 11-1 所示，展示了系统的主要用户功能。

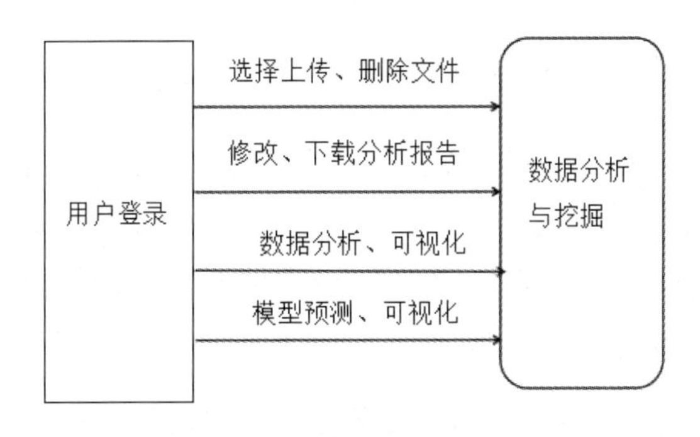

图 11-1　前端系统模型图

2. 后端功能分析

获取当前数据集，利用 Pandas 读取数据。

数据预处理：数据类型转换、异常值处理、列名称更改、时间日期处理并按照日期排序等。

数据清洗后持久化，存入数据库中，生成新空白分析报告，前端用户可根据可视化图形自行修改。

使用聚类分析算法，对于不归属任何簇或簇内点很少的数据视为白噪声数据，用距离其最近簇的平均值(均值法)替换，或簇内随机点的值、随机选择一个簇的均值、所有点的均值，完成补值插值。

之后执行平稳性检测(不平稳，一次差分后再检测)并迭代，最后建立 ARMA 模型，进行预测。

后端系统模型功能如图 11-2 所示。

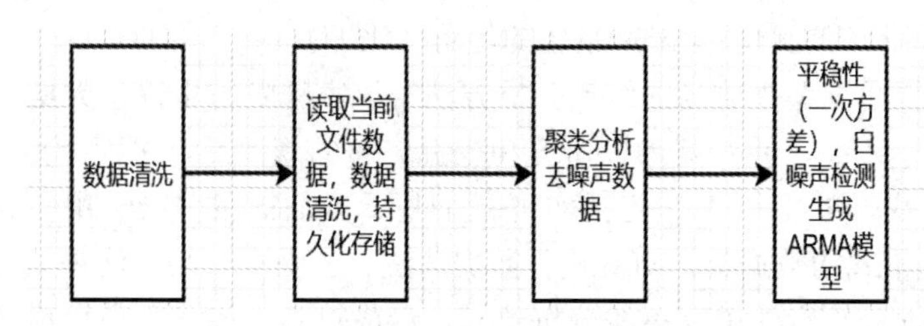

图 11-2　后端系统模型图

3. 功能性需求定义

(1) 实现数据集的上传、下载和删除(默认数据集为北京某医院 2018 年销售数据集)。

(2) 对尚未清洗的数据集进行数据清洗并持久化保存，包括数据类型转换、异常值处理、列名称更改、时间日期处理并按照日期排序等。

(3) 可视化：药品整体销售随时间变化情况包括药品月度销售数量的变化趋势，2、4、7 月销售数量变化趋势，药品月度销售额变化趋势，客单价月度变化趋势。

(4) 可视化：类别不同的药品销售的差异(不同类别药品的平均订单销售量和药品销售量对比)。

(5) 可视化：热销药品的销售情况随时间变化情况(热销药品销售总量和时间的关系，销售量前五的药品单价变化情况)。

(6) 可视化：复购率(业务指标：月均消费次数、月均消费金额、客单价及药品复购率图表)。

(7) 预测分析可视化展示：总销售数量预测和热销药品销售预测(实际销量、最近均值、最近随机、随机均值、全部均值)。

(8) 分析报告修改(数据分析报告)及下载(分指标下载和整体分析报告下载)。

4. 系统用例分析(部分)

根据以上功能需求分析，用户可登录注册账户，在登录后可以删除和选择数据集(选择数据集之前必须对数据集进行数据清洗操作)；也可以查看分析报告，修改分析报告(单击修改分析报告弹出数据分析表格)，也可以下载分析报告；查看数据可视化图形分为四个方面：药品整体销售情况随时间变化率，不同类别药品存在的差异，热销药品销售情况随时间的变化率和复购率；查看 ARMA 模型和 ARIMA 预测得到的未来一个月的总销售数量预测和热销药品情况(实际销量、最近均值、最近随机、随机均值、全部均值)。用例图如图 11-3 所示。

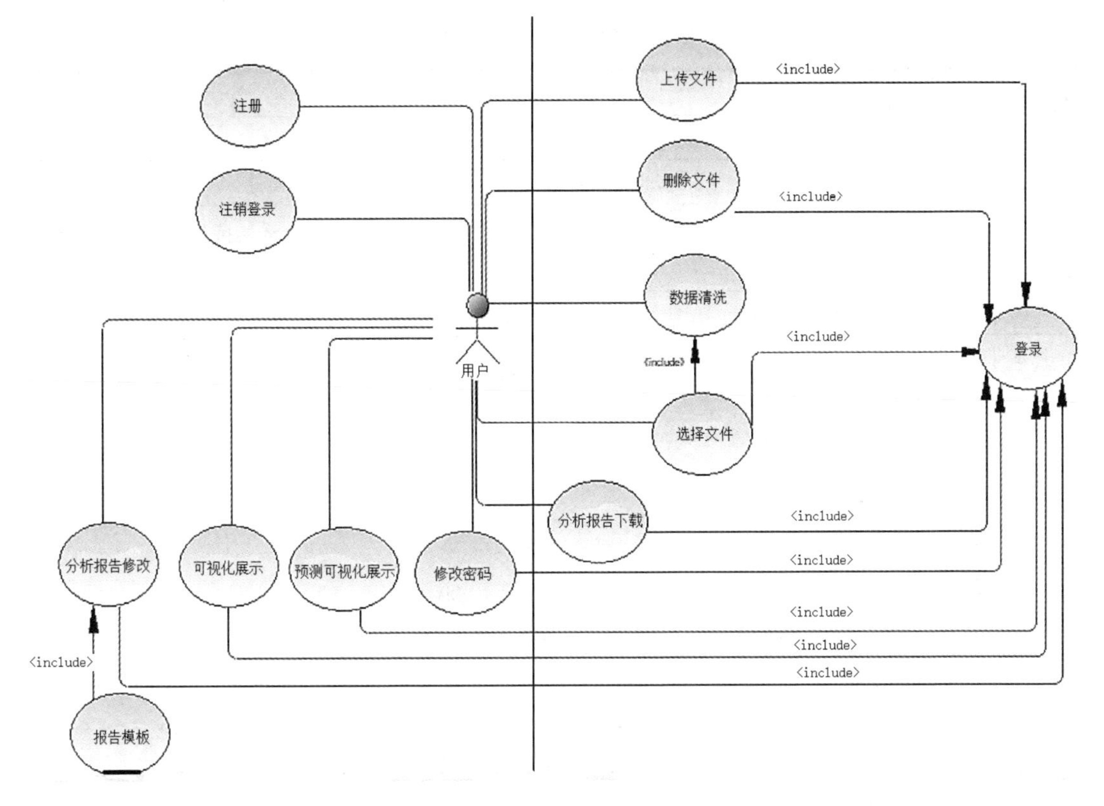

图 11-3　用例图

(1)　登录用例，如表 11-1 所示。

表 11-1　登录模块功能描述

用例名称：用户登录模块
用例标识号：2201
参与者：用户
简要说明：用户登录、注册、退出
前置条件：登录时填写正确的账号及相应的密码
基本事件操作：
1.用户想要进行数据分析及挖掘必须进行登录 2.若无账号，进入注册页面填写正确信息，进行注册 3.输入正确的注册账号和密码 4.登录后可对相应功能进行操作 5. 用例结束
其他事件流：无
异常事件流：无
后置条件：用户成功注册后并对数据库进行数据更新

(2)　数据集操作用例，如表 11-2 所示。

表 11-2　数据集操作模块功能描述

用例名称：数据集操作模块
用例标识号：2202
参与者：系统用户
简要说明：使用者通过数据集操作模块可以上传数据集、删除数据集、数据清洗、持久化保存数据集及选择数据清洗后的数据集
前置条件：使用者打开程序后登录正常访问并浏览相关界面
基本事件操作：
1. 使用者正常登录 2. 上传数据集 3. 数据清洗，持久化保存 4. 选择数据清洗后数据集 5. 删除数据集 6. 用例结束
其他事件流：无
异常事件流：无
后置条件：程序正常运行，数据库访问更新正常，不影响使用者信息浏览获取

(3)　分析报告用例，如表 11-3 所示。

表 11-3　分析报告模块功能描述

用例名称：分析报告功能模块
用例标识号：2203
参与者：系统用户
简要说明：用户正常使用软件分析报告功能
前置条件：用户已经正常进入系统
基本事件操作： 1. 用户查看修改分析报告(弹出分析 describe 表格) 2. 用户分模块下载分析报告及整体分析报告 3. 用例结束
其他事件流：无
异常事件流：无
后置条件：数据库访问正常，不影响前后端的交互

(4) 可视化用例，用例描述如表 11-4 所示。

表 11-4　可视化模块功能描述

用例名称：可视化模块
用例标识号：2204
参与者：系统用户
简要说明：登录后查看可视化部分
前置条件：用户选择清洗完的数据表格
基本事件操作：
1. 用户查看药品整体销售情况随时间变化率 2. 用户查看不同类别药品存在的差异 3. 用户查看热销药品销售情况随时间的变化率 4. 用户查看复购率 5. 用例结束
其他事件流：无
异常事件流：无
后置条件：程序正常运行，数据库访问正常，可视化图形展示正常

(5) 预测分析用例，用例描述如表 11-5 所示。

表 11-5　预测分析模块功能描述

用例名称：预测分析模块
用例标识号：2205
参与者：系统用户
简要说明：用户登录后，选择数据源后查看相应的预测分析图形
前置条件：数据源已经选择
基本事件操作： 1. 用户查看总销售数量预测(实际销量、最近均值、最近随机、随机均值、全部均值)五种补值插值方法构建的 ARMA 模型或为 ARIMA 预测图形 2. 用户查看热销药品预测(实际销量、最近均值、最近随机、随机均值、全部均值)五种补值插值方法构建的 ARMA 模型或为 ARIMA 预测图形 3. 用例结束
其他事件流：无
异常事件流：无
后置条件：程序正常运行，数据库访问正常，前端预测模型显示正常

11.2.3 非功能性需求分析

1. 安全需求

(1) 所有用户属性信息的传输必须在接口层加密。

(2) 所有前端页面都必须通过 HTTPS 协议访问。

(3) 使用 Python Wrapper(装饰器)验证登录状态。

(4) 防止表单重复提交，应使用 Token 机制。

(5) 对数据库用户密码进行 MD5 加密处理。

2. 性能需求

(1) 程序从启动到显示登录界面，时间不应超过 10 秒。

(2) 程序中任何操作的反应时间最长不得超过 5 秒。

(3) 程序在空闲时无异常 CPU 占用，繁忙时无异常峰值占用。

(4) 系统必须具备高并发能力，能够顺畅运行。

3. 可用性需求

(1) 操作系统支持：当下所有主流机型。

(2) 位置可见性：让使用者了解自己所处位置。

(3) 环境适应性：运用使用者熟悉且易操作的界面和概念。

(4) 用户可控性：用户界面退出口应明显，方便使用者操作。

(5) 一致性：保持所有相同界面设计/操作/反馈显示的一致性。

11.2.4 开发环境分析

作为一种轻量级的 Python 的网页框架工具，Flask 在体积性能方面比另一种框架工具 Django 更为出色。Flask 是一个简单基础的框架，通过这个框架用户可根据自己的意愿来添加安装相关的包，再结合封装数据库 Flask-SQLAlchemy 模块连接 MySQL，从而实现在 MySQL5.7 中存储数据，通过这样一个思路清晰、步骤简单的过程，就能基本上实现中小应用系统的开发工作，且开发周期短，工作效率显著提升。

除此之外，Flask 是一个由 Python 开发并且依赖 Jinja2 模板和 Werkzeug WSGI 进行服务的微型框架，但“微”并不意味着功能的缺乏，而主要体现在易于扩展和保持内核简单。对于本质是 Socket 服务端的 Werkzeug，它主要运行模式是先接收 HTTP 请求，再对请求进行预处理，然后触发 Flask 框架。在这个过程中，对于简单的内容可以直接使用 Flask 的内置功能处理，而如果要向用户返回复杂的内容，它就要配合 Jinja2 模板进行处理，即呈现模板和数据，并将最终呈现的字符串返回给用户浏览器。

因此，上述系统的实现主要包括以下几个重要部分。

(1) 创建并激活虚拟环境，进入虚拟环境安装所需要的模块。

(2) 创建项目文件。

(3) 初始化项目。

(4) 在视图文件中编写响应 URL 请求的逻辑处理代码。

(5) 编写启动函数，以便于项目的总体运行和维护。

(6) 对前端页面 HTML 进行开发和处理。

(7) 将应用部署到服务器。

11.3　案例系统设计

11.3.1　系统功能结构设计

登录模块：用户通过网站进入系统后，存在修改密码以及注销登录的需求。

数据分析模块：系统通过上传数据集并对数据集的数据清洗后结果进行持久化保存。此时，用户可选择当前数据源进行可视化分析。若不再需要改数据源也可以删除它；选择完成数据源后，可根据四个可视化方面(药品整体销售情况随时间的变化率、不同药品销售差异度、热销药品销售情况随时间的变化率、复购率)及每个模块的数据分析表格进行，得到分析报告并编写和存储，然后便可分模块和整体打印分析报告。

预测分析模块：用户查看总销售数量预测和热销药品预测(实际销量、最近均值、最近随机、随机均值、全部均值等)的 ARMA 模型预测结果，并将可视化输出。功能结构如图 11-4 所示。

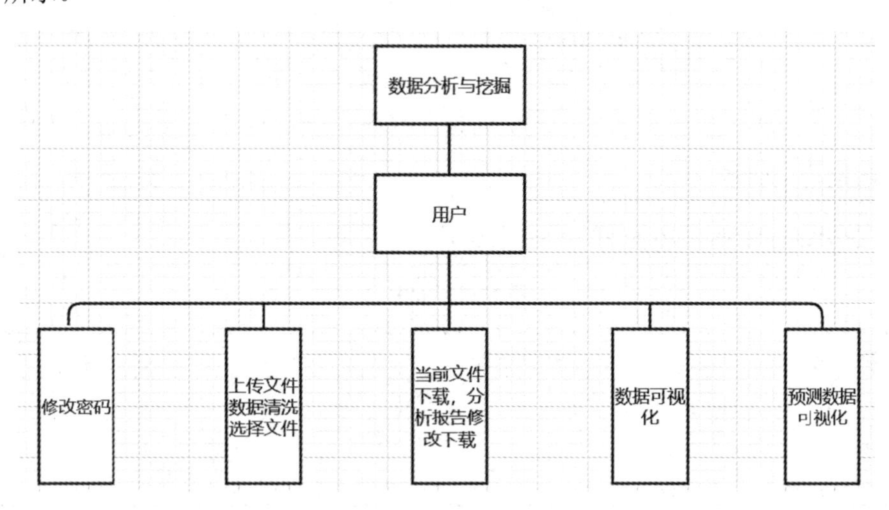

图 11-4　系统功能结构图

11.3.2　数据库结构设计

1. 概念结构设计

E-R 图，如图 11-5 所示。

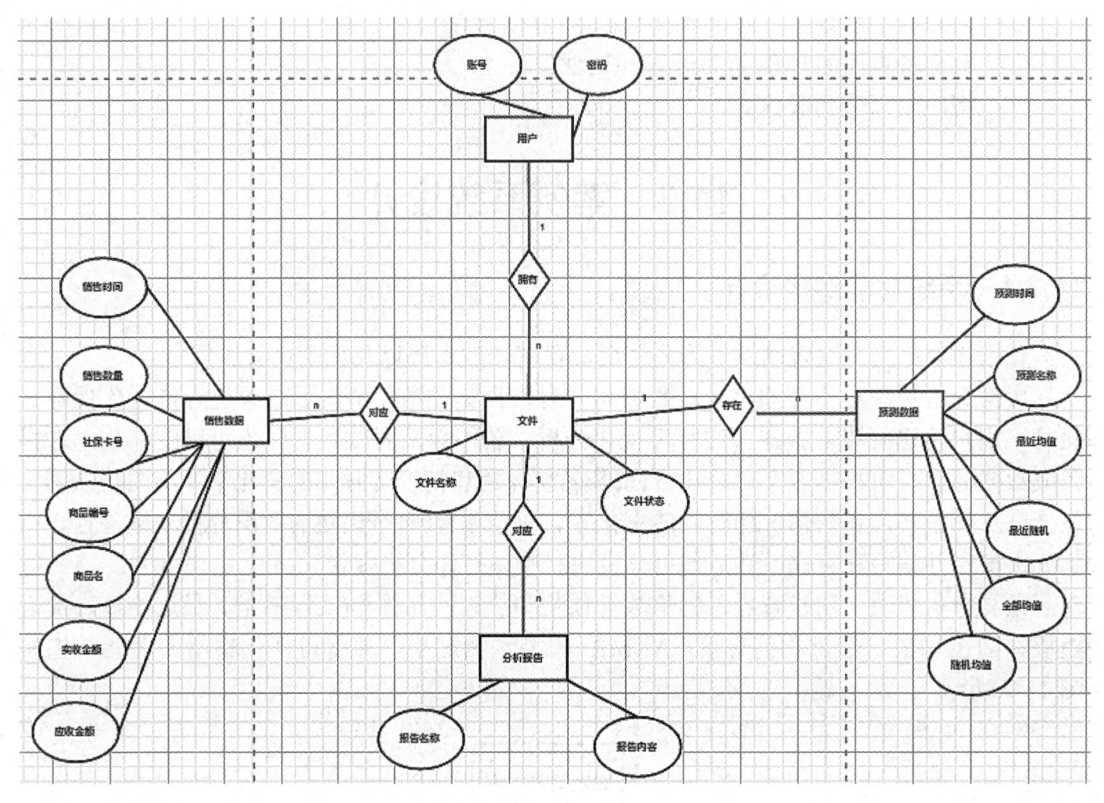

图 11-5　E-R 图

2. 逻辑结构设计

逻辑结构设计如表 11-6 至表 11-10 所示。

表 11-6　user 表

列　名	数据类型	说　明
Id	Int	主键
userName	string	用户名称
password	string	密码

表 11-7　file 表

列　名	数据类型	说　明
Id	Int	主键
filename	string	数据集名称
ok	int	数据集状态
user_id	int	外键指向 user 中的 id

表 11-8　forecast 表

列　名	数据类型	说　明
Id	Int	主键
Name	string	预测数据名称
Date	datetime	日期
Data	float	最近均值预测数据
Data1	float	最近随机预测数据
Data2	float	随机均值预测数据
Data3	float	全部均值预测数据
Number	int	外键指向 file 中的 id

表 11-9　message 表

列　名	数据类型	说　明
Id	Int	主键
Name	string	名称
Mess	string	分析内容
Number	int	外键指向 file 中的 id

表 11-10　sales 表

列　名	数据类型	说　明
Id	Int	主键
Time	Datetime	销售时间
Community_card	String	社保卡号
Produce_ID	String	商品编号
Produce_name	String	商品名称
Sales_number	Int	销售数量
In_money	Int	应收金额
Reality_number	Int	实收金额
number	int	外键指向 file 中的 id

11.3.3　系统动态建模

1. 用户登录时序图与状态图

用户登录时序图，如图 11-6 所示。

用户登录状态图，如图 11-7 所示。

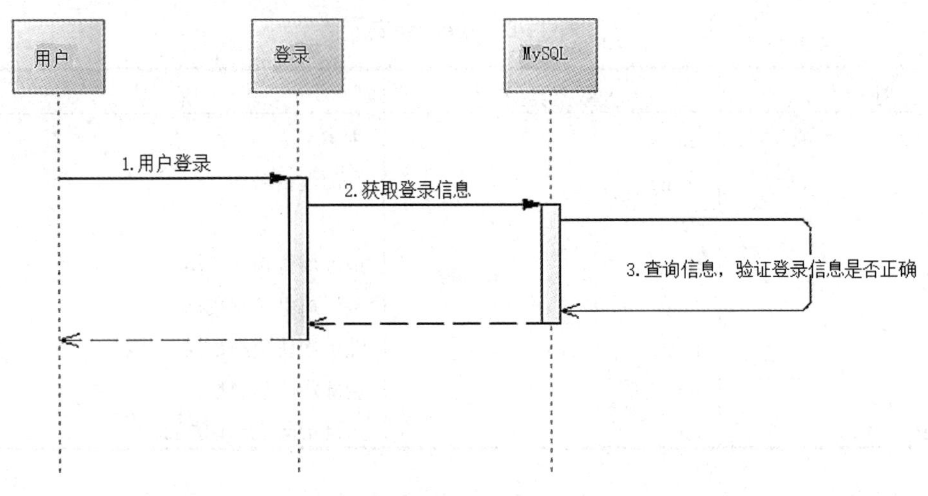

图 11-6　登录模块时序图

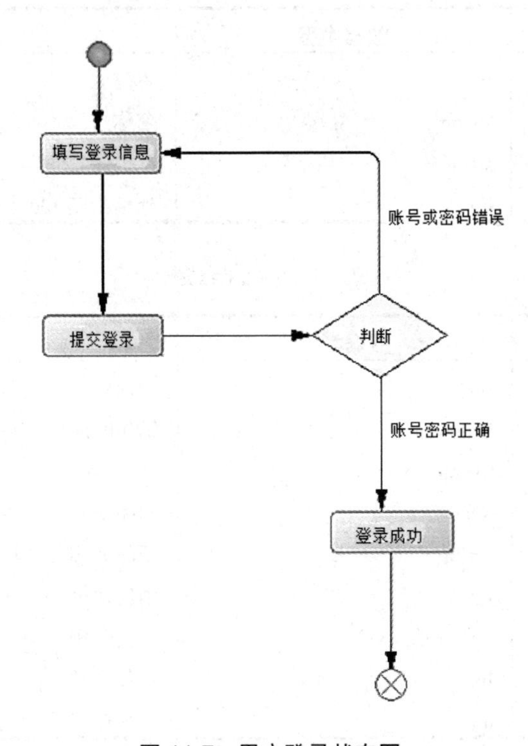

图 11-7　用户登录状态图

2. 用户注册时序图及状态图

用户注册时序图，如图 11-8 所示。
用户注册状态图，如图 11-9 所示。

3. 用户修改密码时序图和状态图

用户修改密码时序图，如图 11-10 所示。
用户修改密码状态图，如图 11-11 所示。

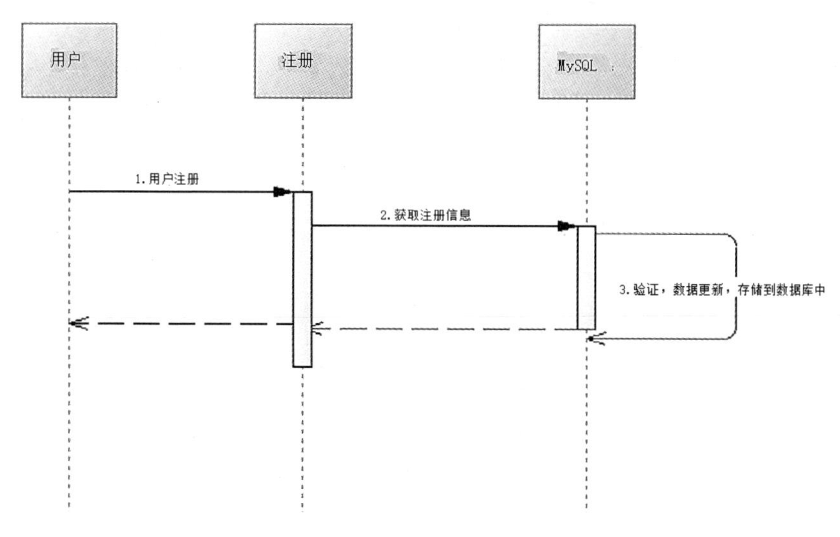

图 11-8　用户注册时序图

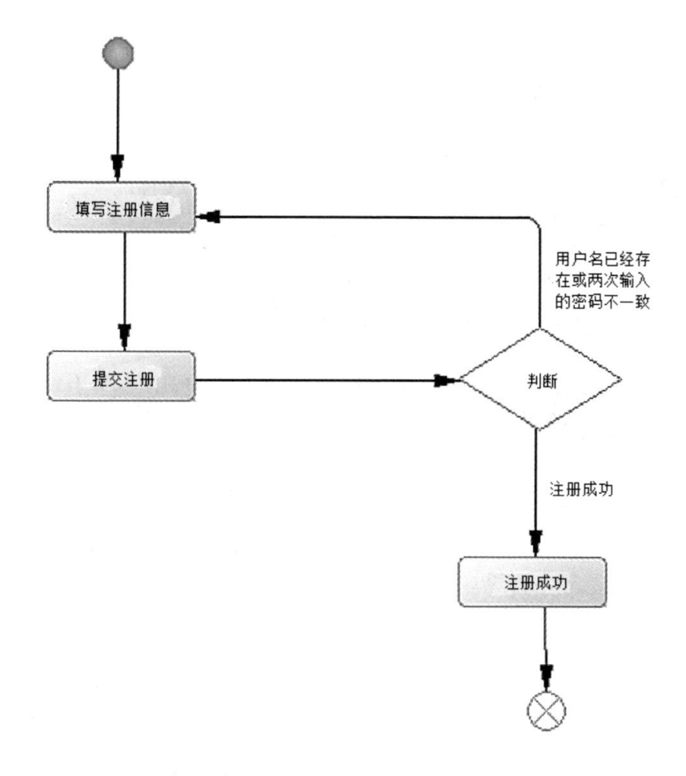

图 11-9　用户注册状态图

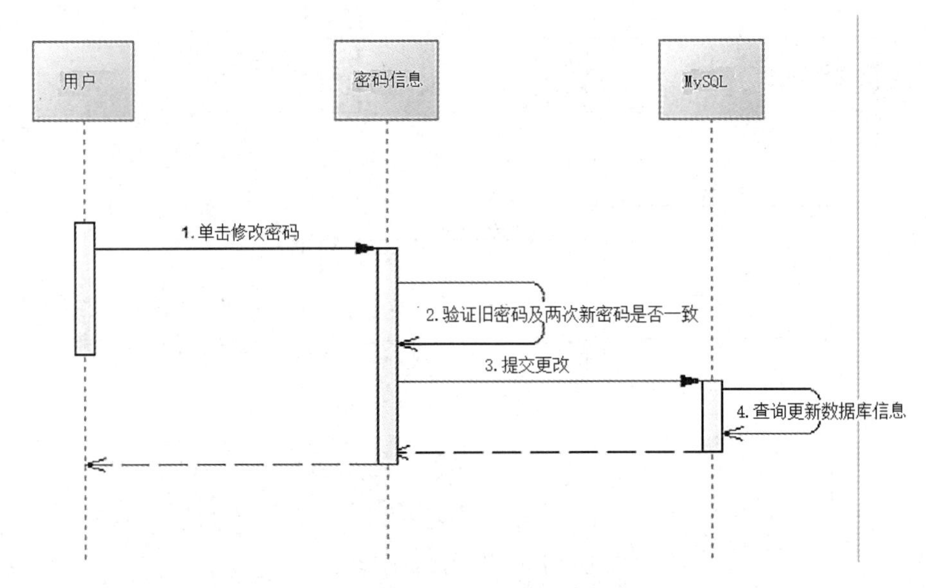

图 11-10　用户修改密码时序图

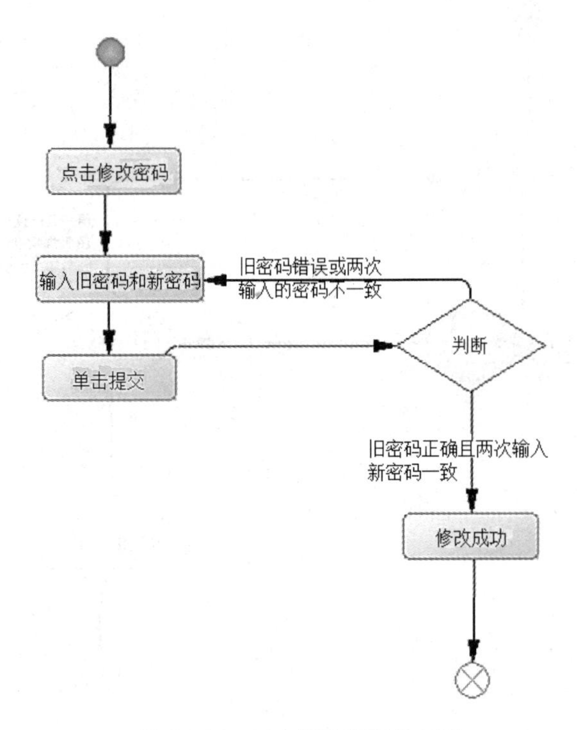

图 11-11　用户修改密码状态图

4. 用户数据集操作时序图和状态图

用户数据集上传时序图，如图 11-12 所示。
用户数据集上传状态图，如图 11-13 所示。

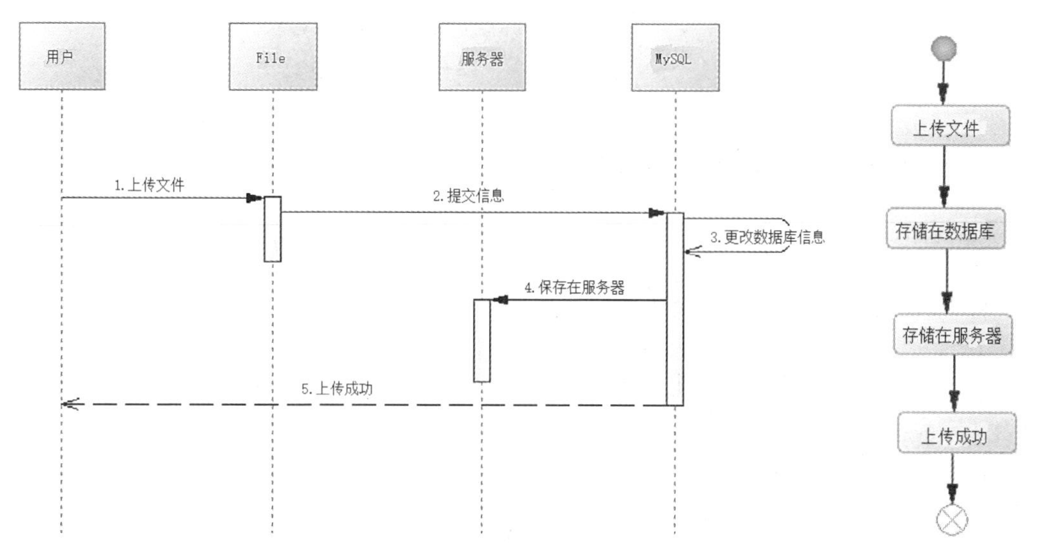

图 11-12　用户数据集上传时序图

图 11-13　用户数据集上传状态图

用户数据集清洗、选择、删除时序图，如图 11-14 所示。
用户数据集清洗、选择、删除状态图，如图 11-15 所示。

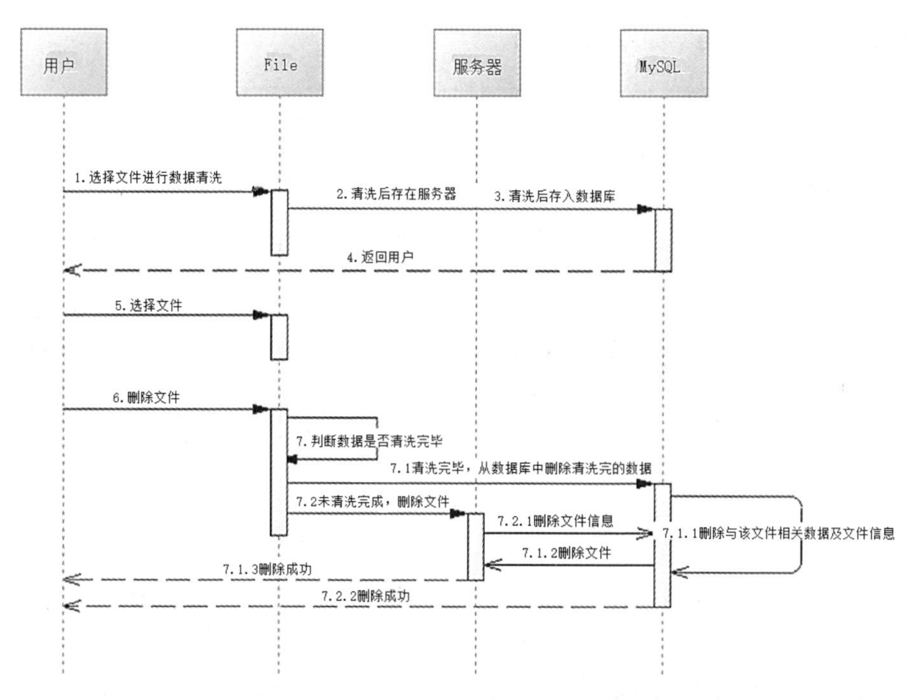

图 11-14　用户数据集清洗、选择、删除时序图

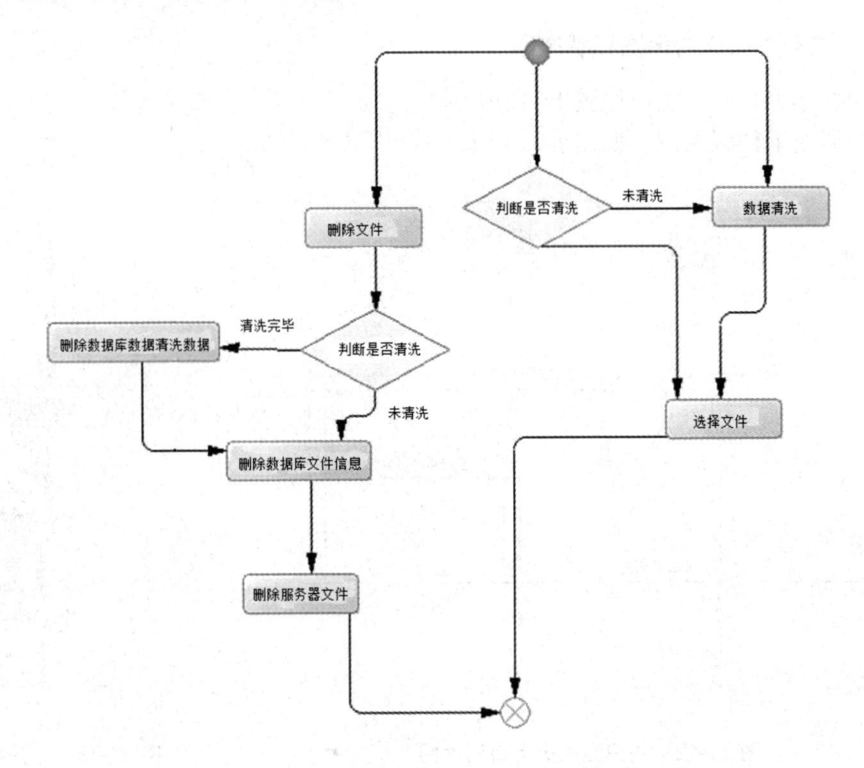

图 11-15　用户数据集清洗、选择、删除状态图

5. 分析报告操作时序图和状态图

分析报告修改时序图，如图 11-16 所示。

分析报告修改状态图，如图 11-17 所示。

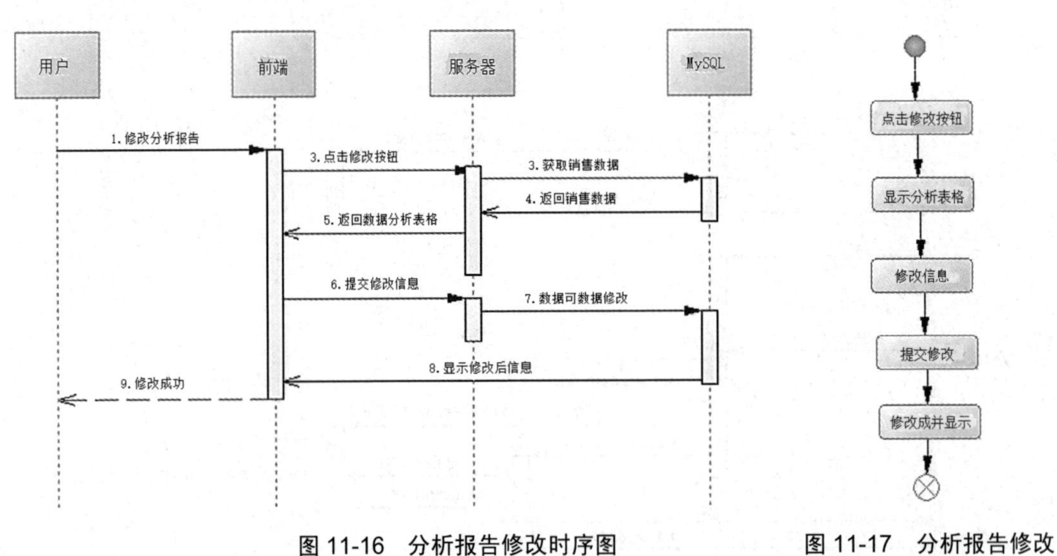

图 11-16　分析报告修改时序图

图 11-17　分析报告修改状态图

分析报告下载时序图，如图 11-18 所示。

分析报告下载状态图，如图 11-19 所示。

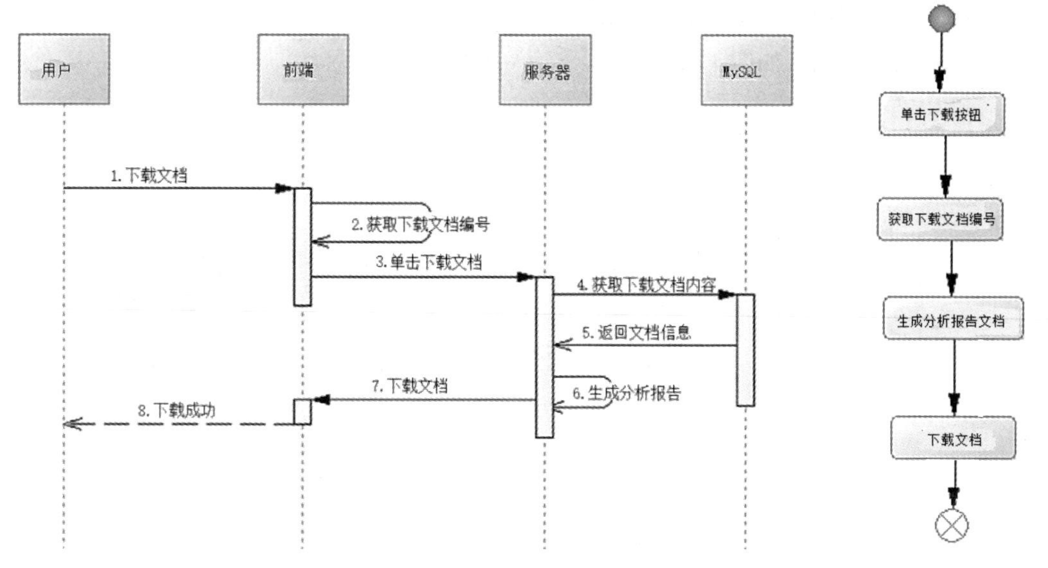

图 11-18　分析报告下载时序图

图 11-19　分析报告下载状态图

6. 数据可视化时序图和状态图

数据可视化的时序图，如图 11-20 所示。
数据可视化的状态图，如图 11-21 所示。

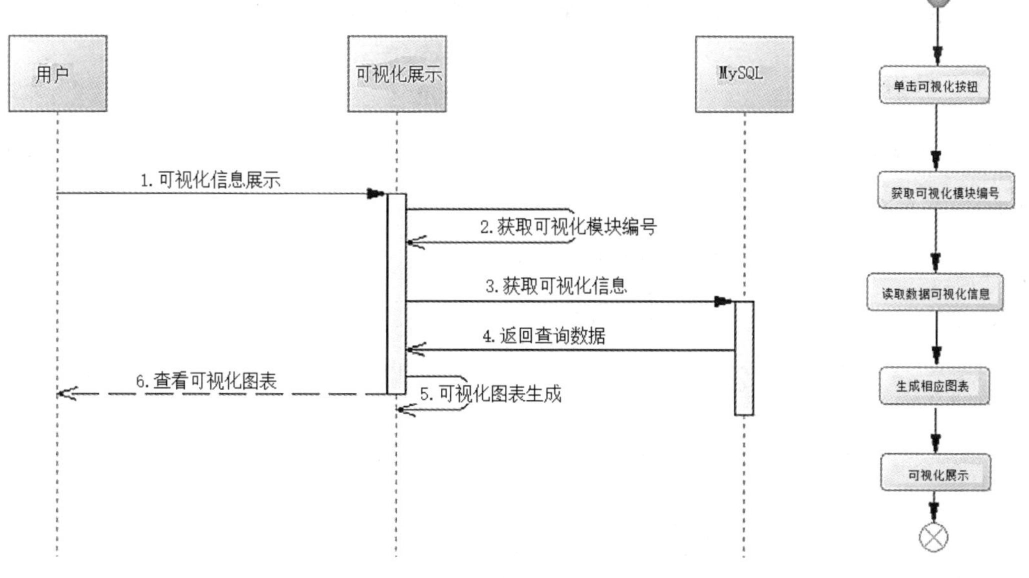

图 11-20　数据可视化时序图

图 11-21　数据可视化的状态图

7. 预测分析时序图和状态图

预测分析的时序图，如图 11-22 所示。

预测分析的状态图，如图 11-23 所示。

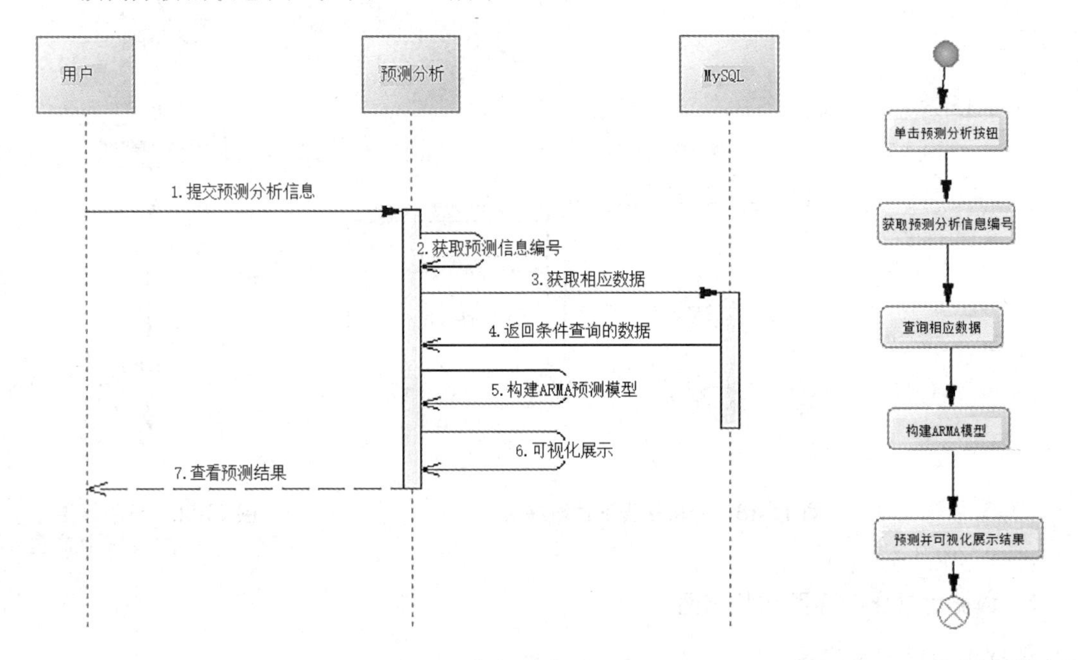

图 11-22　预测分析的时序图　　　　图 11-23　预测分析状态图

11.4　案例系统实现

11.4.1　数据处理

1. 数据清洗

(1) 查看数据集，如图 11-24 所示。

```
<class 'pandas.core.frame.DataFrame'>
RangeIndex: 6578 entries, 0 to 6577
Data columns (total 7 columns):
 #   Column  Non-Null Count  Dtype
---  ------  --------------  -----
 0   购药时间    6576 non-null   object
 1   社保卡号    6576 non-null   object
 2   商品编码    6577 non-null   object
 3   商品名称    6577 non-null   object
 4   销售数量    6577 non-null   object
 5   应收金额    6577 non-null   object
 6   实收金额    6577 non-null   object
dtypes: object(7)
memory usage: 359.9+ KB
```

图 11-24　数据集信息

(2) 处理缺失值：查看数据集总共有 7 个字段，其中购药时间和社保卡号数据都少于其他数据集一条，缺失的数据较少，因此删除该条记录。

(3) 数据类型转换：将字符串型数字数据转换为浮点数，将字符串型时间转换为日期格式。

(4) 异常值处理：数据分析表格如图 11-25 所示，虽然销售数量、应收金额和实收金额为负值，但考虑到这可能表示退货，所以不进行异常值处理。

	销售数量	应收金额	实收金额
count	6549.000000	6549.000000	6549.000000
mean	2.384486	50.449076	46.284370
std	2.375227	87.696401	81.058426
min	-10.000000	-374.000000	-374.000000
25%	1.000000	14.000000	12.320000
50%	2.000000	28.000000	26.500000
75%	2.000000	59.600000	53.000000
max	50.000000	2950.000000	2650.000000

图 11-25　数据分析表格

2. 数据分析参数规划

利用 SQL 语句计算参数。

计算总消费金额：

```
select sum(reality_money) as total_number from sales where number= id
```

从 sales 读取当前选择数据源数据，计算实际收费总和。

计算总消费次数:

```
select count(*) as number from (select time,community_card,Count(*)from
sales where number=id group by time,community_card) as test
```

读取当前选择数据源数据，同一天内，同一个人所有消费次数算作一次消费，计算出总消费次数。

计算总月份数：利用 pandas 直接按照月份求和。

业务指标计算如下：

总消费次数：number；月份数：month_number；总消费金额：total_money；

业务指标 1：月均消费次数=number/month_number；

业务指标 2：月均消费金额=total_money/month_number；

业务指标 3：客单价=total_money/number。

3. 白噪声数据筛选

(1) Canopy 算法。Canopy 算法是一种简单、快速的聚类分析方法，它不需要提前划分中心点，避免了 K-means 算法在选取初值时遇到的问题。Canopy 实现如图 11-26 所示，这个算法经常被用来辅助其他算法，将数据集粗略划分为聚类，然后将划分后的数据交给其他算法进行精细聚类。若噪声数据太多会造成与预测模型存在较大偏差。

```
class Canopy:
    points = []  # 进行聚类的点
     usters = []  # 存储簇
     . = 0
     2 = -1  # 阈值

    ef setpoints(self, points):
        self.points = points

    # 得到的中心点(各点相加求平均)
    def getAverageDistance(self, points):
        sum = 0
        pointSize = len(points)
        for i in range(0, pointSize):
            for j in range(0, pointSize):
                if i == j:
                    continue
                pointA = points[i];
                pointB = points[j];
                sum += math.sqrt((pointA.x - pointB.x) * (pointA.x - pointB.x)
                                 + (pointA.y - pointB.y) * (pointA.y - pointB.y));
        distanceNumber = (pointSize - 1) * (pointSize - 1);
        self.T2 = sum / distanceNumber / 2;  # 平均距离的一半
        return self.T2

    # 进行聚类，按照Canopy算法进行计算，将所有点进行聚类
    def cluster(self):
        self.T2 = self.getAverageDistance(self.points)
        self.T1 = 2 * self.T2
        while len(self.points) != 0:
            cluster = []
            basePoint = self.points[0]  # 基准点
            cluster.append(basePoint)
            del self.points[0]
            index = 0
            while index < len(self.points):
                anotherPoint = self.points[index]
                distance = math.sqrt((basePoint.x - anotherPoint.x)
                                     * (basePoint.x - anotherPoint.x)
                                     + (basePoint.y - anotherPoint.y)
                                     * (basePoint.y - anotherPoint.y))
                if distance <= self.T2:
                    cluster.append(anotherPoint)
                    del self.points[index]
                else:
                    index = index + 1
            self.clusters.append(cluster)

    def clusterT1(self):
        self.T1 = 2 * self.getAverageDistance(self.points)
        while len(self.points) != 0:
            cluster = []
            basePoint = self.points[0];  # 基准点
            cluster.append(basePoint)
            del self.points[0]
            index = 0
            while index < len(self.points):
                anotherPoint = self.points[index]
                distance = math.sqrt((basePoint.x - anotherPoint.x)
                                     * (basePoint.x - anotherPoint.x)
                                     + (basePoint.y - anotherPoint.y)
                                     * (basePoint.y - anotherPoint.y))
                if distance <= self.T1:
                    cluster.append(anotherPoint);
                    del self.points[index]
                else:
                    index = index + 1
            self.clusters.append(cluster)

    # 得到Cluster的数目
    def getClusterNumber(self):
        return len(self.clusters)

    # 获取Cluster对应的中心点(各点相加求平均)
    def getClusterCenterPoints(self):
        centerPoints = []
        for i in range(0, len(self.clusters)):
            centerPoints.append(self.clusters[i])
        return centerPoints

    # 得到的中心点(各点相加求平均)
    def getCenterPoint(self, pointr):
        sumX = 0
        sumY = 0
        for point in pointr:
            sumX += point.x
            sumY += point.y
        clusterSize = len(pointr)
        centerPoint = Point(sumX / clusterSize, sumY / clusterSize)
        return centerPoint

    # 获取阈值T2
    def getThreshold(self):
        return self.T2
```

图 11-26　Canopy 算法

Canopy 是聚类算法的一种实现，其最大的特点是不需要预先指定 *k* 值(即聚类的个数)。与其他聚类算法相比，Canopy 聚类的准确率较低，但在速度上有很大优势，因此 Canopy 聚类可以先对数据进行“粗”聚类，然后再用 K-means 算法进一步的“细”聚类。

使用聚类分析算法，对于不归属任何簇或簇内点很少的数据认为是白噪声数据，用距离其最近簇的平均值(均值法)来替换(或簇内随机一点的值，或随机一个簇的均值，或所有点的均值)这些白噪声数据。

(2) 白噪声数据筛查。对总销售数据以及热销药品的销量利用 Canopy 聚类算法进行聚类，完成白噪声数据的筛查。常规数据为“;”分簇后，簇内数据量很多为常规数据，白噪声数据是相对于常规数据而言的有异常的一类数据。这里通过调节时间步长的方法，并依据统计分析得出异常数据筛查依据。

总销售数量时间步长的选择：选择时间步长为 1。经过测试发现，当选择时间步长为 0.01 和 0.1 时，数据主要集中于某一簇或两簇，噪声数据筛选不够明显，分簇不均匀故舍弃。当选择时间步长为 10 或者 100 时，发现分簇后数据均为 6 个簇，无噪声数据可以筛选。去噪声数据主要影响因素为销售数据，其时间影响因素较少，因此选择时间步长为 1。总销售时间步长选择图表如图 11-27、图 11-28 所示。

热销药品的销量时间步长选择：当时间步长选择为 0.01 时，分簇数据主要集中在某一簇，分簇不合理，应该不选择。当选择时间步长为 1，10，100 时，发现分簇为少量几个

簇且其无法筛选出噪声数据，故舍弃。选择时间步长为 0.1 时，热销药品分簇较多，较均匀且噪声数据明显，因此选择时间步长为 0.1。热销药品时间步长选择图表如图 11-29、图 11-30 所示。

```
"D:\Webb_Programme\PyCharm\PyCharm 2(
k=9
T2=10.758395637997065
第1簇中心点：第1簇内圈包括的点有：141
第2簇中心点：第2簇内圈包括的点有：7
第3簇中心点：第3簇内圈包括的点有：9
第4簇中心点：第4簇内圈包括的点有：12
第5簇中心点：第5簇内圈包括的点有：26
第6簇中心点：第6簇内圈包括的点有：1
第7簇中心点：第7簇内圈包括的点有：1
第8簇中心点：第8簇内圈包括的点有：2
第9簇中心点：第9簇内圈包括的点有：1
```

```
"D:\Webb_Programme\PyCharm\PyCharm 2019.3\
k=14
T2=12.152941633594125
第1簇中心点：第1簇内圈包括的点有：80
第2簇中心点：第2簇内圈包括的点有：4
第3簇中心点：第3簇内圈包括的点有：5
第4簇中心点：第4簇内圈包括的点有：9
第5簇中心点：第5簇内圈包括的点有：16
第6簇中心点：第6簇内圈包括的点有：1
第7簇中心点：第7簇内圈包括的点有：2
第8簇中心点：第8簇内圈包括的点有：1
第9簇中心点：第9簇内圈包括的点有：2
第10簇中心点：第10簇内圈包括的点有：68
第11簇中心点：第11簇内圈包括的点有：3
第12簇中心点：第12簇内圈包括的点有：2
第13簇中心点：第13簇内圈包括的点有：6
第14簇中心点：第14簇内圈包括的点有：1
```

```
k=15
T2=38.24464834349179
第1簇中心点：第1簇内圈包括的点有：32
第2簇中心点：第2簇内圈包括的点有：4
第3簇中心点：第3簇内圈包括的点有：12
第4簇中心点：第4簇内圈包括的点有：25
第5簇中心点：第5簇内圈包括的点有：4
第6簇中心点：第6簇内圈包括的点有：34
第7簇中心点：第7簇内圈包括的点有：1
第8簇中心点：第8簇内圈包括的点有：1
第9簇中心点：第9簇内圈包括的点有：34
第10簇中心点：第10簇内圈包括的点有：3
第11簇中心点：第11簇内圈包括的点有：2
第12簇中心点：第12簇内圈包括的点有：32
第13簇中心点：第13簇内圈包括的点有：3
第14簇中心点：第14簇内圈包括的点有：12
第15簇中心点：第15簇内圈包括的点有：1
```

图 11-27　总销售时间步长 0.01、0.1、1

```
"D:\Webb_Programme\PyCharm\PyCharm 2019.3\P
k=6
T2=337.82408832955946
第1簇中心点：第1簇内圈包括的点有：34
第2簇中心点：第2簇内圈包括的点有：34
第3簇中心点：第3簇内圈包括的点有：34
第4簇中心点：第4簇内圈包括的点有：34
第5簇中心点：第5簇内圈包括的点有：34
第6簇中心点：第6簇内圈包括的点有：30
```

```
"D:\Webb_Programme\PyCharm\PyCharm 2019.3
k=6
T2=3366.9977436056515
第1簇中心点：第1簇内圈包括的点有：34
第2簇中心点：第2簇内圈包括的点有：34
第3簇中心点：第3簇内圈包括的点有：34
第4簇中心点：第4簇内圈包括的点有：34
第5簇中心点：第5簇内圈包括的点有：34
第6簇中心点：第6簇内圈包括的点有：30
```

图 11-28　总销售时间步长 10、100

```
"D:\Webb_Programme\PyCharm\PyCharm 2019.3\Pro
k=8
T2=3.0155604965498233
第1簇中心点：第1簇内圈包括的点有：147
第2簇中心点：第2簇内圈包括的点有：11
第3簇中心点：第3簇内圈包括的点有：30
第4簇中心点：第4簇内圈包括的点有：6
第5簇中心点：第5簇内圈包括的点有：2
第6簇中心点：第6簇内圈包括的点有：1
第7簇中心点：第7簇内圈包括的点有：1
第8簇中心点：第8簇内圈包括的点有：1
```

```
"D:\Webb_Programme\PyCharm\PyCharm 2019.3\Pr
k=15
T2=5.294441814997914
第1簇中心点：第1簇内圈包括的点有：39
第2簇中心点：第2簇内圈包括的点有：8
第3簇中心点：第3簇内圈包括的点有：4
第4簇中心点：第4簇内圈包括的点有：19
第5簇中心点：第5簇内圈包括的点有：29
第6簇中心点：第6簇内圈包括的点有：2
第7簇中心点：第7簇内圈包括的点有：33
第8簇中心点：第8簇内圈包括的点有：1
第9簇中心点：第9簇内圈包括的点有：1
第10簇中心点：第10簇内圈包括的点有：4
第11簇中心点：第11簇内圈包括的点有：26
第12簇中心点：第12簇内圈包括的点有：1
第13簇中心点：第13簇内圈包括的点有：28
第14簇中心点：第14簇内圈包括的点有：2
第15簇中心点：第15簇内圈包括的点有：2
```

图 11-29　热销药品时间步长 0.01、0.1

```
"D:\Webb_Programme\PyCharm\PyCharm 2019.
k=8
T2=34.428104279272326
第1簇中心点：第1簇内圈包括的点有：35
第2簇中心点：第2簇内圈包括的点有：34
第3簇中心点：第3簇内圈包括的点有：34
第4簇中心点：第4簇内圈包括的点有：33
第5簇中心点：第5簇内圈包括的点有：2
第6簇中心点：第6簇内圈包括的点有：34
第7簇中心点：第7簇内圈包括的点有：18
第8簇中心点：第8簇内圈包括的点有：9

Process finished with exit code 0
```

```
"D:\Webb_Programme\PyCharm\PyCharm 2019.3\
k=6
T2=335.23289759680944
第1簇中心点：第1簇内圈包括的点有：34
第2簇中心点：第2簇内圈包括的点有：34
第3簇中心点：第3簇内圈包括的点有：34
第4簇中心点：第4簇内圈包括的点有：34
第5簇中心点：第5簇内圈包括的点有：34
第6簇中心点：第6簇内圈包括的点有：29
```

```
"D:\Webb_Programme\PyCharm\PyCharm 2019.3\Pr
k=6
T2=3350.1970863450756
第1簇中心点：第1簇内圈包括的点有：34
第2簇中心点：第2簇内圈包括的点有：34
第3簇中心点：第3簇内圈包括的点有：34
第4簇中心点：第4簇内圈包括的点有：34
第5簇中心点：第5簇内圈包括的点有：34
第6簇中心点：第6簇内圈包括的点有：29
```

图 11-30　热销药品时间步长 1、10、100

4. 数据插值补值

通过对白噪声数据的筛选，对于不归属任何簇或簇内点很少的数据，通常认为是白噪声数据。采用以下 4 种方法来替换这些数据：用距离最近簇的平均值(均值法)进行替换；距离最近簇内随机一点的值进行替换，随机选择一个簇的均值进行替换，所有点的均值进行替换。通过这 4 种方法进行数据规范化可得到最终规范的 4 组数据。如图 11-31 所示为 4 种去噪方法的效果。

```
def computer_distance(point, points):
# 计算出距离 中心点的最小距离的下标
    distance = 0   # 记录距离
    flag = 0   # 记录当前标记的位置
    for i in range(0, len(points)):
        tem = math.sqrt((point.getx() - points[i].getx())
                        * (point.getx() - points[i].getx())
                        + (point.gety() - points[i].gety())
                        * (point.gety() - points[i].gety()))
        if i == 0 or tem < distance:
            distance = tem
            flag = i
    return flag

def beanline_one(point, centralPoint, numbera, canopy):
# 簇内随机一点的值
# point 为噪声点 numbera 为非噪声数据点簇 canopy 为整个簇群
    flage = computer_distance(point, centralPoint)
    # 记录最近中心点的位置
    for i in range(0, len(numbera)):
        cluster = canopy.clusters[numbera[i]]
        item = canopy.getCenterPoint(cluster)
# 得到这一簇的中心点
        if centralPoint[flage].getx() == item.getx() and centralPoint[flage].gety() == item.gety():
            break
# 得到最近簇
    ran = random.randint(0, (len(cluster) - 1))
    po = Point(point.getx(), cluster[ran].gety())
    return po

def beanline(point, points):  # 计算最短距离的函数 points 为非噪声数据的中心簇
    # 噪声数据  并修正 point  簇内均值
    flag = computer_distance(point, points)
    # 记录当前标记的位置
    po = Point(point.getx(), int(points[flag].gety()))
    return po

def beanline_two(point, numbera, canopy):
# 随机一个非噪声簇的均值
    ran = random.randint(0, (len(numbera) - 1))
    # 随机生成一个簇
    cluster = canopy.clusters[numbera[ran]]
    item = canopy.getCenterPoint(cluster)
    # 得到这一簇的中心点
    po = Point(point.getx(), int(item.gety()))
    return po

def beanline_three(point, numbera, canopy):
# 所有非噪声数据均值点的均值
    sum = 0   # 计算总和
    num = 0   # 计算数据量大小
    for i in range(0, len(numbera)):
        cluster = canopy.clusters[numbera[i]]
        item = canopy.getCenterPoint(cluster)
# 得到这一簇的中心点
        sum = item.gety() * len(cluster) + sum
        num = num + len(cluster)
    po = Point(point.getx(), int(sum / num))
    return po
```

图 11-31　最近均值、最近随机、随机均值、全部均值规范化

5. ARMA 数据预测模型

自回归滑动平均模型(ARMA)是一种研究时间序列的方法，是在自回归模型和移动平均模型的基础上“混合”组成。常用于市场研究中的长期追踪数据。例如，在 panel 研究中的消费行为模式变迁研究；在零售研究中用于具有季节变动特征的销售量、市场规模的预测等。

时间序列分析，是指将原来的销售分解为趋势、周期、时期和不稳定因素四部分来看，从中分析出变化过程和发展规模，然后结合这些因素提出销售预测。本数据源数据为时序序列，由时序序列构造模型来完成预测。

依据前文四种补值插值方法得到数据后，需要进行平稳性检测。根据时间序列图 11-32、自相关图 11-33 和单位根检验来评估其平稳性。若不平稳则可以进一步差分处理然后再根据时间序列图(是否有周期性和递增递减趋势)、自相关图(截尾性)、偏自相关(拖尾性)图 11-34 和单位根检验来评估其平稳性。若单位根检测 P 值小于 0.05，则得到的数据为平稳性序列。

如果原数据集经过检测后为平稳序列则建立 ARMA(p,q) 模型，其中 p 和 q 的值可根据自相关图的截尾性大致估算，也可通过计算 BIC 矩阵准确得出；若原数据集进行一次差

分后得到平稳数据集，则建立 ARIMA(p,1,q) 模型，其中 p 和 q 的值可根据自相关性的截尾性和偏自相关图的拖尾性大致得出，也可根据 BIC 准确得出。其中单位根检测和时间序列平稳性检验(ADF)用于检测是否为噪声数据，如图 11-35 所示。

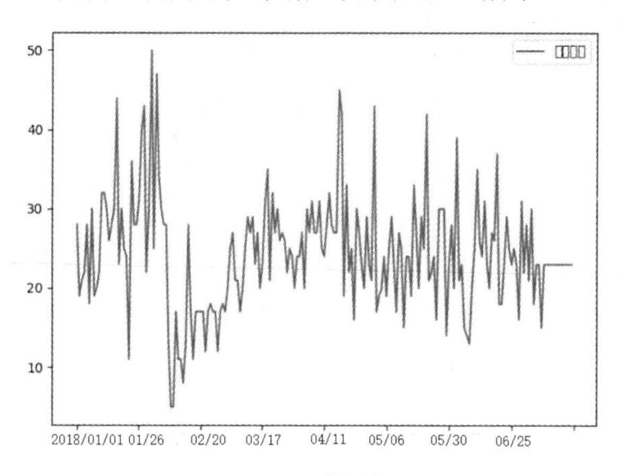

图 11-32　时间序列图

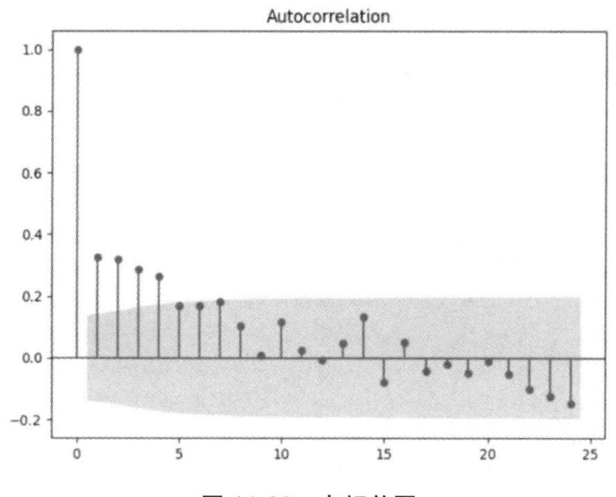

图 11-33　自相关图

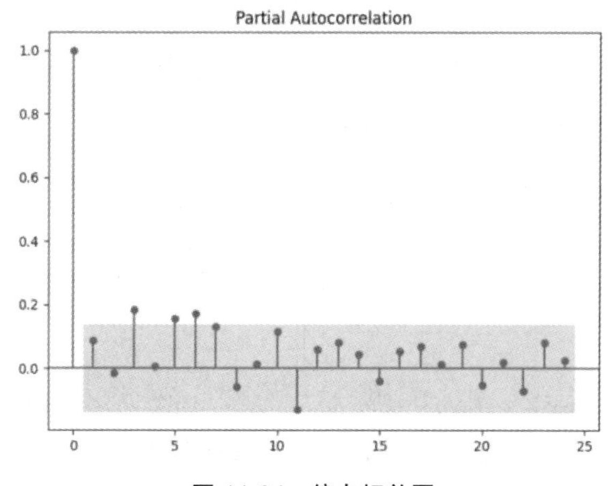

图 11-34　偏自相关图

```
最近均值的ADF检测结果为: (-4.014010813999259, 0.001338897546494304, 2, 157, {'1%': -3.472703119504854, '5%': -2.880131672353732, '10%': -2.5766826861130268}, 987.126822785398)
最近均值的白噪声检测结果 : (array([21.11228027]), array([4.33143454e-06]))

最近随机的ADF检测结果为: (-3.9263073866547855, 0.0018495472057471396, 2, 157, {'1%': -3.472703119504854, '5%': -2.880131672353732, '10%': -2.5766826861130268}, 1000.479213987
最近随机的白噪声检测结果 : (array([20.02628553]), array([7.63849236e-06]))
随机均值的ADF检测结果为: (-4.446911268714445, 0.00024495053652297944, 2, 157, {'1%': -3.472703119504854, '5%': -2.880131672353732, '10%': -2.5766826861130268}, 995.69181016515
随机均值的白噪声检测结果 : (array([8.03641133]), array([0.00458463]))
全部均值的ADF检测结果为: (-4.397784218717672, 0.0002995243062080287, 2, 157, {'1%': -3.472703119504854, '5%': -2.880131672353732, '10%': -2.5766826861130268}, 990.656464520843
全部均值的白噪声检测结果 : (array([10.32557318]), array([0.001312]))
```

图 11-35 单位根检测平稳性

依据不同数据源，根据发展趋势线与原数据集发展趋势线夹角最小原理，可以选择不同的降噪方式。本数据源——北京某医院销售数据，通过 4 种方法对数据集中缺失的 12 天数据的进行补值研究。实际销售图与 4 种方法实现 12 天补值后分别叠加输出的趋势图，如图 11-36～图 11-39 所示。

苯磺酸氨氯地平片(安内真)销售数量预测分析图表

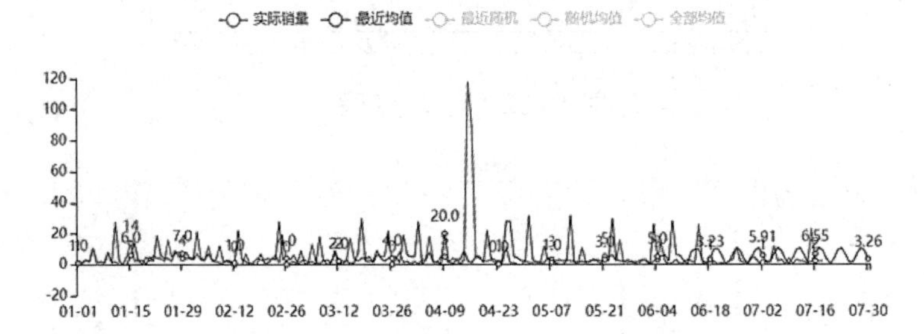

图 11-36 最近均值与实际销售数量叠加图

苯磺酸氨氯地平片(安内真)销售数量预测分析图表

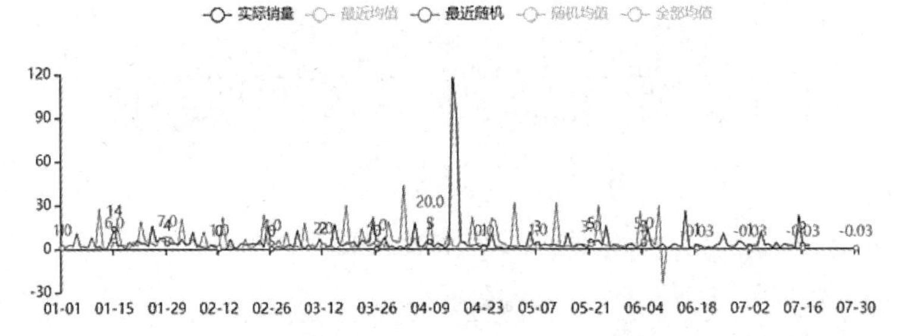

图 11-37 最近随机与实际销售数量叠加图

苯磺酸氨氯地平片(安内真)销售数量预测分析图表

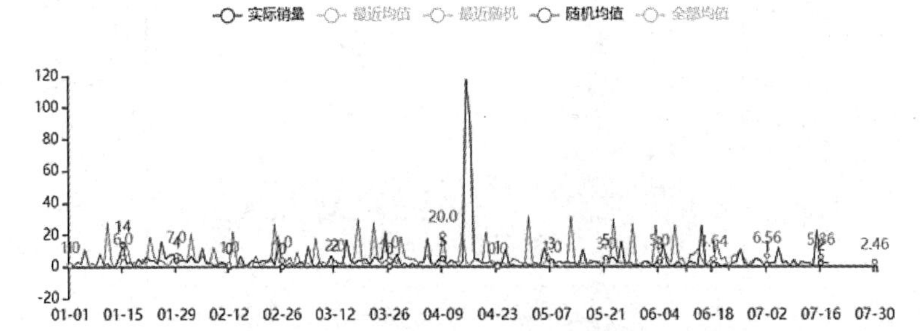

图 11-38 随机均值与实际销售数量叠加图

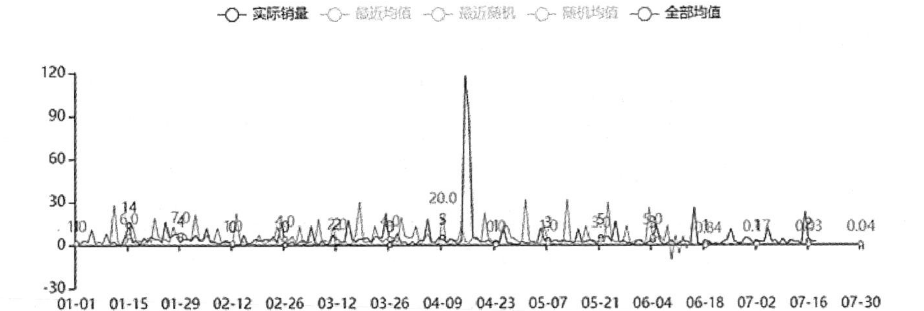

图 11-39　全部均值与实际销售数量叠加图

在比较发展趋势线时，其中最近随机、随机均值、全部均值预测曲线均出现负值，这与销售数量的实际趋势不符合。在补值插值方法中，只有最近均值补值插值后修改的曲线与原销售曲线更为接近。进一步分析预测曲线以后发现：最近均值的曲线在一个范围内上下波动，符合实际销售情况；最近随机的预测曲线出现负值，且曲线在-0.03 处稳定(这明显不符合实际销售曲线)；随机均值上下波动，但出现负值，且波动越来越小(原销售数据在一个范围内上下波动，这不符合实际情况)；而全部均值出现负值，且曲线在 0 处稳定(这明显不符合实际销售曲线)。同时最近均值方法的趋势线与历史销售趋势线的夹角最小，表明它最符合实际情况的。综上所述，降噪应采用最近均值方法实现。

6. PyMySQL 和 Wrapper

PyMySQL 是 Python 中操作 MySQL 数据库的模块，与 MySQLdb 使用大致相同。而目前的主流 Python 版本为 Python3.x 和 Python2.x，而 MySQLdb 不支持 3.x 版本。本软件设计使用的 Python 版本为 3.7，因此选择 PyMySQL 作为连接驱动，以实现对数据库的增、删、改、查。Wrapper 装饰器是一种特殊的函数，它的功能是让其他的函数在不添加代码的情况下增加额外的功能，其返回值为函数对象。使用 Wrapper 可以检验用户是否登录，若无登录则直接跳转登录界面。使用 SECRET_KEY 对 Flask(以及相关的扩展)及自身相关的 session 等属性进行加密处理。PyMySQL，Wrapper 及 SECRET_KEY 的使用示例如图 11-40 所示。

```
import pymysql

conn = pymysql.Connect(
    host='127.0.0.1',
    port=3306,
    user='root',
    passwd='webb19990525',
    db='db',
    charset='UTF8MB4')
```

```
app = Flask(__name__)
app.config['SECRET_KEY'] = '123456'


def wapper(func):  # 设置没有登录的人 无法进入
    def inner(*args, **kwargs):
        if not session.get('username'):
            return render_template("login.html")
        return func(*args, **kwargs)

    return inner
```

图 11-40　PyMySQL，wrapper 及 SECRET_KEY

11.4.2 软件系统实现

1. 用户登录注册

使用者注册成为用户时，需要在注册页面填写用户名(Username)、密码(Password)以及确认密码(Confirm Password)，单击“Sign up”按钮。当输入的密码不一致时，后端代码将返回消息提示密码不匹配。当输入的用户名已经被注册，后端代码将返回消息提示用户名已经存在，出现以上问题时，注册无法成功。当信息填写正确且完整后，后端返回消息提示注册成功并跳转到登录界面。在登录界面，用户输入用户名和密码，单击“Login”按钮，信息传递到后端校验，若正确则跳转主界面，若不正确，则返回消息提示输入密码或者账号不正确，界面如图 11-41 所示。

2. 修改密码和注销登录

用户登录后可以在任意界面单击默认头像，然后弹出“Logout”注销链接，清空 session 里面存储的信息，然后跳转到登录界面。相关界面如图 11-42 和图 11-43 所示。

只有在主界面单击头像时，才会出现修改密码链接。单击修改密码链接后，会弹出模态框，在模态框中输入相应的信息。当单击提交按钮时，将自动检查输入的旧密码是否正确和两次输入的新密码是否一致。若都正确，则系统跳转到登录页面，若不正确，则在模态框中显示错误信息。

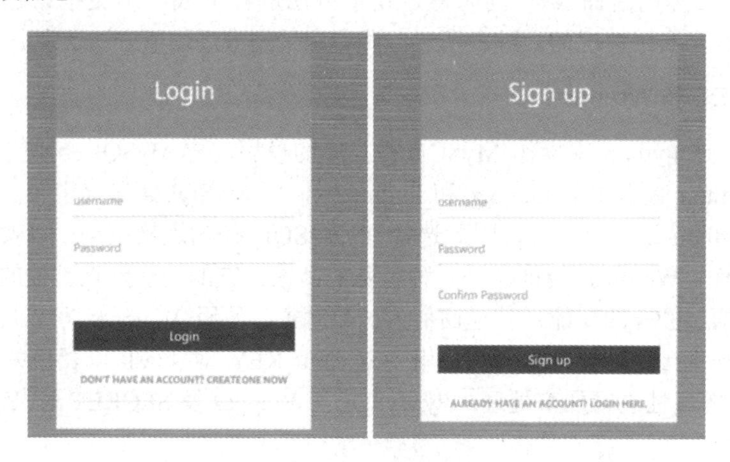

图 11-41　登录界面及注册

图 11-42　注销

图 11-43　修改密码

3. 数据集上传、清洗、选择、删除

用户进入数据集上传及选择界面后，可以进行数据集的上传、清洗、选择、删除等操作。当选择完本地数据集后，单击“上传数据集”按钮，系统根据用户名判断存储数据集的文件夹是否存在；若不存在则生成文件夹(防止不同用户数据集重名问题)保存至服务器，并在数据库中存储数据集名，返回当前用户所有数据集的列表，并在前端展示，如图 11-44 和图 11-45 所示。

单击“删除”按钮，若未进行数据清洗则只需删除服务器数据集和数据库中存储的数据集信息；若该数据集已经被清洗后，则还应该删除清洗后的数据及其对应的分析报告，如图 11-46 所示。

单击“数据清洗”按钮，后端根据该数据集 ID 从数据库读取数据集名，从服务器读取数据集，进行数据清洗(处理缺失值、转换数值、处理时间、异常值处理等)，然后将清洗后的数据存储到数据库中进行持久化存储，并生成空白分析报告，以便于用户根据数据分析表格和可视化图表进行数据分析和写分析报告。数据源选择，必须为数据清洗后的数据源，若未进行数据清洗，则不能进行选择，如图 11-47 和图 11-48 所示。

图 11-44　选择本地数据集

图 11-45　数据集上传

图 11-46　数据集删除

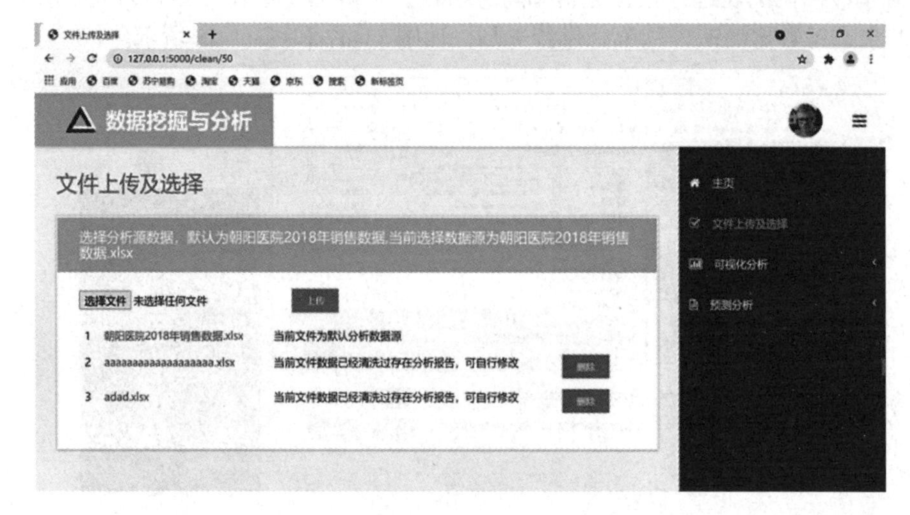

图 11-47　数据清洗

4. 药品整体销售情况随时间变化分析

药品整体销售情况随时间变化的分析分为 4 个方面进行：药品月度销售数量的变化趋势，2 月、4 月与 7 月销售数量变化趋势，药品月度销售额变化趋势和客单价月度变化趋势。通过这 4 个方面的分析，可以得出药品整体销售情况的总体趋势：商品销售情况基本稳定；2 月份出现销售总量的下降；4 月销售总量达到峰值。在本页面用户也可以选择某一方面进行展示，每张图表都可以进行删除、缩小、放大等操作，并且单击当前数据源即可下载，如图 11-49 至图 11-51 所示。

图 11-48　数据集选择

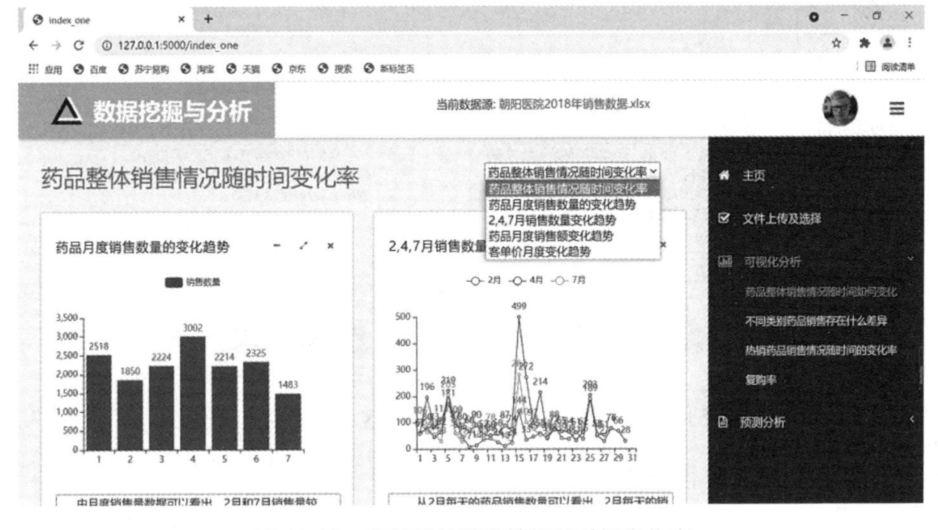

图 11-49　药品整体销售情况随时间变化率

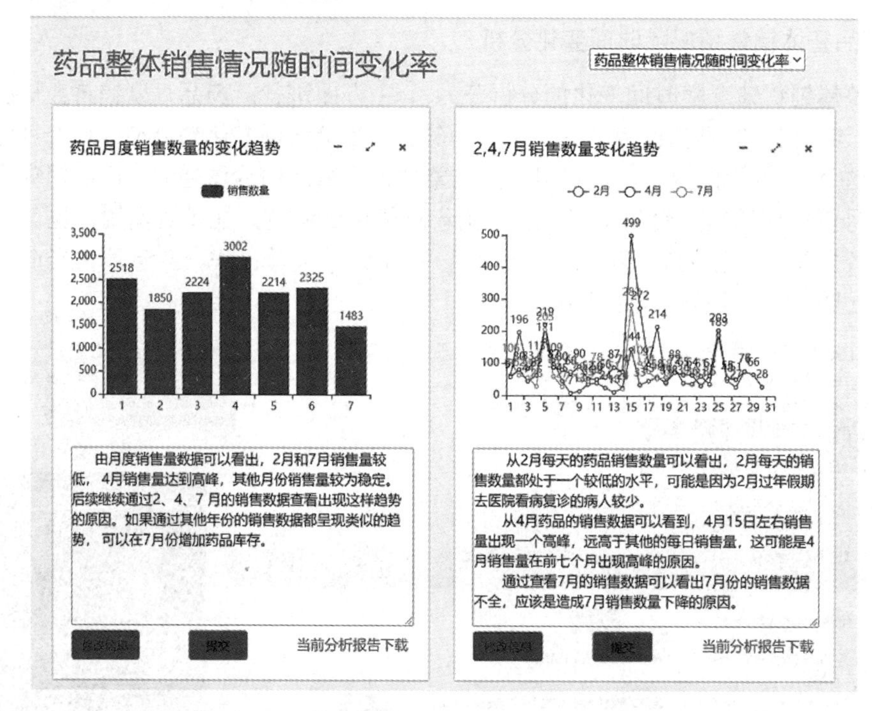

图 11-50　药品月度销售数量变化趋势和 2、4、7 月销售数量变化趋势

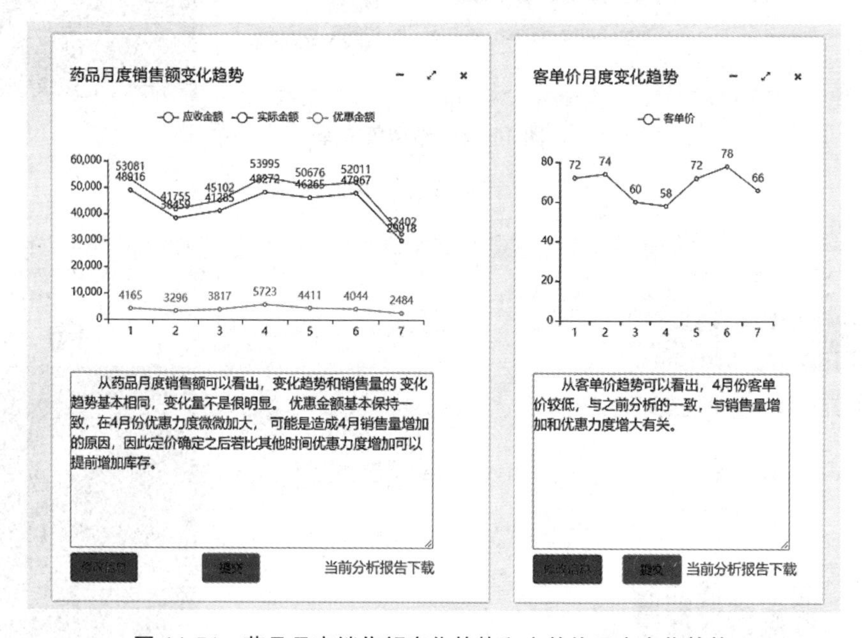

图 11-51　药品月度销售额变化趋势和客单价月度变化趋势

5. 不同类别药品差异性分析

关于不同类别药品存在的差异性，可从不同类别药品销售量、不同类别药品的平均订单数量两个方面进行分析并得出结论：安内真、开博通、倍他乐克、心痛定和络活喜销售总量较高，而复代文和丽珠优可的单笔订单销售量在各类药品中较高，应根据情况调整库

存。此界面允许用户选择某一张图表进行显示，也可删除、缩小或放大某张图表。单击界面上方的“当前数据源”即可下载数据，如图 11-52 和图 11-53 所示。

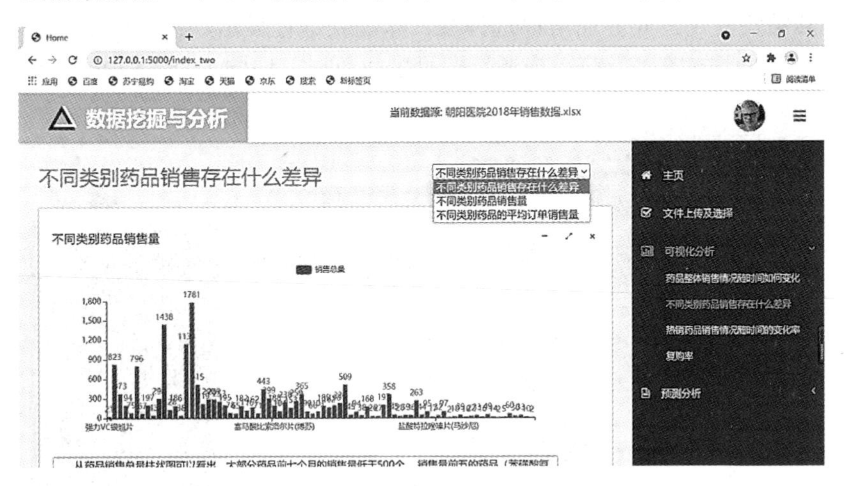

图 11-52　不同类别药品存在的差异

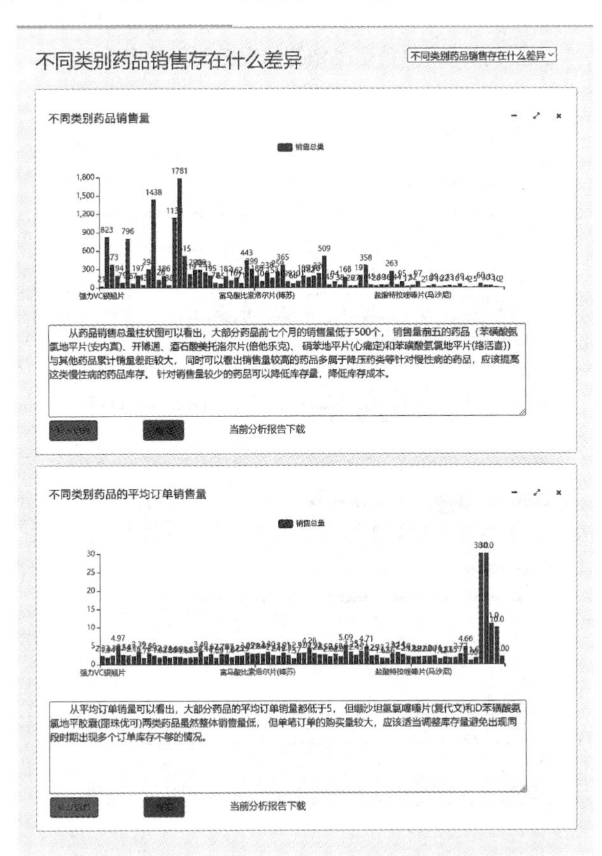

图 11-53　不同类别药品销售量和不同类别药品的平均订单销售量

6. 热销药品销售情况随时间的变化率

关于热销药品销售情况随时间的变化率，可从热销药品销售总量与时间的关系、销售量前五的药品单价变化率这两个方面进行分析并得出结论：不同类别药品的销售量变化趋势没有明显一致性，药品单价变化较为稳定，药品单价可能对药品销量有局部影响，但没有普遍影响其销售变化。此界面可以选择某一张图表进行显示，也可删除、缩小或放大某张图表。单击界面上方的“当前数据源”即可下载数据，如图 11-54 和图 11-55 所示。

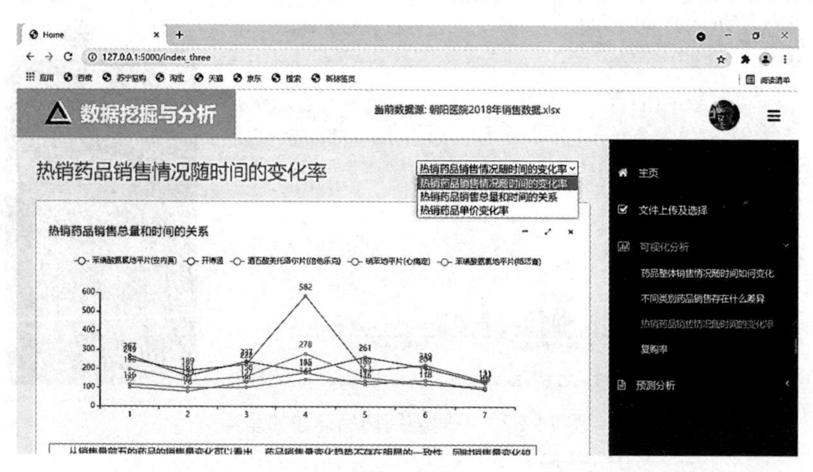

图 11-54　热销药品销售情况随时间的变化率

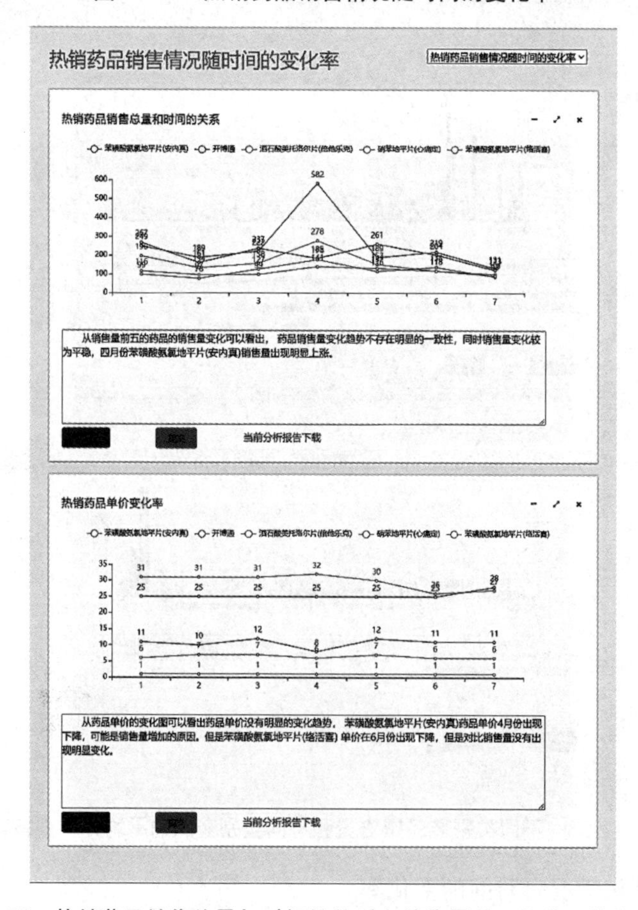

图 11-55　热销药品销售总量与时间的关系和销售量前五的药品单价变化率

7. 复购率

复购率可从三个业务指标月均消费次数、月均消费金额、客单价分析得出。从复购率饼图可以看出，大概 57%的用户存在复购行为，整体来说医院的病患群体较为稳定。有 43%用户未进行复购，说明医患在不断更新。此界面可删除、缩小或放大药品复购率饼图。单击界面上方的“当前数据源”即可下载数据，如图 11-56 所示。

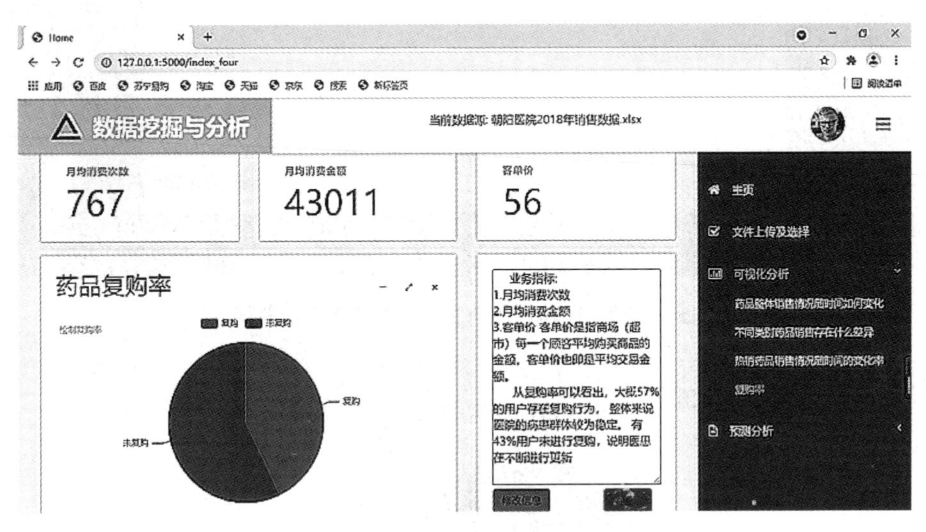

图 11-56　复购率

8. 分析报告的修改及下载

本程序的使用者在每一个模块的分析报告处单击“修改”按钮，即可修改其分析报告。单击不同的部分进行修改会弹出不同的模态框，显示不同的数据分析表格，修改完毕后单击提交按钮即可保存更改。每个模块下的分析报告都可以下载，在主页下可以下载全部的分析报告，如图 11-57 至图 11-60 所示。

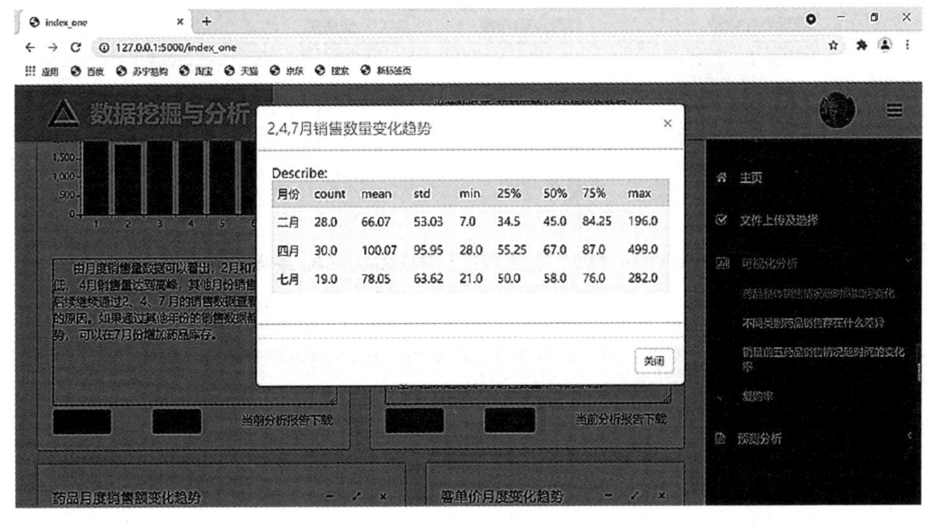

月份	count	mean	std	min	25%	50%	75%	max
二月	28.0	66.07	53.03	7.0	34.5	45.0	84.25	196.0
四月	30.0	100.07	95.95	28.0	55.25	67.0	87.0	499.0
七月	19.0	78.05	63.62	21.0	50.0	58.0	76.0	282.0

图 11-57　2、4、7 月份分析表格浏览

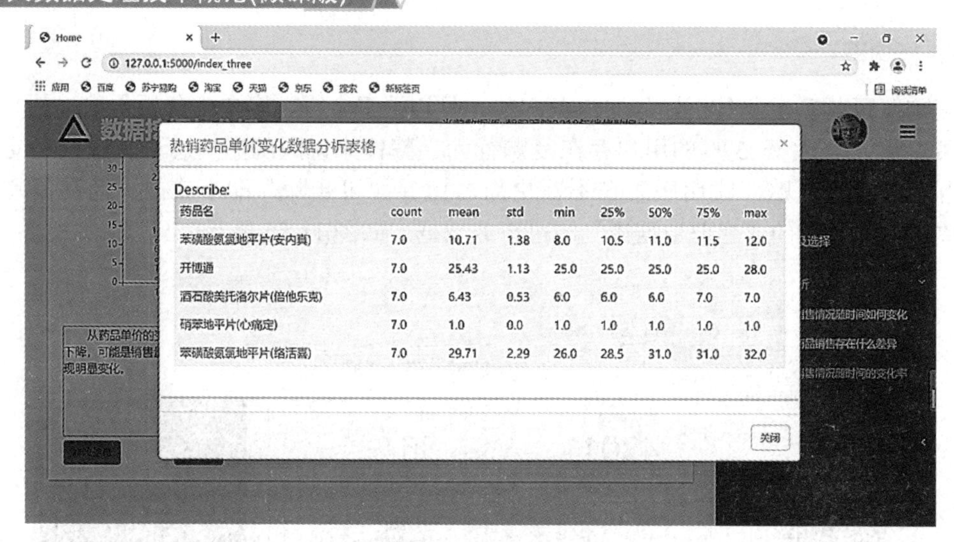

药品名	count	mean	std	min	25%	50%	75%	max
苯磺酸氨氯地平片(安内真)	7.0	10.71	1.38	8.0	10.5	11.0	11.5	12.0
开博通	7.0	25.43	1.13	25.0	25.0	25.0	25.0	28.0
酒石酸美托洛尔片(倍他乐克)	7.0	6.43	0.53	6.0	6.0	6.0	7.0	7.0
硝苯地平片(心痛定)	7.0	1.0	0.0	1.0	1.0	1.0	1.0	1.0
苯磺酸氨氯地平片(络活喜)	7.0	29.71	2.29	26.0	28.5	31.0	31.0	32.0

图 11-58　热销药品销售总量的分析表格浏览

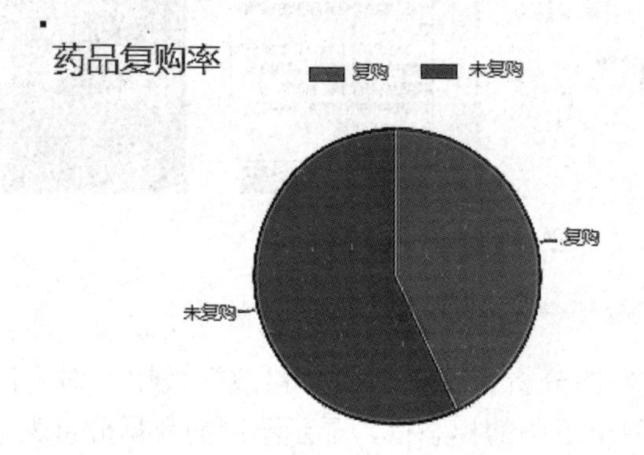

▪ 数据分析及结论

月均消费次数	月均消费金额	客单价
767	43011	56

业务指标:

1.月均消费次数

2.月均消费金额

3.客单价 客单价是指商场（超市）每一个顾客平均购买商品的金额，客单价也即是平均交易金额。

从复购率可以看出，大概 57%的用户存在复购行为，整体来说医院的病患群体较为稳定。有 43%用户未进行复购，说明医患在不断进行更新

图 11-59　药品复购率分析报告

· 药品月度销售额变化趋势

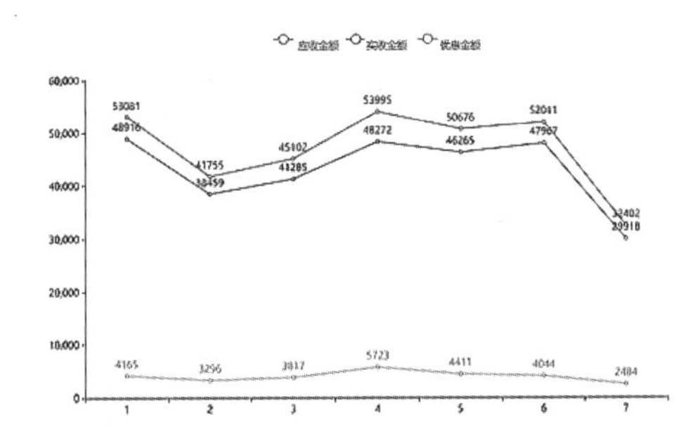

· 数据分析及结论

	非空数据个数	平均值	标准差	最小值	25%	50%	75%	最大值
应收	7.0	47003.14	7839.49	32402.0	43428.5	50676.0	52546.0	53995.0
实际	7.0	43011.71	6985.99	29918.0	39872.0	46265.0	48119.5	48916.0
优惠	7.0	3991.43	999.47	2484.0	3556.5	4044.0	4288.0	5723.0

从药品月度销售额可以看出，变化趋势和销售量的变化趋势基本相同，变化量不是很明显。优惠金额基本保持一致，在 4 月份优惠力度微微加大，可能是造成 4 月销售量增加的原因，因此定价确定之后若比其他时间优惠力度增加可以提前增加库存。

图 11-60　药品月度销售额变化趋势分析报告

9. 药品总体销售数据预测

根据建立的 ARMA 模型和 ARIMA 模型，分别预测接下来一个月的销售数据。利用 4 种补值插值方法得到的 4 种预测结果，在一张图表中展示时，数据趋于一条直线。这一现象的原因在于先前数据趋势就是往这个均值靠拢并且数据源规模太小。发现 4 种补值插值方法与实际曲线不完全一致，原因在于去除了噪声数据。实际销量数据来源于在数据库中持久化存储的数据，可根据图 11-61(根据发展趋势线与原数据集发展趋势线夹角最小原理，得到最终预测方法)确定选择使用哪一种去噪方式，然后完成对接下来一个月的预测数据，如图 11-62 所示。

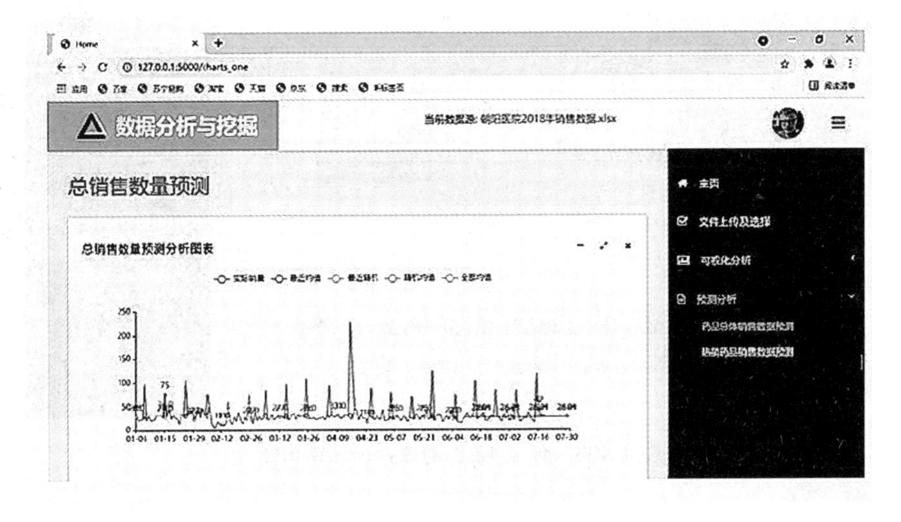

图 11-61　预测 12 天的总销售情况

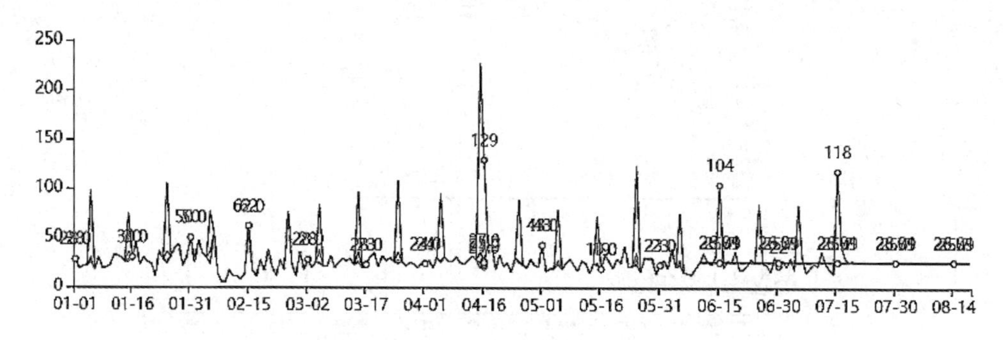

图 11-62 预测 30 天的总销售情况

10. 热销药品销售预测

进入该页面，默认显示全部 5 种药品的销售情况，单击上面下拉框可以查看某个药品的预测情况，单击上面“数据源”可以下载当前数据，单击头像可以退出该系统。每个图表的预测情况都可以进行放大、删除、缩小操作。根据建立的 ARMA 模型和 ARIMA 模型，分别预测接下来一个月的销售数据，利用 4 种补值插值方法得到的 4 种预测结果，在一张图表中展示时，数据趋于一条直线，原因在于之前数据趋势就是往这个均值靠拢和数据源规模太小的缘故，发现 4 种补值插值与实际曲线不完全一致，原因在于去除了噪声数据。实际销量数据来源于在数据库中持久化存储的数据，可根据图 11-63(根据发展趋势线与原数据集发展趋势线夹角最小原理，得到最终预测方法)确定选择使用哪一种去噪方式，然后进行对接下来一个月的数据预测，如图 11-64 所示。

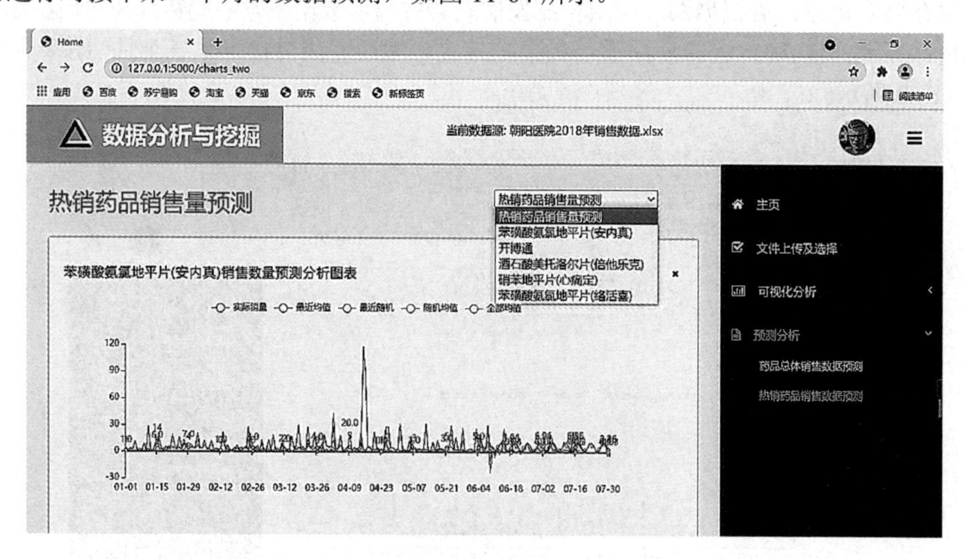

图 11-63 预测 12 天的热销药品销售情况

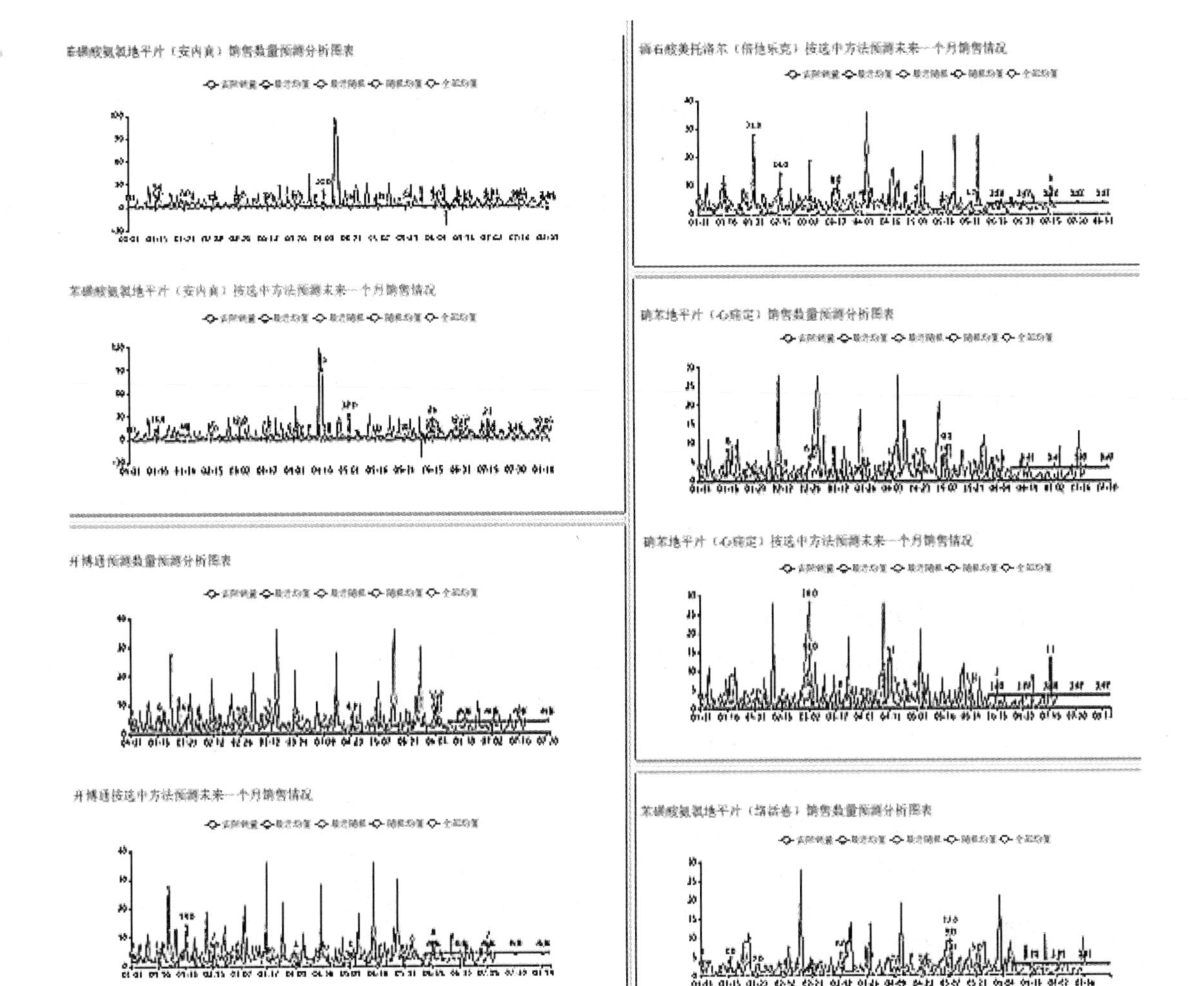

图 11-64　预测 30 天的热销药品销售情况

案例说明：本案例为王冰冰同学的毕业设计项目，供读者参考借鉴。

参考文献

[1] Tom White. Hadoop 权威指南[M]. 3 版. 华东师范大学数据科学与工程学院，译. 北京：清华大学出版社，2015.

[2] Tom White. Hadoop 权威指南：大数据的存储与分析[M]. 4 版. 王海，华东，刘喻，等译. 北京：清华大学出版社，2017.

[3] 董西成. Hadoop 技术内幕：深入解析 MapReduce 架构设计与实现原理[M]. 北京：机械工业出版社，2013.

[4] 黄东军. Hadoop 大数据实战权威指南[M]. 2 版. 北京：电子工业出版社，2019.

[5] 黄伟豪. 数据分析思维：产品经理的成长笔记[M]. 北京：机械工业出版社，2017.

[6] 张若愚. Python 科学计算[M]. 2 版. 北京：清华大学出版社，2016.

[7] 张雪萍. 大数据采集与处理[M]. 北京：电子工业出版社，2021.

[8] 余本国. Python 数据分析基础[M]. 北京：清华大学出版社，2017.

[9] 邓立国. Python 机器学习算法与应用[M]. 北京：清华大学出版社，2020.

[10] 叶虎. 深度学习：从 Python 到 TensorFlow 应用实战[M]. 北京：清华大学出版社，2020.

[11] 郭婺，郭建，张劲松等. 基于 Python 的网络爬虫的设计与实现[J]. 信息记录材料，2023，24(04)：159-162.

[12] 黑马程序员. NoSQL 数据库技术与应用[M]. 北京：清华大学出版社，2020.

[13] Lars George. HBase 权威指南[M]. 代志远，刘佳，蒋杰，译. 北京：人民邮电出版社，2013.

[14] 高雅，苏艳，席方园. 基于 Python 的新浪微博用户数据采集与分析[J]. 电子设计工程，2019，27(20)：157-165.

[15] 蔡斌，陈湘萍. Hadoop 技术内幕：深入解析 Hadoop Common 和 HDFS 文件系统架构设计与实现原理[M]. 北京：机械工业出版社，2013

[16] 屈克诚，陈晨. 基于 Bootstrap 的数据可视化展示技术[J]. 电脑编程技巧与维护，2021(04)：148-152.

[17] 王国平. Python 数据可视化之 Matplotlib 与 PyECharts[M]. 北京：清华大学出版社，2020

[18] 李海翔. 分布式数据库原理、架构与实践[M]. 北京：机械工业出版社，2021.

[19] 杨传辉. 大规模分布式存储系统：原理解析与架构实战[M]. 北京：机械工业出版社，2013.

[20] 蒋杰，刘煜宏，陈鹏，郑礼雄. 腾讯大数据构建之道[M]. 北京：机械工业出版社，2022.

[21] 黑马程序员. Spark 大数据分析与实战[M]. 北京：清华大学出版社，2019.

[22] 刘军，林文辉，方澄. Spark 大数据处理：原理、算法与实例[M]. 北京：清华大学出版社，2016.

[23] 朱松岭. 离线和实时大数据开发实战[M]. 北京：机械工业出版社，2018.

[24] 邓立国，佟强. 云计算环境下 Spark 大数据处理技术与实践[M]. 北京：清华大学出版社，2017.

[25] 余辉. Hadoop+Spark 生态系统操作与实战指南[M]. 北京：清华大学出版社，2017.

[26] 朱凯. 企业级大数据平台构建：架构与实现[M]. 北京：机械工业出版社，2018.

[27] 林伟伟，刘波. 分布式计算、云计算与大数据[M]. 北京：机械工业出版社，2015.

[28] 张良均. Python 与数据挖掘[M]. 北京：机械工业出版社，2016.

[29] 林大贵. Python+Spark 2. 0+Hadoop 机器学习与大数据实战[M]. 北京：清华大学出版社，2017.

[30] 杨健，陈伟. 基于 Python 的三种网络爬虫技术研究[J]. 软件工程，2023，26(02)：19-27.

[31] 朱枫帆，汤军. 基于 Python Flask 的论文盲审系统的设计与开发[J]. 造纸装备及材料，2020，49(04)：223-224.

[32] 廖晶安. 基于深度学习的互动式眼底图标注系统设计与实现[D]. 华南理工大学，2019.

[33] 赵星. 基于聚类的数据清洗研究[D]. 江苏科技大学，2017

[34] 曾剑平. 互联网大数据处理技术与应用[M]. 北京：清华大学出版社，2017

[35] 高雅，苏艳，席方园. 基于 Python 的新浪微博用户数据采集与分析[J]. 电子设计工程，2019，27(20)：157-165

[36] 刘伟. 基于时间序列分析的首都机场离港交通流可预测性研究[D]. 中国民航大学，2018.

[37] 杨志雄. 大数据分析的机器学习算法研究[J]. 信息记录材料，2023，24(05)：92-94.

[38] 施皓. 面向布局推荐的数据可视化系统设计与实现[D]. 西安电子科技大学，2019.

[39] 文博，叶燕芬. 大数据环境下的软件测试研究[J]. 信息技术与信息化，2022(1)：100-102.

[40] 崔妍，包志强. 关联规则挖掘综述[J]. 计算机应用研究，2016，33(02)：330-334.

[41] 边倩，王振铎，库赵云. 基于 Python 的招聘岗位数据分析系统的设计与实现[J]. 微型电脑应用，2020，36(09)：18-26.

[42] 林培群，陈丽甜，雷永巍. 基于 K 近邻模式匹配的地铁客流量短时预测[J]. 华南理工大学学报(自然科学版)，2018，46(01)：50-57.

[43] 张秋余，朱学明. 基于 GA-Elman 神经网络的交通流短时预测方法[J]. 兰州理工大学学报，2013，39(03)：94-98.

[44] 聂帅华. 基于内容推荐/协同过滤推荐算法的智能交友网站的设计与实现[D]. 华中师范大学，2015

[45] 陈强强. 基于用户行为的混合式商品推荐系统的设计与实现[D]. 南京邮电大学，2022

[46] 翁小兰，王志坚. 协同过滤推荐算法研究进展[J]. 计算机工程与应用，2018，54(01)：25-31.

[47] 雷曼，龚琴，王纪超等. 基于标签权重的协同过滤推荐算法[J]. 计算机应用，2019，39(03)：634-638.

[48] 李慧，於跃成. 融合用户潜在特征的深度跨域推荐方法[J]. 软件导刊，2022，21(08)：45-50.

[49] 阳长永，孙肖，王磊等. 基于目标—问题—度量模型的多级模糊软件测试质量综合评价[J]. 计算机应用，2022，42(S2)：186-191

[50] 陈新府豪. 基于 SpringBoot 和 Vue 框架的创新方法推理系统的设计与实现[D]. 浙江理工大学，2022

[51] 赵佳慧. 基于个性化搜索推荐的技术论坛的设计与实现[D]. 吉林大学，20211